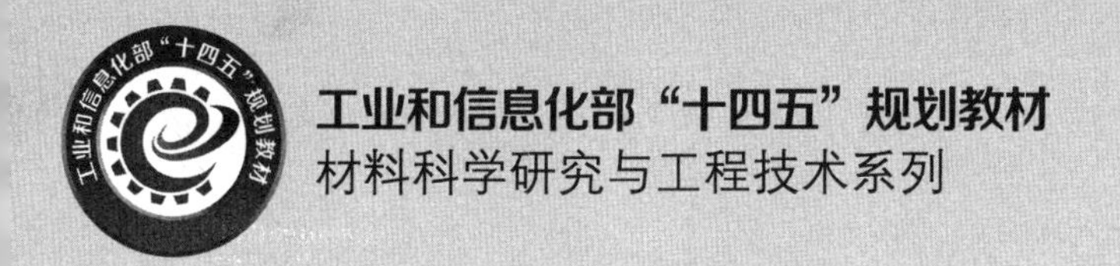

传输原理

Principles of Transport

U0223042

闫牧夫　张雁祥　编著

内容简介

本书是材料科学与工程学科本科生教材，承接数理基础、融通专业知识、面向工程应用。全书共11章，包括动量传输、热量传输、质量传输的基本概念、基本原理和传输方程及应用，特别注重传输原理和方程在材料制备及热加工过程中的应用。本书有助于学生融通数理与专业知识，正确理解材料科学与工程的内涵，学会材料制备与热加工过程模型化、仿真及工艺设计方法，培养自主创新能力，助力新材料研发应用及高端装备关键构件长寿命高可靠性制造。

本书可作为高等学校材料科学与工程学科及相关专业的本科生教材，也可供研究生及从事相关专业研究的科技人员参考。

图书在版编目(CIP)数据

传输原理/闫牧夫，张雁祥编著. —哈尔滨：哈尔滨工业大学出版社，2024.4

(材料科学研究与工程技术系列)

ISBN 978-7-5767-1348-0

Ⅰ.①传… Ⅱ.①闫…②张… Ⅲ.①输运理论 Ⅳ.①O414.22

中国国家版本馆CIP数据核字(2024)第073715号

策划编辑 杨 桦
责任编辑 李长波
封面设计 刘 乐
出版发行 哈尔滨工业大学出版社
社 址 哈尔滨市南岗区复华四道街10号 邮编150006
传 真 0451-86414749
网 址 http://hitpress.hit.edu.cn
印 刷 黑龙江艺德印刷有限责任公司
开 本 787 mm×1 092 mm 1/16 印张12.75 字数302千字
版 次 2024年4月第1版 2024年4月第1次印刷
书 号 ISBN 978-7-5767-1348-0
定 价 48.00元

(如因印装质量问题影响阅读，我社负责调换)

前　言

传热、传质、动量传输无处不在，材料制备与热加工过程中因传输而相变，相变赋予材料极限性能，给予装备关键件服役寿命和可靠性。传输与相变是材料科学与工程学科的灵魂。

20世纪70年代，美国麻省理工学院将“Transport Phenomena in Metallurgy”（冶金传输原理）列入材料科学与工程、化学工程等专业必修课程；80年代，哈尔滨工业大学铸造、焊接、锻压专业也将“传输原理”列为专业必修课，热处理专业把“传热学”“传质学”“流体力学”知识融入相关课程教学。自1996年以来，哈尔滨工业大学把“传输原理”相继列为材料科学与工程、材料物理、光电信息材料与器件、电子封装技术等新增本科专业必修课、交叉学科研究生培养的先修课。针对新材料和高端装备制造人才培养对理论创新与实践的需求，作者以继承、发展和创新理念，把传输原理与科研创新对接，发展更新“传输原理”讲义，让学生了解学科前沿，学会把传输原理与专业知识融合于材料制备与热加工过程，建立过程的物理模型和数学模型，进行可视化仿真与工艺设计，提升学生自主学习与创新实践能力。

基于作者的理解，本书给出了动量传输、热量传输、质量传输方程的统一形式，让学生基于所学的高等数学、物理、化学知识更加容易理解和掌握传输方程，避免了烦琐的公式推导过程。另外，本书注重传输方程在材料科学与工程中的应用，即结合大量相关实例，帮助学生把抽象的原理和方程在工程实际中找到落脚点，正确理解其实用意义和适用条件。在本书的撰写过程中，纳入了作者及其团队的相关研究工作成果。例如，针对大型复杂构件热处理变形难题，融入“等毕渥数传热构件零畸变原理”，并涉及构件淬火微变形工艺技术；以创建的“仿型积分法”，破解了抛物型偏微分方程非线性参数（如热导率、扩散系数）理论求解难题，相关动力学模型用于材料加热时间、化学热处理过程表面浓度等的理论计算，支撑温度场和浓度场的准确预报；提出“特征时间谱”概念，建立相关数学模型，支撑传输过程扩散速率常数传感器的实现；等等。本书通过启发学生创新思维，培养学生融合传输原理与专业知识于实践的能力，为其将来从事新材料研究及应用、高端装备制造技术创新与实践奠定基础。

由于作者水平有限，书中难免有疏漏及不足之处，敬请读者批评指正。

作　者
2024年4月

目　录

第 1 章　流体及流动的描述 …… 1

1.1　流体概念及连续介质近似 …… 1

1.2　牛顿黏性定律及黏度 …… 3

1.3　流动的描述方法 …… 7

1.4　柱坐标与球坐标 …… 13

本章习题 …… 16

第 2 章　动量传输的基本方程 …… 18

2.1　动量的扩散通量 …… 18

2.2　动量的对流通量 …… 21

2.3　流动的守恒方程 …… 24

2.4　动量守恒方程 …… 27

本章习题 …… 32

第 3 章　动量守恒方程的应用 …… 34

3.1　理想流体的流动 …… 34

3.2　平板缝隙中的层流 …… 39

3.3　圆管内的层流 …… 42

3.4　近壁面的非稳态流动 …… 45

本章习题 …… 48

第 4 章　复杂流动 …… 51

4.1　量纲分析及其应用 …… 51

4.2　多孔介质内的流动 …… 56

4.3　超音速射流 …… 58

本章习题 …… 61

第 5 章　导热的基本方程 …… 64

5.1　热量传输与导热的傅立叶定律 …… 64

5.2　能量守恒方程 …… 69

5.3　导热过程的边界条件 …… 71

本章习题 …… 75

第 6 章　稳态导热 …… 77

6.1　一维稳态导热 …… 77

6.2　稳态导热等效电路模型的应用 …… 80

6.3　二维稳态导热 …… 87

本章习题 …… 91
第 7 章 准稳态导热 …… 94
7.1 一维准稳态导热 …… 94
7.2 薄壁件的准稳态导热 …… 98
7.3 金属凝固的准稳态导热 …… 101
本章习题 …… 106
第 8 章 非稳态导热 …… 108
8.1 一维非稳态导热 …… 108
8.2 集总参数法及其应用 …… 115
8.3 诺莫图法及其应用 …… 119
8.4 误差函数解及其应用 …… 122
8.5 仿型积分法及其应用 …… 127
本章习题 …… 131
第 9 章 对流换热 …… 133
9.1 强制对流换热 …… 133
9.2 自然对流换热 …… 138
9.3 淬火过程的对流换热系数 …… 142
本章习题 …… 145
第 10 章 辐射换热 …… 147
10.1 辐射换热的基本概念 …… 147
10.2 黑体辐射定律 …… 149
10.3 灰体辐射定律 …… 152
10.4 综合换热系数 …… 158
本章习题 …… 159
第 11 章 固态扩散 …… 161
11.1 菲克扩散定律 …… 161
11.2 自扩散 …… 163
11.3 本征扩散 …… 165
11.4 互扩散 …… 170
11.5 电化学势梯度作用下的扩散 …… 174
11.6 特征时间谱 …… 180
11.7 反应扩散流线分布 …… 184
11.8 弛豫时间分布 …… 193
本章习题 …… 195
参考文献 …… 197

第1章 流体及流动的描述

1.1 流体概念及连续介质近似

流体是液体和气体的总称。由于流体的分子间距较大、相互作用力较小，流体分子的运动可认为是自由运动，在不与其他分子或壁面发生碰撞的条件下，其动量保持不变。这与固体有很大区别。在固体内，其分子（原子、离子）的运动需要克服周围粒子的作用力（或称势垒），在晶格位点中逐次迁移。因此，流体的运动表面上看是质量传输过程，实际上是动量传输过程。

流体的力学性质与固体也有很大不同。固体中的分子（原子、离子）有很强的相互作用力，宏观上可以抵抗压应力、拉应力、切应力，表现出一定的应变量；而流体只能抵抗压应力，不能抵抗切应力和拉应力。当流体受到切应力作用时就会产生连续不断的变形，即应变量随时间逐渐增大，表现为流动。

液体和气体也有很大区别。例如，液体的体积不随其变形发生明显变化。通常认为，不论液体在何种容器内，其体积保持不变。当液体相对于容器保持静止时，在重力和容器壁面的压应力（及液体表面张力）作用下，液体的形状与容器保持一致，并形成自由表面；而气体会充满整个容器，不存在自由表面。

不论是液体还是气体，都是由分子（或原子）组成的介质。研究其运动规律最直接的方法就是用所有分子（或原子）的运动来描述整个流体的运动规律。例如，当研究流体内单位体积内流体的动量 ϕ 随位置 $\boldsymbol{r}$ 和时间 t 的变化时（图 1.1.1），通过分子之间碰撞的动量守恒条件，可以获得一个方程组。由此，可以解算各个分子的动量 $m_i \boldsymbol{v}_i$。但是，这对于大规模分子体系来说是不可行的。

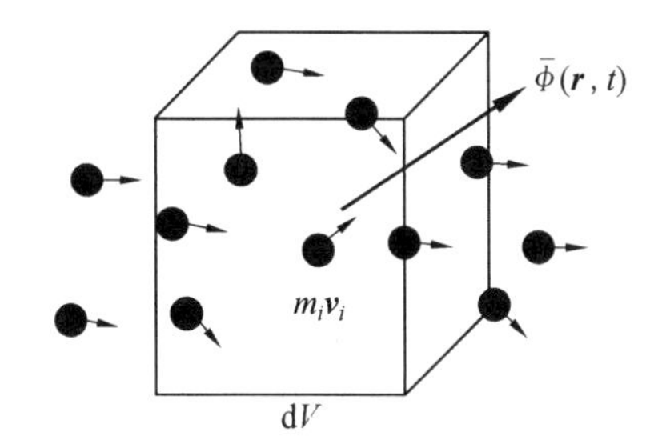

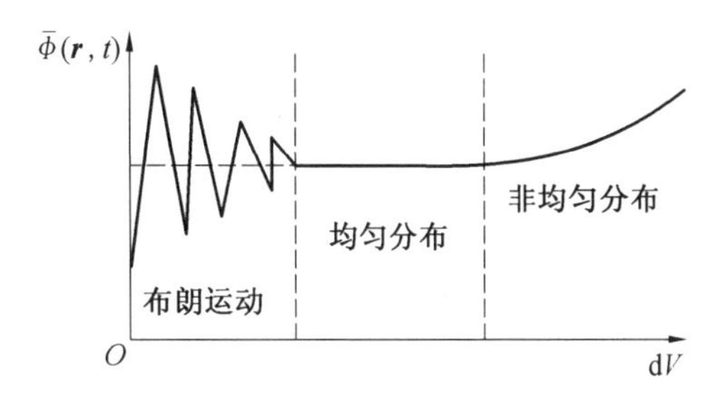

图 1.1.1 流体内时刻 t 位置 $\boldsymbol{r}$ 处平均单位体积内的动量随微分体积 dV 的变化示意图

设想以位置 $\boldsymbol{r}$ 为体心，虚构一个体积为 dV 的立方体，有 N 个分子分布在这个体积内。由数理统计得知 dV 内分子的动量为

$$\bar{\phi}(\boldsymbol{r},t)=\frac{1}{\mathrm{d}V}\sum_{i=1}^{N}m_i\,\boldsymbol{v}_i(t) \tag{1.1.1}$$

在一定 dV 范围内，分子个数 N 足够大，便可得出具有统计意义的动量，用于表示该位置处单位体积内的动量，即

$$\phi(\boldsymbol{r},t)=\overline{\phi}(\boldsymbol{r},t) \tag{1.1.2}$$

然而，当 dV 非常小以至 N 很小、分子的无规则布朗运动占主导时，$\overline{\phi}(\boldsymbol{r},t)$ 出现随机偏差，失去统计意义，即无法准确得到 $\phi(\boldsymbol{r},t)$；当体积 dV 增大时，分子个数 N 随之增大，但这并不代表 $\overline{\phi}(\boldsymbol{r},t)$ 不发生变化。因为 dV 非常大时，其内部的动量分布可能不均匀，这完全由流体的运动规律所决定，因此 $\overline{\phi}(\boldsymbol{r},t)$ 出现系统偏差。只有当体积 dV 既不大也不小时，即微观上布朗运动不占主导、宏观上可当成质点，式(1.1.2)才能成立。这一规律同样适用于其他物理量，如密度、速度、压强等等。

由此得出连续介质近似：将流体近似为连续的介质，忽略流体由分子(或原子)构成这一本质，将平均物理量 $\overline{\phi}$ 作为时刻 t、位置 $\boldsymbol{r}$ 处的物理量，应用解析方法得出物理量在时间和空间上的连续分布 $\phi(\boldsymbol{r},t)$。

例 1.1.1 某科学仪器用于研究热处理炉内(约 $1\ m^3$)气体流速，其探针的空间分辨率为 $1\ \mu m^3$，试估算标准大气压、25 ℃ 条件下，$1\ \mu m^3$ 内气体分子数量(假设理想气体)。

解 根据理想气体状态方程，有

$$N=\frac{PVN_A}{RT}=\frac{10^5\ \dfrac{N}{m^2}\times(10^{-6})^3 m^3\times 6.02\times 10^{23}\ mol^{-1}}{8.314\ \dfrac{J}{mol\cdot K}\times 298\ K}=2.4\times 10^7$$

例 1.1.2 试估算标准大气压、25 ℃ 条件下，$1\ \mu m^3$ 内水分子的数量。

解 由水的密度 $1\,000\ kg/m^3$，摩尔质量 $18\ g/mol$，阿伏伽德罗常数 $N_A=6.02\times 10^{23}\ mol^{-1}$，得出 $1\ \mu m^3$ 内水分子的数量为 3.3×10^{10} 个。

上述实例说明连续介质近似的有效性。连续介质近似不仅是动量传输的基本假设，也是热量传输和质量传输的基本假设，它适用于研究布朗运动尺度以上的传输过程。

上面是以单位体积内物理量 $\phi(\boldsymbol{r},t)$ 引出连续介质近似。实际上，流体的物理量还可以根据流体质量 M 归纳为两类：一类是广度量，用 Φ 表示，它正比于流体的质量；另一类是强度量，用 φ 表示，它代表单位流体质量的广度量。可见，ϕ、Φ、φ 是相互对应的，它们有如下关系：

$$\Phi=\int_V \phi\, dV=\int_V \rho\varphi\, dV \tag{1.1.3}$$

例如，流体的质量、动量、重力如表 1.1.1 所示。

表 1.1.1 质量、动量和重力的表示方法

项目	Φ	φ	ϕ
质量	M	1	ρ
动量	$M\boldsymbol{v}$	$\boldsymbol{v}$	$\rho\boldsymbol{v}$
重力	$M\boldsymbol{g}$	$\boldsymbol{g}$	$\rho\boldsymbol{g}$

表 1.1.1 给出了流速 $\boldsymbol{v}$ 及流体密度 ρ 的定义。流速代表单位质量流体的动量，其单位是 m/s；密度代表单位体积流体的质量，其单位是 kg/m^3。在实际问题中，流速常常是需

要求解的未知量，而流体的密度则作为已知的一个物理性质来求解流速等物理量。

气体和液体的密度有很大差异。例如，在标准大气压、20 ℃ 条件下，空气的密度为 1.2 kg/m³、水的密度为 1 000 kg/m³。相比于水的密度，空气密度的影响通常可以忽略不计。例如，在房间内的大气压基本恒定，但是在游泳池中的压强随深度增加明显上升。

流体的密度与温度和压强相关。例如，在特定温度 T 下，增加压强 p 会使流体密度 ρ 升高。由此引入等温压缩率来表征这一属性，即

$$\kappa_T = \frac{1}{\rho}\left(\frac{\partial \rho}{\partial p}\right)_T \tag{1.1.4}$$

其单位是 m^2/N 或 Pa^{-1} 或 $m \cdot s^2/kg$。在特定压强下，增加温度会使密度降低。由此引入等压膨胀率来表示这一属性，即

$$\kappa_p = -\frac{1}{\rho}\left(\frac{\partial \rho}{\partial T}\right)_p \tag{1.1.5}$$

其单位是 K^{-1}。表1.1.2给出了几种典型流体的等温压缩率和等压膨胀率。可见，液体的密度几乎不随温度和压力发生变化。通常认为液体的密度在时间和空间范围内是常数，不随温度和压强发生变化，假设为“不可压缩流体”。

表 1.1.2 几种典型流体的等温压缩率和等压膨胀率(10^5 Pa,20 ℃)

流体	空气	水	甘油	水银
$\kappa_T/(m^2 \cdot N^{-1})$	1.0×10^{-5}	4.6×10^{-10}	2.1×10^{-10}	3.7×10^{-11}
κ_p/K^{-1}	3.4×10^{-3}	2.1×10^{-4}	4.9×10^{-4}	1.8×10^{-4}

例 1.1.3 试估算氧气在标准大气压、20 ℃ 时的等温压缩率和等压膨胀率。

解 假设氧气为理想气体，根据理想气体状态方程 $p=\rho RT/M_0$ 可知

$$\kappa_T = \frac{1}{\rho}\left(\frac{\partial \rho}{\partial p}\right)_T = \frac{1}{\rho}\frac{M_0}{RT} = \frac{M_0}{RT}\frac{RT}{M_0 p} = p^{-1} = 1.0 \times 10^{-5}\ \mathrm{Pa}^{-1}$$

$$\kappa_p = -\frac{1}{\rho}\left(\frac{\partial \rho}{\partial T}\right)_p = \frac{1}{\rho}\frac{M_0 p}{RT^2} = \frac{M_0 p}{RT^2}\frac{RT}{M_0 p} = T^{-1} = 3.4 \times 10^{-3}\ \mathrm{K}^{-1}$$

当压强和温度处处相等（不随空间变化）且为定值（不随时间变化）时，气体的密度自然也处处相等且为定值，即为常数。由上例可以看出，当压强和温度变化不大时，例如压强增加 1 Pa 或温度升高 1 ℃，氧气的密度分别增加 0.001% 和 0.34%，相对变化依然较小。因此，“不可压缩流体”这一假设在气体温度和压强变化不大时仍然适用。

1.2 牛顿黏性定律及黏度

黏度是流体的另外一个重要性质，它既可以表征流体抵抗切应力的能力，也可以表征流体内动量的扩散速度。下面以平板间流体的剪切流动为例，讨论平板之间的流体形成稳定的层流速度分布的过程，以及动量是如何通过黏性作用传递的，并介绍“牛顿黏性定律”以及黏度的定义。

如图 1.2.1 所示，两块无限大平板之间的距离为 Y，两板间充满流体。流体和两板均保持静止状态。在 $t=0$ 时刻，下板沿 x 轴正向以速率 V_0 开启并保持匀速运动。随着时间

的推移,流体获得动量,最终建立如图 1.2.1 所示的线性稳态速度分布。要求这种流动是层流的(即相邻的“流层”以一种有序的方式相互滑动。将在下一节中进一步阐述)。当流体的流速达到稳定分布时,为了保持下板以速率 V_0 匀速运动,需要在下板上施加一个沿 x 轴正向的力 F。可以表示如下:

$$\frac{F}{A}=\mu\frac{V_0}{Y} \tag{1.2.1}$$

也就是说,这个力与板面积 A 和速度 V 成正比,与两块板之间的距离 Y 成反比。比例常数 μ 定义为流体的黏度。μ 建立了运动速度和力之间的联系,具体称之为“动力黏度”,其单位是[Pa·s]=[N·s/m²]=[kg/(m·s)]。

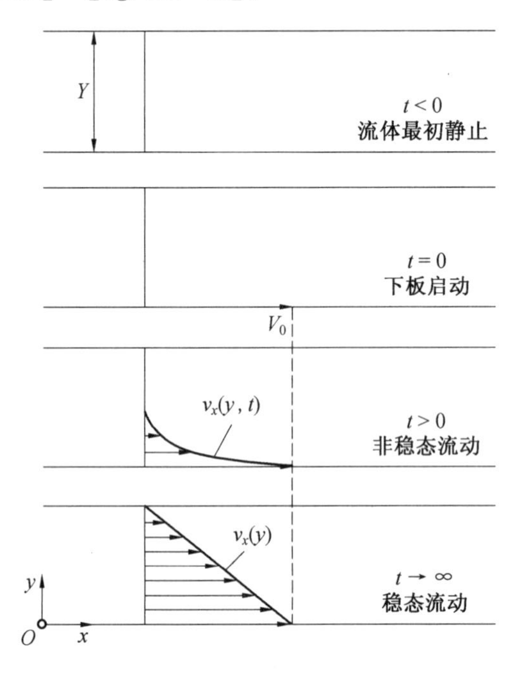

图 1.2.1 在两个平板之间的流体形成稳定的层流速度分布的过程

进一步,应用连续介质近似,用符号 τ_{yx} 替代 F/A,它表示作用在垂直于 y 轴单位面积上指向 x 轴正向的力。这个力是由下层流体(y 坐标值较小)作用到上层流体(y 坐标值较大)的切应力。显然,当流速达到稳定分布时,各个流层之间的切应力相等;且 $-\mathrm{d}v_x/\mathrm{d}y$ 也处处相等,等于 V/Y。故方程(1.2.1)改写为

$$\tau_{yx}=-\mu\frac{\mathrm{d}v_x}{\mathrm{d}y} \tag{1.2.2}$$

式(1.2.2)表示单位面积剪切力与“负的”速度梯度成正比,称为“牛顿黏性定律”,由英国科学家牛顿(Newton,1643—1727)于 1686 年提出。值得一提的是,牛顿在其著作《自然哲学之数学原理》中并没有给出式(1.2.2)的具体形式,而是阐述了思想。严格意义上,式(1.2.2)只是一个经验公式,是在特定流动状态下的切应力与速度梯度之间最简单的关系式,在 1841 年才得到试验证实。然而,人们已经发现,所有气体和摩尔质量小于 5 kg/mol 的液体的流动都符合式(1.2.2),把这类流体称为“牛顿流体”。对于聚合物液

体、悬浮液、糊状液、浆液等流体，其动力黏度随速度梯度发生变化，不符合式(1.2.2)，故称为“非牛顿流体”。为了便于处理问题，例如流速很高的时候，往往忽略黏度的影响，假设流体黏度为零，称为“理想流体”。

对于不可压缩的牛顿流体，式(1.2.2)右侧分子和分母引入密度 ρ，改写为

$$\tau_{yx}=-\frac{\mu}{\rho}\frac{\partial(\rho v_x)}{\partial y} \tag{1.2.3}$$

下板的运动带动最下层流体($y=0$)运动，使最下层流体获得沿 x 轴方向的动量。最下层流体通过黏性作用带动次下层流体($y=0$ 附近)运动，使次下层流体获得沿 x 轴方向的动量，动量依次向上传递。也就是说，动量的 x 轴分量沿着 y 轴正向扩散。

注意到 τ_{yx} 的单位是$[\mathrm{N/m^2}]=[\mathrm{kg/(m\cdot s^2)}]=[(\mathrm{kg\cdot m/s})\cdot(\mathrm{m^2\cdot s})^{-1}]$，因此可以理解为动量的“扩散通量”，即单位时间经由垂直于 y 轴的单位面积，由下层流体(y 坐标值较小)传递给上层流体(y 坐标值较大)的指向 x 轴正向的动量。动量扩散通量 τ_{yx} 正比于动量密度 ρv_x 的梯度，“负号”表示动量扩散通量的方向与动量密度梯度的方向相反。即动量扩散通量由动量密度的梯度驱动，由高动量密度向低动量密度方向扩散。比例常数 μ/ρ 建立了动量密度与动量扩散通量的关系，故定义为“运动黏度”，用符号 ν 表示，即

$$\nu\equiv\frac{\mu}{\rho} \tag{1.2.4}$$

其单位是 $\mathrm{m^2/s}$。在后续章节的热量传输和质量传输的内容中，还会涉及单位为 $\mathrm{m^2/s}$ 的物理量，它代表物理量在其梯度作用下的扩散速率，定义为该物理量的“扩散系数”。ν 也称为“动量扩散系数”。

流体的动力黏度和运动黏度都可以表示流体的黏度，分别表示流体抵抗切应力的能力和驱动动量扩散的能力。例如，在常温和标准大气压下，水的动力黏度为 $1.0\times10^{-3}\ \mathrm{kg/(m\cdot s)}$，远大于空气的动力黏度 $1.8\times10^{-5}\ \mathrm{kg/(m\cdot s)}$，即水抵抗切应力的能力远高于空气，在水中行走的阻力远高于在空气中行走。但是，水的运动黏度为 $1.0\times10^{-6}\ \mathrm{m^2/s}$，远小于空气的运动黏度 $1.6\times10^{-5}\ \mathrm{m^2/s}$，即水驱动动量扩散的能力远慢于空气。在图 1.2.1 中，如果平板间的流体分别为水和空气，则水形成稳态流动所需时间慢于空气。

流体黏度产生的原因来源于两方面：一是分子间的引力作用；二是分子热运动。分子间的引力作用越强，流层之间的摩擦就越强，黏度就越高；分子热运动越剧烈，流层之间分子掺混就越明显，黏度越高。气体的黏度主要来源于分子热运动，液体的黏度主要来源于分子间引力作用。

流体的动力黏度和运动黏度随温度变化而变化。对于液体，温度升高导致液体分子间距增加，降低分子间引力，继而动力黏度和运动黏度降低。对于气体，升高温度导致气体分子热运动加剧，增加流层间的分子掺混，继而动力黏度和运动黏度升高。表 1.2.1 给出了水和空气的黏度随温度的变化规律。

表 1.2.1 在标准大气压不同温度下水和空气的动力黏度和运动黏度

温度 T/℃	水		空气	
	动力黏度 μ/(mPa·s)	运动黏度 ν/(cm^2·s^{-1})	动力黏度 μ/(mPa·s)	运动黏度 ν/(cm^2·s^{-1})
0	1.787 0	0.017 870	0.017 16	0.132 7
20	1.001 9	0.010 037	0.018 13	0.150 5
40	0.653 0	0.006 581	0.019 08	0.169 2
60	0.466 5	0.004 744	0.019 99	0.188 6
80	0.354 8	0.003 651	0.020 87	0.208 8
100	0.282 1	0.002 944	0.021 73	0.229 8

压强变化对分子热运动的剧烈程度影响较小，所以对气体的黏度影响较小。由于液体可认为是不可压缩流体，因此，压强变化不改变分子间距，对液体的黏度影响较小。

对于多组元流体而言，其黏度变化规律较为复杂。如图 1.2.2 所示，以熔融态碳素钢为例，其黏度受到含碳量和温度的影响，发生非线性变化。掌握这一规律对铸造成型过程的精确控制尤为重要。

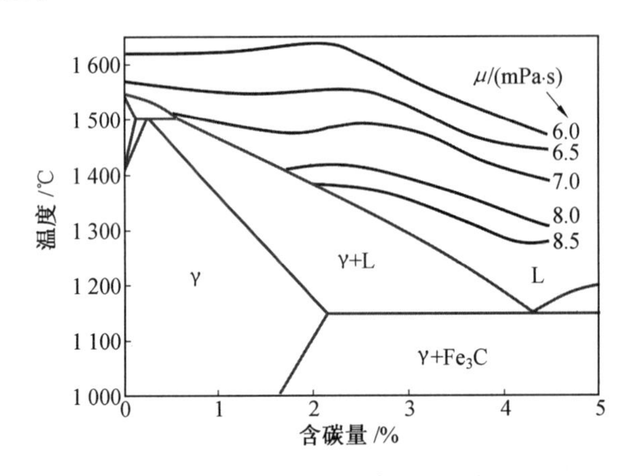

图 1.2.2 熔融态碳素钢的黏度

例 1.2.1 如图 1.2.1 所示，已知两平板间隔 $Y=3.2$ mm，板间充满某种不可压缩的牛顿流体，下板移动速度 $v=1.52$ m/s，流体稳态流动时，作用在下板的切应力为 2.394 Pa，试求流体稳态流动时流体沿 x 轴速度 v_x 在 y 轴上的分布 $v_x(y)$，并求出流体的动力黏度。

解 两板间流体达到稳态流动时，各个流层内的 x 轴动量密度(ρv_x) 不随时间变化。任取 3 个相邻的流层，如图 1.2.3 所示。中间流层($y=y_0$) 内的动量密度不随时间变化，要求下流层($y=y_0-\mathrm{d}y$) 传递给中间流层的动量扩散通量 $\tau_{yx}(y=y_0-\mathrm{d}y)$ 与中间流层传递给上流层($y=y_0+\mathrm{d}y$) 的动量扩散通量 $\tau_{yx}(y=y_0)$ 必须相等。因此，动量扩散通量 τ_{yx} 为常数。

由方程(1.2.2) 可知，$\mathrm{d}v_x=-\dfrac{\tau_{yx}}{\mu}\mathrm{d}y$，积分得 $v_x=-\dfrac{\tau_{yx}}{\mu}y+C$，其中 C 为常数。由于动

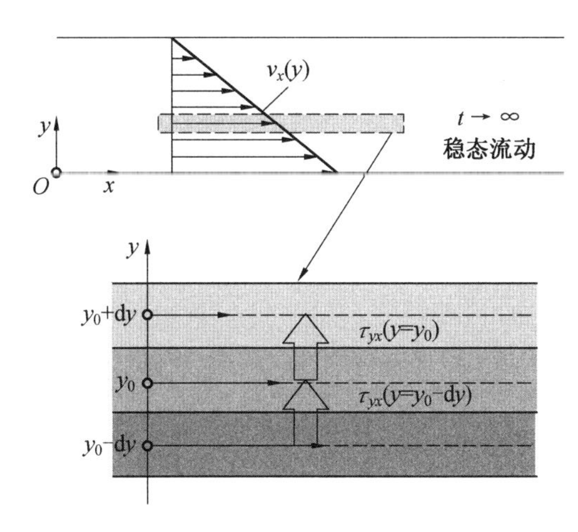

图 1.2.3　稳态剪切流动上下流层之间的动量扩散通量示意图

力黏度 μ 未知，需要 2 个边界条件确定这 2 个常数，得出 $v_x(y)$ 的具体表达式。在与两板接触的边界上，流体流速与板的运动速度相同，即所谓"无滑移边界条件"。根据 $y=0$ 处 $v_x=v$，可得 $v_x=-\frac{\tau_{yx}}{\mu}y+v$。再根据 $y=Y$ 处 $v_x=0$，可得最终的流速分布 $v_x(y)=-\frac{v}{Y}y+v$，同时也确定了 $\frac{\tau_{yx}}{\mu}=\frac{v}{Y}$。根据已知条件，得出 $\mu=\tau_{yx}\frac{Y}{v}=2.394\ \mathrm{Pa}\times\frac{3.2\times10^{-3}\ \mathrm{m}}{1.52\ \mathrm{m/s}}=5.04\times10^{-3}\ \mathrm{Pa\cdot s}$。

1.3　流动的描述方法

流体流动的描述方法可以归纳为两类：一类是拉格朗日描述，一类是欧拉描述。以下通过图 1.3.1 阐释这两种方法。

1. 拉格朗日描述

首先在初始时刻 t_0 位置 $\boldsymbol{r}_0$ 处标记流体中的材料微元，记为 X（也可用 $(\boldsymbol{r}_0,t_0)$ 标记该材料微元）。记录该材料微元 X 的物理量 ϕ 随时间的变化 $\phi(t,X)$，或记为 $\phi(t,\boldsymbol{r}_0,t_0)$。

如图 1.3.1(a) 所示，材料微元的位置可表示为 $\boldsymbol{r}(t,\boldsymbol{r}_0,t_0)$，速度可表示为 $\boldsymbol{v}(t,\boldsymbol{r}_0,t_0)$。

2. 欧拉描述

不再标记或跟踪材料微元，而是记录空间位置 $\boldsymbol{r}$ 处流体的物理量 ϕ 随时间 t 的变化，记为 $\phi(\boldsymbol{r},t)$，表示该物理量的"场"，例如速度场、温度场等。显然，在某一位置处，随着时间的推移，会有无数个材料微元流过。若物理量不随时间变化，记为 $\phi(\boldsymbol{r})$，称为"稳态流动"，否则称为"非稳态流动"。如图 1.3.1(b) 所示，流体流速分布可表示为 $\boldsymbol{v}(\boldsymbol{r},t)$。

拉格朗日描述和欧拉描述是可以互相转换的。例如，拉格朗日描述下的流体材料微元的物理量随时间的变化率可以由欧拉描述下的"随体导数"的概念给出。下面给出这两者是如何等价的。

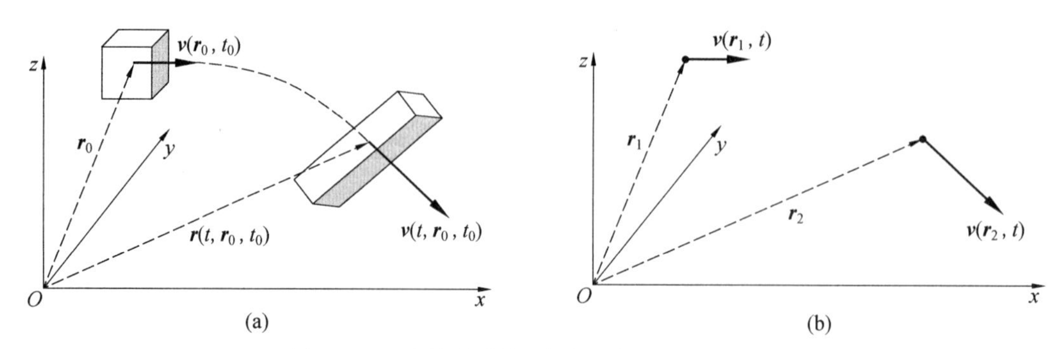

图 1.3.1 流体流动的拉格朗日描述和欧拉描述

在某时刻 t 时，材料微元 X 运动至位置 $\boldsymbol{r}$ 处。在这一瞬间，拉格朗日描述给出该材料微元 X 的某一物理量 ϕ 随时间的变化率为

$$\frac{\mathrm{d}\phi(t,X)}{\mathrm{d}t} \equiv \left(\frac{\partial \phi(t,X)}{\partial t}\right)_X \tag{1.3.1}$$

上式右侧之所以为偏导数，是因为物理量是时间和材料微元记号的函数。所以限定了材料微元记号 X 求得物理量对时间的偏导数。

在欧拉描述中，物理量表示为时间和空间的函数。在时刻 t 位置 $\boldsymbol{r}$ 处，材料微元 X 刚好经过。此刻该位置物理量的欧拉描述为 $\phi(\boldsymbol{r},t)$，表示此刻该位置该材料微元 X 的物理量的数值。经过 $\mathrm{d}t$ 时间后，该材料微元 X 的位置运动至 $\boldsymbol{r}+\mathrm{d}\boldsymbol{r}$ 处，此刻该位置物理量的欧拉描述为 $\phi(\boldsymbol{r}+\mathrm{d}\boldsymbol{r},t+\mathrm{d}t)$。因此，该材料微元 X 的某一物理量 ϕ 随时间的变化率也可用欧拉描述表示为

$$\frac{\mathrm{d}\phi(t,X)}{\mathrm{d}t} = \frac{\phi(\boldsymbol{r}+\mathrm{d}\boldsymbol{r},t+\mathrm{d}t)-\phi(\boldsymbol{r},t)}{\mathrm{d}t} \tag{1.3.2}$$

上式右侧中 $\phi(\boldsymbol{r}+\mathrm{d}\boldsymbol{r},t+\mathrm{d}t)$ 的全微分表示为

$$\phi(\boldsymbol{r}+\mathrm{d}\boldsymbol{r},t+\mathrm{d}t) = \phi(\boldsymbol{r},t) + \left(\frac{\partial \phi}{\partial t}\right)_r \mathrm{d}t + \sum_{i=1}^{3}\left(\frac{\partial \phi}{\partial r_i}\right)_t \mathrm{d}r_i \tag{1.3.3}$$

联立式(1.3.2)和式(1.3.3)可得

$$\frac{\mathrm{d}\phi(t,X)}{\mathrm{d}t} = \left(\frac{\partial \phi}{\partial t}\right)_r + \sum_{i=1}^{3}\frac{\mathrm{d}r_i}{\mathrm{d}t}\left(\frac{\partial \phi}{\partial r_i}\right)_t \equiv \frac{\partial \phi}{\partial t} + \boldsymbol{v}\cdot\nabla\phi \tag{1.3.4}$$

式(1.3.4)右侧记为“随体导数”，即

$$\frac{D\phi}{Dt} \equiv \frac{\partial \phi}{\partial t} + \boldsymbol{v}\cdot\nabla\phi \tag{1.3.5}$$

式(1.3.5)右侧中，$\frac{\partial \phi}{\partial t}$ 记为“当地导数”，$\boldsymbol{v}\cdot\nabla\phi$ 记为“迁移导数”。

式(1.3.5)为随体导数的矩阵形式。为了与矩阵乘法规则保持一致，本书规定物理量 $\boldsymbol{\phi}$ 为行向量(若为标量，即为1维行向量)，即

$$\boldsymbol{\phi} \equiv \begin{bmatrix}\phi_x & \phi_y & \phi_z\end{bmatrix} \tag{1.3.6}$$

规定算符为列向量，例如

$$\nabla \equiv \begin{bmatrix} \dfrac{\partial}{\partial x} \\ \dfrac{\partial}{\partial y} \\ \dfrac{\partial}{\partial z} \end{bmatrix} \tag{1.3.7}$$

规定算符作用在内积后变为行向量，例如

$$\boldsymbol{v} \cdot \equiv [v_x \quad v_y \quad v_z] \tag{1.3.8}$$

$$\nabla \cdot \equiv \left[\frac{\partial}{\partial x} \quad \frac{\partial}{\partial y} \quad \frac{\partial}{\partial z}\right] \tag{1.3.9}$$

其中，“$\nabla \cdot$” 称为“散度算符”。规定两个行向量的乘积为内积，例如

$$\nabla \cdot \boldsymbol{v} \equiv \left[\frac{\partial}{\partial x} \quad \frac{\partial}{\partial y} \quad \frac{\partial}{\partial z}\right][v_x \quad v_y \quad v_z] \equiv \frac{\partial v_x}{\partial x} + \frac{\partial v_y}{\partial y} + \frac{\partial v_z}{\partial z} \tag{1.3.10}$$

除此之外，其他运算规则与现有的矩阵运算规则一致。例如，拉普拉斯算符为

$$\Delta \equiv \nabla \cdot \nabla = \left[\frac{\partial}{\partial x} \quad \frac{\partial}{\partial y} \quad \frac{\partial}{\partial z}\right] \begin{bmatrix} \dfrac{\partial}{\partial x} \\ \dfrac{\partial}{\partial y} \\ \dfrac{\partial}{\partial z} \end{bmatrix} = \frac{\partial^2}{\partial x^2} + \frac{\partial^2}{\partial y^2} + \frac{\partial^2}{\partial z^2} \tag{1.3.11}$$

式(1.3.5) 即为

$$\frac{D\phi}{Dt} \equiv \left[\frac{\partial \phi_x}{\partial t} \quad \frac{\partial \phi_y}{\partial t} \quad \frac{\partial \phi_z}{\partial t}\right] + [v_x \quad v_y \quad v_z] \begin{bmatrix} \dfrac{\partial}{\partial x} \\ \dfrac{\partial}{\partial y} \\ \dfrac{\partial}{\partial z} \end{bmatrix} [\phi_x \quad \phi_y \quad \phi_z] \tag{1.3.12}$$

至此，得出了拉格朗日描述和欧拉描述的等效形式，即

$$\left(\frac{\partial \phi(t, X)}{\partial t}\right)_X = \frac{D\phi}{Dt} \tag{1.3.13}$$

例如，材料微元运动的加速度可以表示为流动速度的随体导数，即

$$\boldsymbol{a} \equiv \left(\frac{\partial \boldsymbol{v}(t, X)}{\partial t}\right)_X = \frac{D\boldsymbol{v}}{Dt} = \frac{\partial \boldsymbol{v}}{\partial t} + \boldsymbol{v} \cdot \nabla \boldsymbol{v} \tag{1.3.14}$$

式(1.3.14) 右侧中，$\dfrac{\partial \boldsymbol{v}}{\partial t}$ 表示“时变加速度”，$\boldsymbol{v} \cdot \nabla \boldsymbol{v}$ 表示“位变加速度”。

例 1.3.1 已知稳态流动流速分布为 $\boldsymbol{v} = Q[x, -2y, z]$，试求流体内质点加速度分布。

解 稳态流动当地加速度为零，只有迁移加速度，因此加速度表示为

$$\boldsymbol{a}=\boldsymbol{v}\cdot\nabla\boldsymbol{v}=[v_x \quad v_y \quad v_z]\begin{bmatrix}\dfrac{\partial}{\partial x}\\ \dfrac{\partial}{\partial y}\\ \dfrac{\partial}{\partial z}\end{bmatrix}[v_x \quad v_y \quad v_z]$$

$$=\left(v_x\frac{\partial}{\partial x}+v_y\frac{\partial}{\partial y}+v_z\frac{\partial}{\partial z}\right)[v_x \quad v_y \quad v_z]=\boldsymbol{Q}^2[x \quad 4y \quad z]$$

例 1.3.2 已知模具内充满金属液体并以角速度 ω 匀速转动，在黏性作用下，模具内的金属液体各个质点之间无相对运动，随模具同步转动。试求出金属液体内部质点的运动加速度。

解 根据题意，模具内液态金属各个质点之间无相对运动，视为刚体，随模具做刚性圆周运动。对内部质点的运动速度做分解，如图 1.3.2 所示。

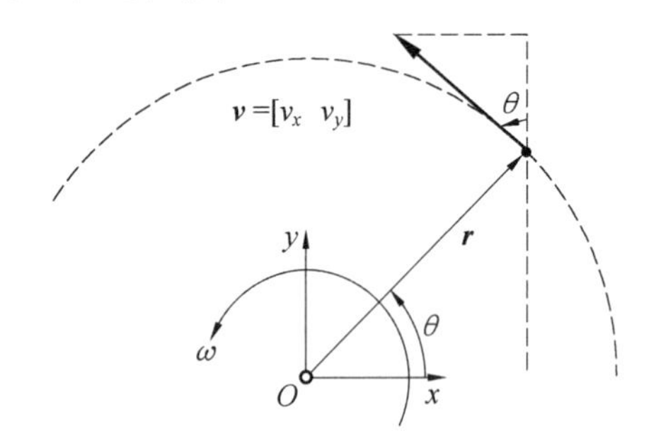

图 1.3.2 质点做圆周运动的速度分解示意图

以旋转中心为原点，质点绕圆心做半径为 r 的圆周运动，线速度为 ωr，速度矢量在 x 轴和 y 轴的分量为

$$v_x=-\omega r\sin\theta=-\omega y,\quad v_y=\omega r\cos\theta=\omega x$$

代入加速度公式得

$$\boldsymbol{a}=\frac{\partial\boldsymbol{v}}{\partial t}+\boldsymbol{v}\cdot\nabla\boldsymbol{v}=\boldsymbol{v}\cdot\nabla\boldsymbol{v}=[v_x \quad v_y]\begin{bmatrix}\dfrac{\partial}{\partial x}\\ \dfrac{\partial}{\partial y}\end{bmatrix}[v_x \quad v_y]=[-\omega^2x \quad -\omega^2y]=-\omega^2\boldsymbol{r}$$

即为人们熟知的向心加速度。上述两例说明，即便是流体处于稳态流动，由于质点迁移也会产生加速度。

为了更为直观地展现流体如何流动，衍生出了基于拉格朗日法和欧拉法的流体可视化方法。下面介绍三种典型的方法：流线、迹线、纹线。

(1) 流线是贯穿整个流体或在流体内闭合的曲线，该曲线上所有位置处的流速与该曲线相切。流线不能在流体内中断，某一时刻在特定位置处只能有一条流线经过。流线上的坐标(x_s,y_s,z_s)与速度场有如下关系：

$$\frac{\mathrm{d}x_s}{v_x(\boldsymbol{r},t)}=\frac{\mathrm{d}y_s}{v_y(\boldsymbol{r},t)}=\frac{\mathrm{d}z_s}{v_z(\boldsymbol{r},t)} \tag{1.3.15}$$

对于稳态流动，有

$$\frac{\mathrm{d}x_{\mathrm{s}}}{v_x(\boldsymbol{r})}=\frac{\mathrm{d}y_{\mathrm{s}}}{v_y(\boldsymbol{r})}=\frac{\mathrm{d}z_{\mathrm{s}}}{v_z(\boldsymbol{r})} \tag{1.3.16}$$

试验上通常采用风向标丛簇测量流线。例如，机翼表面流线的测量，如图 1.3.3(a) 所示。

(2) 迹线是流体质点的运动轨迹。试验上，通常用粒子成像测速仪测量迹线。各个成像质点的运动轨迹形成迹线，其长度取决于曝光时间，如图 1.3.3(b) 所示粒子成像测速仪拍摄的气泡周围液体流动的迹线。

(3) 纹线是流经特定位置的所有质点连成的轨迹。通常采用在特定位置处注入染料、烟雾或气泡的方法测量纹线，如图 1.3.3(c) 所示在机翼尾端注入烟雾测量的纹线。

对于稳态流动，流线、迹线、纹线三者重合；对于非稳态流动，三者不重合。

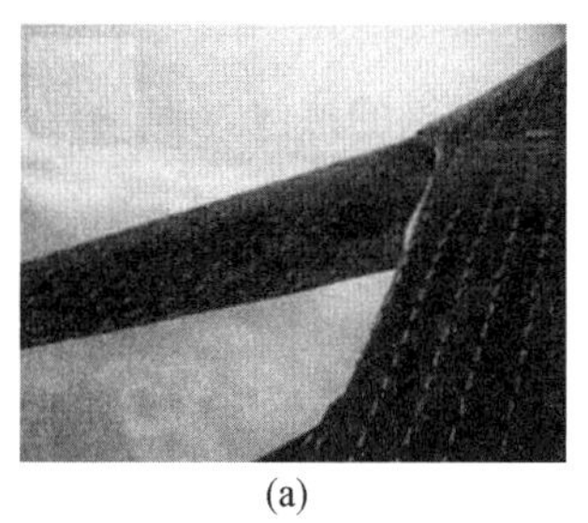

(a)

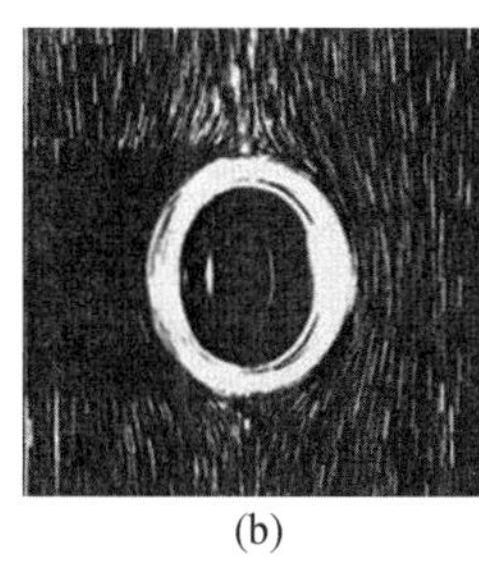

(b)

(c)

图 1.3.3 机翼表面风向标丛簇测量流线、粒子成像测速仪拍摄的气泡周围液体流动的迹线、机翼尾端注入烟雾形成的纹线

例 1.3.3 喷嘴左右往复运动，如图 1.3.4(a) 所示。喷出液体的流速分布为 $\boldsymbol{v}=\left[u_0\sin\omega\left(t-\dfrac{y}{v_0}\right),v_0\right]$，其中 ω 为喷嘴移动的角频率，u_0、v_0 为速率常数。求：(1) 在 $t=0$ 和 $t=\pi/2\omega$ 时刻经过原点(0,0) 的流线方程。(2) 在 $t=0$ 时刻位于原点(0,0) 处质点的运动轨迹(迹线方程)。(3) 在 $t=[0,\pi/2\omega]$ 时间内流过原点(0,0) 的质点连成的轨迹(纹线方程)。

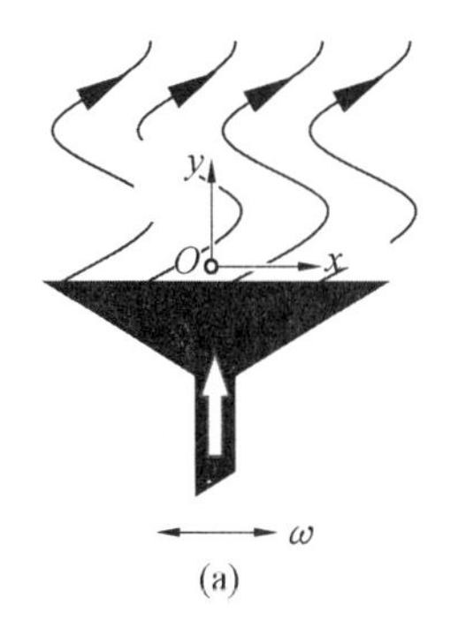

(a)

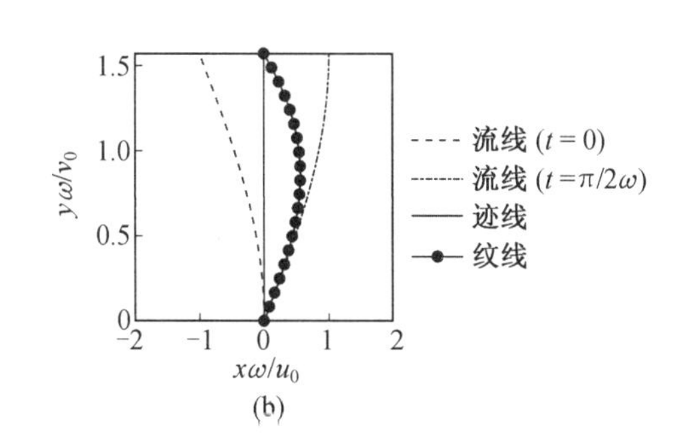

(b)

图 1.3.4 喷嘴左右往复运动，喷出液体流线示意图及二维非稳态流动的流线、迹线和纹线

解 (1) 根据流线的微分方程的定义，有

$$\frac{\mathrm{d}x_{\mathrm{s}}}{u_0\sin\omega\left(t-\dfrac{y_{\mathrm{s}}}{v_0}\right)}=\frac{\mathrm{d}y_{\mathrm{s}}}{v_0}$$

积分得$\int_0^{x_s} dx_s = \int_0^{y_s} \frac{u_0}{v_0}\sin\omega\left(t-\frac{y_s}{v_0}\right)dy_s$，即

$$x_s = \frac{u_0}{\omega}\cos\omega\left(t-\frac{y_s}{v_0}\right) - \frac{u_0}{\omega}\cos\omega t$$

当 $t=0$ 时，$x_s = \frac{u_0}{\omega}\cos\frac{\omega y_s}{v_0} - \frac{u_0}{\omega}$；当 $t=\pi/2\omega$ 时，$x_s = \frac{u_0}{\omega}\sin\frac{\omega y_s}{v_0}$。

(2) 标记 $t=0$ 时刻位于原点(0,0)处质点为"p"，其位置随时间的变化率对应该质点此处此刻的速度，$\frac{dx_p}{dt} = u_0\sin\omega\left(t-\frac{y_p}{v_0}\right)$；$\frac{dy_p}{dt}=v_0$。根据$\frac{dy_p}{dt}=v_0$，积分得 $y_p=v_0t$，代入$\frac{dx_p}{dt}=u_0\sin\omega\left(t-\frac{y_p}{v_0}\right)$得，$\frac{dx_p}{dt}=u_0\sin\omega(t-t)=0$，即 $x_p=0$。因此，该质点的迹线方程为：$x_p=0$，$y_p=v_0t$。

(3) 根据纹线的定义，需要得出 $0\leqslant t_0\leqslant\pi/2\omega$ 时刻流经原点的迹线方程，所有质点在 $\pi/2\omega$ 时刻组成纹线。$t=t_0$ 时刻过原点质点的迹线为

$$\int_0^{x_p} dx_p = \int_{t_0}^{\pi/2\omega} u_0\sin\omega\left(t-\frac{y_p}{v_0}\right)dt,\quad \int_0^{y_p} dy_p = \int_{t_0}^{\pi/2\omega} v_0\,dt$$

由此解得纹线方程为

$$y_p = v_0\left(\frac{\pi}{2\omega}-t_0\right),\quad x_p = u_0(\sin\omega t_0)\left(\frac{\pi}{2\omega}-t_0\right)$$

图 1.3.4(b) 给出了在 $t=0$ 和 $t=\pi/2\omega$ 时刻经过原点(0,0)的流线、$t=0$ 时刻位于原点(0,0)处质点的迹线、在 $t=[0,\pi/2\omega]$ 时间内流过原点(0,0)的质点连成的纹线。可以看出，对于非稳态流动，流线、迹线、纹线三者不重合。

需要注意的是，在特定条件下，流体中的流线、迹线、纹线是不能够准确预测的，原因在于流动状态的改变。如图 1.3.5 所示，以一定的流量向圆管内通入流体，形成稳态流动，并在侧方通过细管注入染料。可想而知，染料颗粒的运动轨迹即为迹线，染料在圆管内形成的线条即为纹线。当流速较低时，染料颗粒在圆管内的流动轨迹为直线，此时的流线、迹线、纹线三者重合，空间坐标上的速度不随时间变化；当流速较高时，染料颗粒会充满整个流体内部，即染料颗粒并非做匀速直线运动，空间坐标上的速度出现随机扰动。目前，已经发展出相关理论与数学模型计算其平均速度，但还不能精确计算随机扰动。把流体的流动类型分为两类，前者称为"层流"，后者称为"湍流"。

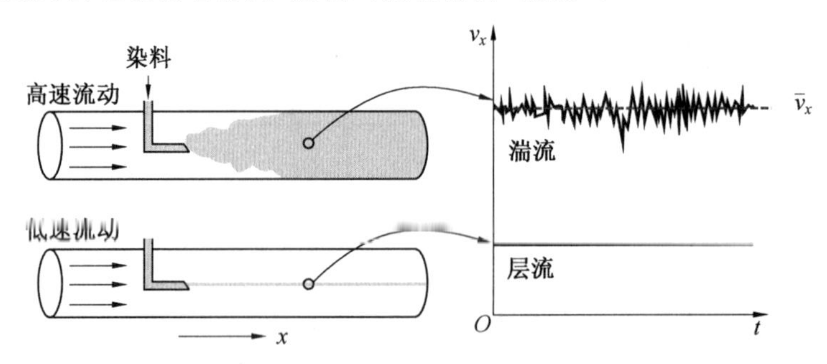

图 1.3.5 流体在圆管内低速或高速流动时对应层流或湍流两种状态

可以用雷诺数判断层流或湍流，定义如下：

$$Re \equiv \frac{\rho \bar{v} D}{\mu} = \frac{\bar{v} D}{\nu} \tag{1.3.17}$$

其中，ρ 是流体密度；$\bar{v}$ 是圆管内流体的平均速度；D 是圆管直径。可见，雷诺数是一个无量纲数。当雷诺数接近 2 100 时，圆管内的流动开始由层流转变为湍流。当然，随着圆管内壁的粗糙度及流体初始扰动状态的变化，雷诺数阈值也随之变化。

1.4 柱坐标与球坐标

有些问题在直角坐标系中描述很不方便，例如流体在管道中的流动、流体掠过球体的流动等。因此引入柱坐标系和球坐标系，如图 1.4.1 所示。

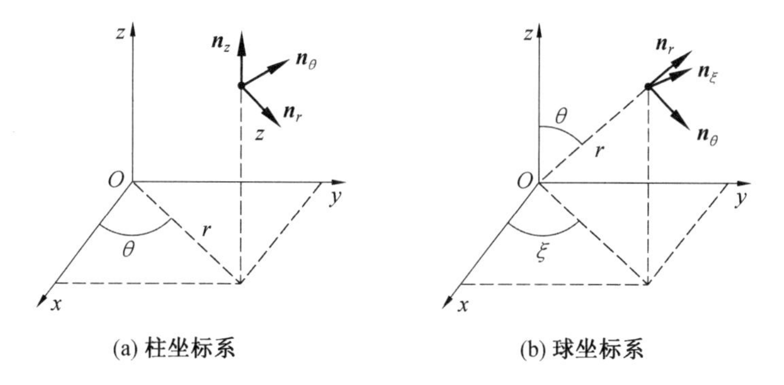

图 1.4.1 柱坐标系和球坐标系（在柱坐标系中，$r \geqslant 0, 0 \leqslant \theta \leqslant 2\pi, -\infty < z < +\infty$；在球坐标系中，$r \geqslant 0, 0 \leqslant \theta \leqslant \pi, 0 \leqslant \xi \leqslant 2\pi$）

在柱坐标系中，空间位置坐标用$[r \quad \theta \quad z]$表示，与直角坐标$[x \quad y \quad z]$的相互换算关系为

$$\begin{cases} x = r\cos\theta \\ y = r\sin\theta, \\ z = z \end{cases} \quad \begin{cases} r = \sqrt{x^2 + y^2} \\ \theta = \arctan(y/x) \\ z = z \end{cases} \tag{1.4.1}$$

柱坐标单位矢量与直角坐标单位矢量的关系为

$$\begin{cases} \boldsymbol{n}_r = \boldsymbol{n}_x \cos\theta + \boldsymbol{n}_y \sin\theta \\ \boldsymbol{n}_\theta = -\boldsymbol{n}_x \sin\theta + \boldsymbol{n}_y \cos\theta \\ \boldsymbol{n}_z = n_z \end{cases} \tag{1.4.2}$$

由式(1.4.1)、式(1.4.2)可知，柱坐标系中的梯度算符为

$$\begin{aligned} \nabla &= \boldsymbol{n}_x \frac{\partial}{\partial x} + \boldsymbol{n}_y \frac{\partial}{\partial y} + \boldsymbol{n}_z \frac{\partial}{\partial z} \\ &= (\boldsymbol{n}_r \cos\theta - \boldsymbol{n}_\theta \sin\theta)\left(\cos\theta \frac{\partial}{\partial r} - \frac{\sin\theta}{r}\frac{\partial}{\partial\theta}\right) + \\ &\quad (\boldsymbol{n}_r \sin\theta + \boldsymbol{n}_\theta \cos\theta)\left(\sin\theta \frac{\partial}{\partial r} + \frac{\cos\theta}{r}\frac{\partial}{\partial\theta}\right) + \boldsymbol{n}_z \frac{\partial}{\partial z} \\ &= \boldsymbol{n}_r \frac{\partial}{\partial r} + \boldsymbol{n}_\theta \frac{1}{r}\frac{\partial}{\partial\theta} + \boldsymbol{n}_z \frac{\partial}{\partial z} \end{aligned} \tag{1.4.3}$$

可以简单写为

$$\nabla=\begin{bmatrix}\dfrac{\partial}{\partial r}\\ \dfrac{1}{r}\dfrac{\partial}{\partial\theta}\\ \dfrac{\partial}{\partial z}\end{bmatrix} \tag{1.4.4}$$

需要注意的是$\boldsymbol{n}_r$ 和$\boldsymbol{n}_\theta$ 并不是常数，而是随 θ 变化。由式(1.4.2)可知

$$\begin{cases}\dfrac{\partial}{\partial\theta}\boldsymbol{n}_r=\boldsymbol{n}_\theta\\ \dfrac{\partial}{\partial\theta}\boldsymbol{n}_\theta=-\boldsymbol{n}_r\end{cases} \tag{1.4.5}$$

所以，当梯度算符作用在矢量上时，除了对矢量绝对值求梯度外，还需对单位矢量求梯度。以速度场 $\boldsymbol{v}=\boldsymbol{n}_r v_r+\boldsymbol{n}_\theta v_\theta+\boldsymbol{n}_z v_z$ 为例，则

$$\begin{aligned}\nabla\boldsymbol{v}&=\nabla(\boldsymbol{n}_r v_r+\boldsymbol{n}_\theta v_\theta+\boldsymbol{n}_z v_z)\\ &=(\boldsymbol{n}_r\nabla v_r+\boldsymbol{n}_\theta\nabla v_\theta+\boldsymbol{n}_z\nabla v_z)+(v_r\nabla\boldsymbol{n}_r+v_\theta\nabla\boldsymbol{n}_\theta+v_z\nabla\boldsymbol{n}_z)\\ &=\begin{bmatrix}\dfrac{\partial}{\partial r}\\ \dfrac{1}{r}\dfrac{\partial}{\partial\theta}\\ \dfrac{\partial}{\partial z}\end{bmatrix}[v_r\quad v_\theta\quad v_z]+\begin{bmatrix}0&0&0\\ -\dfrac{v_\theta}{r}&\dfrac{v_r}{r}&0\\ 0&0&0\end{bmatrix}\end{aligned} \tag{1.4.6}$$

速度的散度为

$$\begin{aligned}\nabla\cdot\boldsymbol{v}&=\left(\boldsymbol{n}_r\frac{\partial}{\partial r}+\boldsymbol{n}_\theta\frac{1}{r}\frac{\partial}{\partial\theta}+\boldsymbol{n}_z\frac{\partial}{\partial z}\right)(\boldsymbol{n}_r v_r+\boldsymbol{n}_\theta v_\theta+\boldsymbol{n}_z v_z)\\ &=\boldsymbol{n}_r\frac{\partial}{\partial r}(\boldsymbol{n}_r v_r)+\boldsymbol{n}_r\frac{\partial}{\partial r}(\boldsymbol{n}_\theta v_\theta)+\boldsymbol{n}_r\frac{\partial}{\partial r}(\boldsymbol{n}_z v_z)+\\ &\quad\boldsymbol{n}_\theta\frac{1}{r}\frac{\partial}{\partial\theta}(\boldsymbol{n}_r v_r)+\boldsymbol{n}_\theta\frac{1}{r}\frac{\partial}{\partial\theta}(\boldsymbol{n}_\theta v_\theta)+\boldsymbol{n}_\theta\frac{1}{r}\frac{\partial}{\partial\theta}(\boldsymbol{n}_z v_z)+\\ &\quad\boldsymbol{n}_z\frac{\partial}{\partial z}(\boldsymbol{n}_r v_r)+\boldsymbol{n}_z\frac{\partial}{\partial z}(\boldsymbol{n}_\theta v_\theta)+\boldsymbol{n}_z\frac{\partial}{\partial z}(\boldsymbol{n}_z v_z)\\ &=\frac{\partial}{\partial r}v_r+0+0+\frac{v_r}{r}+\frac{1}{r}\frac{\partial}{\partial\theta}v_\theta+0+0+0+\frac{\partial}{\partial z}v_z\\ &=\left(\frac{\partial}{\partial r}+\frac{1}{r}\right)v_r+\left(\frac{1}{r}\frac{\partial}{\partial\theta}\right)v_\theta+\left(\frac{\partial}{\partial z}\right)v_z=\nabla\cdot[v_r\quad v_\theta\quad v_z]\end{aligned} \tag{1.4.7}$$

所以，散度算符可简单写为

$$\nabla\cdot=\left[\frac{\partial}{\partial r}+\frac{1}{r}\quad\frac{1}{r}\frac{\partial}{\partial\theta}\quad\frac{\partial}{\partial z}\right] \tag{1.4.8}$$

本书也会经常用到拉普拉斯算符，即散度算符与梯度算符的乘积：

$$\Delta=\nabla\cdot\nabla=\begin{bmatrix}\frac{\partial}{\partial r}+\frac{1}{r} & \frac{1}{r}\frac{\partial}{\partial\theta} & \frac{\partial}{\partial z}\end{bmatrix}\begin{bmatrix}\frac{\partial}{\partial r}\\ \frac{1}{r}\frac{\partial}{\partial\theta}\\ \frac{\partial}{\partial z}\end{bmatrix}=\frac{\partial^2}{\partial r^2}+\frac{1}{r}\frac{\partial}{\partial r}+\frac{1}{r^2}\frac{\partial^2}{\partial\theta^2}+\frac{\partial^2}{\partial z^2} \tag{1.4.9}$$

需要注意的是，当"Δ"算符作用到单位矢量上时，其结果不为零。例如

$$\begin{aligned}\Delta\boldsymbol{v}&=\Delta(\boldsymbol{n}_r v_r+\boldsymbol{n}_\theta v_\theta+\boldsymbol{n}_z v_z)\\&=\left(\frac{\partial^2}{\partial r^2}+\frac{1}{r}\frac{\partial}{\partial r}+\frac{1}{r^2}\frac{\partial^2}{\partial\theta^2}+\frac{\partial^2}{\partial z^2}\right)(\boldsymbol{n}_r v_r)+\\&\quad\left(\frac{\partial^2}{\partial r^2}+\frac{1}{r}\frac{\partial}{\partial r}+\frac{1}{r^2}\frac{\partial^2}{\partial\theta^2}+\frac{\partial^2}{\partial z^2}\right)(\boldsymbol{n}_\theta v_\theta)+\\&\quad\left(\frac{\partial^2}{\partial r^2}+\frac{1}{r}\frac{\partial}{\partial r}+\frac{1}{r^2}\frac{\partial^2}{\partial\theta^2}+\frac{\partial^2}{\partial z^2}\right)(\boldsymbol{n}_z v_z)\\&=\boldsymbol{n}_r\left(\frac{\partial^2}{\partial r^2}+\frac{1}{r}\frac{\partial}{\partial r}+\frac{\partial^2}{\partial z^2}\right)v_r+\frac{1}{r^2}\left(-\boldsymbol{n}_r v_r+\boldsymbol{n}_\theta\frac{2\partial}{\partial\theta}v_r+\boldsymbol{n}_r\frac{\partial^2}{\partial\theta^2}v_r\right)+\\&\quad\boldsymbol{n}_\theta\left(\frac{\partial^2}{\partial r^2}+\frac{1}{r}\frac{\partial}{\partial r}+\frac{\partial^2}{\partial z^2}\right)v_\theta+\frac{1}{r^2}\left(-\boldsymbol{n}_\theta v_\theta-\boldsymbol{n}_r\frac{2\partial}{\partial\theta}v_\theta+\boldsymbol{n}_\theta\frac{\partial^2}{\partial\theta^2}v_\theta\right)+\\&\quad\boldsymbol{n}_z\left(\frac{\partial^2}{\partial r^2}+\frac{1}{r}\frac{\partial}{\partial r}+\frac{1}{r^2}\frac{\partial^2}{\partial\theta^2}+\frac{\partial^2}{\partial z^2}\right)v_z\\&=[\Delta v_r\quad\Delta v_\theta\quad\Delta v_z]-\frac{1}{r^2}\left[v_r+2\frac{\partial}{\partial\theta}v_\theta\quad v_\theta-2\frac{\partial}{\partial\theta}v_r\quad 0\right]\end{aligned} \tag{1.4.10}$$

类似地，在球坐标系中，空间位置坐标用$[r\quad\theta\quad\xi]$表示，与直角坐标的相互换算关系为

$$\begin{cases}x=r\sin\theta\cos\xi\\ y=r\sin\theta\sin\xi\\ z=r\cos\theta\end{cases},\quad\begin{cases}r=\sqrt{x^2+y^2+z^2}\\ \theta=\arctan(\sqrt{x^2+y^2}/z)\\ \xi=\arctan(y/x)\end{cases} \tag{1.4.11}$$

球坐标单位矢量与直角坐标单位矢量的关系为

$$\begin{cases}\boldsymbol{n}_r=\boldsymbol{n}_x\sin\theta\cos\xi+\boldsymbol{n}_y\sin\theta\sin\xi+\boldsymbol{n}_z\cos\theta\\ \boldsymbol{n}_\theta=\boldsymbol{n}_x\cos\theta\cos\xi+\boldsymbol{n}_y\cos\theta\sin\xi-\boldsymbol{n}_z\sin\theta\\ \boldsymbol{n}_\xi=-\boldsymbol{n}_x\sin\xi+\boldsymbol{n}_y\cos\xi\end{cases} \tag{1.4.12}$$

由此可知，球坐标系中的梯度算符为

$$\nabla=\boldsymbol{n}_r\frac{\partial}{\partial r}+\boldsymbol{n}_\theta\frac{1}{r}\frac{\partial}{\partial\theta}+\boldsymbol{n}_\xi\frac{1}{r\sin\theta}\frac{\partial}{\partial\xi} \tag{1.4.13}$$

可以简写为

$$\nabla=\begin{bmatrix}\frac{\partial}{\partial r}\\ \frac{1}{r}\frac{\partial}{\partial\theta}\\ \frac{1}{r\sin\theta}\frac{\partial}{\partial\xi}\end{bmatrix} \tag{1.4.14}$$

散度算符可以简写为

$$\nabla\cdot=\left[\frac{\partial}{\partial r}+\frac{2}{r}\quad \frac{1}{r}\frac{\partial}{\partial\theta}+\frac{\cot\theta}{r}\quad \frac{1}{r\sin\theta}\frac{\partial}{\partial\xi}\right] \tag{1.4.15}$$

拉普拉斯算符可以简写为

$$\Delta=\nabla\cdot\nabla=\frac{\partial^2}{\partial r^2}+\frac{2}{r}\frac{\partial}{\partial r}+\frac{1}{r^2}\frac{\partial^2}{\partial\theta^2}+\frac{\cot\theta}{r^2}\frac{\partial}{\partial\theta}+\frac{1}{r^2\sin^2\theta}\frac{\partial^2}{\partial\xi^2} \tag{1.4.16}$$

需要特别注意的是，无论是在柱坐标下还是在球坐标下，其坐标值与直角坐标呈非线性对应关系，且坐标轴单位向量随坐标发生变化。在求导数时，不能忽略单位向量的导数。而在直角坐标系中，坐标轴单位向量为常数。

本章习题

1.1　在连续式热处理炉中，可以使用两种热电偶测量温度，另一种是安装在炉膛中的控温热电偶，一种是安装在被加热工件上的工件热电偶，请讨论这两种热电偶所采用的方法及其特点。

1.2　如图所示，某黏度计由一个套筒装置组成，已知两圆筒直径较大，间隙为3.2 mm，充满待测流体，外筒线速度为1.52 m/s，欲使内筒保持静止，需要在内筒面上施加2.394 Pa的切应力。试求两圆筒间流体的动力黏度。

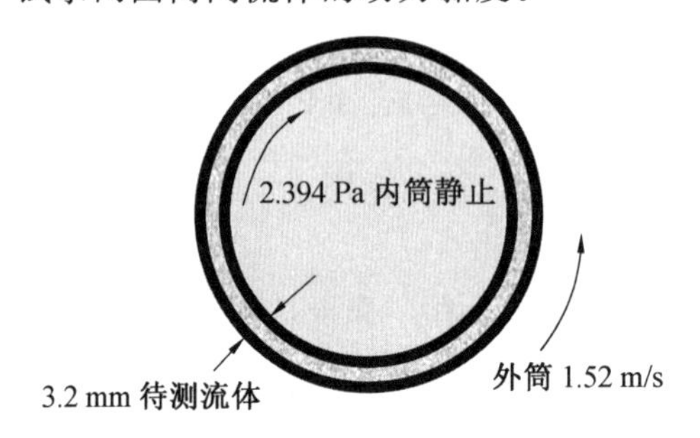

1.2 题图

1.3　如图所示，已知上下板之间的间隙为2 mm，被黏度为2×10^{-2} Pa·s的润滑油填充，下板固定，上板以61 cm/s的速度向x轴方向运动，计算流体中动量的扩散通量。

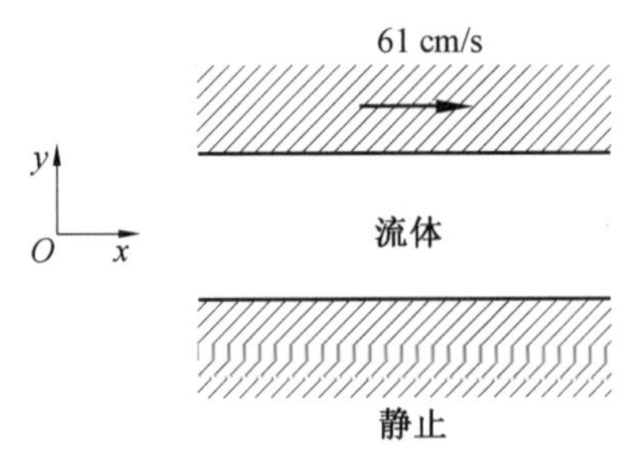

1.3 题图

1.4　如图所示，某固定平板上表面的流体沿x轴流动，其速度(cm/s)与y轴坐标(mm)的关系式在$0\leqslant y\leqslant 1$ mm范围内符合$v_x=3y-y^3$，已知流体密度为10^3 kg/m^3，运

动黏度为 7×10^{-7} m^2/s，回答以下问题：

(a) 在平板表面 x_1 位置处，流体作用在平板上的切应力。

(b) 在 $y=0.8$ mm、$x=x_1$ 处，沿 y 轴传导的动量通量。

(c) 在 $y=0.8$ mm、$x=x_1$ 处，是否有沿 x 轴传导的动量？若有，计算其数值。

(d) 在 $y=0.8$ mm、$x=x_1$ 处，是否有加速度？若有，计算其数值。

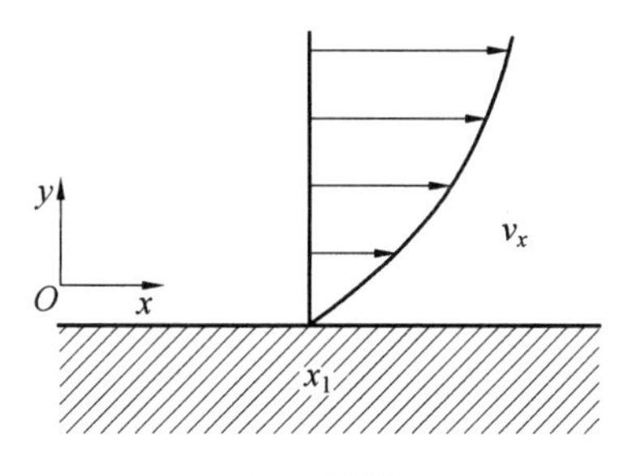

1.4 题图

1.5　根据流体密度、等压热容及温度，给出单位体积流体的热量的随体导数，以及其物理意义。

1.6　给出流体密度的随体导数及其物理意义。

1.7　根据流体密度及流速，给出流体单位体积动量的随体导数及其物理意义。

1.8　继续讨论例 1.3.2，应用柱坐标系给出加速度场分布。

1.9　推导式(1.4.15) 和式(1.4.16)。

1.10　假设三维非稳态流动的速度场为

$$v_x=\frac{y}{1+at},\quad v_y=\frac{z}{1+bt},\quad v_z=\frac{x}{1+ct}$$

其中，a、b、c 为常数。回答以下问题：

(a) 写出时刻 t 经过 (1,1,1) 位置的流线方程。

(b) 写出 $t=0$ 时刻经过 (1,1,1) 位置的质点的迹线方程。

第 2 章　动量传输的基本方程

2.1　动量的扩散通量

动量的扩散通量实际上就是单位面积流体受到的力，包括黏性力和静压力。第 1 章以简单的一维层流为例介绍了牛顿黏性定律，以此引出由黏性力引起的动量扩散通量及其扩散系数(运动黏度)的概念。实际流体流动有时很复杂，无法简单认为是一维流动。研究复杂的三维流动，首先要给出动量的扩散通量。

值得注意的是，动量的扩散通量包括两种方向：一是动量扩散的方向；二是动量本身的方向。例如图 1.2.1 所示的一维层流，动量扩散的方向是 y 轴正向，而扩散传递的动量本身的方向是 x 轴正向。一般情况下，动量扩散的方向与扩散传递的动量本身的方向既不垂直也不平行。

首先讨论黏性力引起的动量扩散通量。在三维空间中，动量的扩散通量往往是未知的。因此，通常以空间坐标系中的某一平面为基础，研究经过该平面的动量。事先定义了动量扩散的方向，即为该平面的法向，可以通过直角坐标系的单位向量$\boldsymbol{n}_x$、$\boldsymbol{n}_y$、$\boldsymbol{n}_z$ 来表示。如图 2.1.1 所示，在空间坐标为$[x,y,z]$的位置处，以垂直于 x 轴的平面为例，动量的扩散方向规定为$\boldsymbol{n}_x$。经过该平面单位面积、单位时间所扩散的动量显然是一个矢量，定义为

$$\boldsymbol{\tau}_x \equiv [\tau_{xx} \quad \tau_{xy} \quad \tau_{xz}] \tag{2.1.1}$$

类似地，单位时间内经过垂直于 y 轴、z 轴单位面积所扩散的动量分别定义为

$$\boldsymbol{\tau}_y \equiv [\tau_{yx} \quad \tau_{yy} \quad \tau_{yz}] \tag{2.1.2}$$

$$\boldsymbol{\tau}_z \equiv [\tau_{zx} \quad \tau_{zy} \quad \tau_{zz}] \tag{2.1.3}$$

因此，由黏性力引起的动量扩散通量可以归纳为矩阵的形式，即

$$\boldsymbol{\tau} \equiv \begin{bmatrix} \boldsymbol{\tau}_x \\ \boldsymbol{\tau}_y \\ \boldsymbol{\tau}_z \end{bmatrix} \equiv \begin{bmatrix} \tau_{xx} & \tau_{xy} & \tau_{xz} \\ \tau_{yx} & \tau_{yy} & \tau_{yz} \\ \tau_{zx} & \tau_{zy} & \tau_{zz} \end{bmatrix} \tag{2.1.4}$$

其中，τ_{ij} 表示由于黏性力作用，单位时间内经过垂直于 i 轴单位面积所扩散的动量的 j 轴分量。

根据式(2.1.4)，经过垂直于 x 轴的扩散通量为

$$\boldsymbol{n}_x \cdot \boldsymbol{\tau} = [1 \quad 0 \quad 0] \begin{bmatrix} \tau_{xx} & \tau_{xy} & \tau_{xz} \\ \tau_{yx} & \tau_{yy} & \tau_{yz} \\ \tau_{zx} & \tau_{zy} & \tau_{zz} \end{bmatrix} = [\tau_{xx} \quad \tau_{xy} \quad \tau_{xz}] \tag{2.1.5}$$

一般地，经过法向量为 $\boldsymbol{n}$ 的平面的扩散通量为

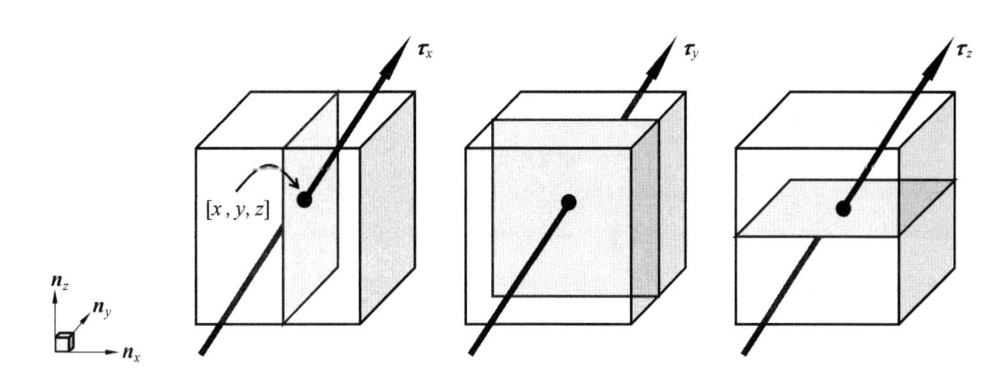

图 2.1.1 流体黏性导致的垂直于坐标轴单位面积的动量扩散通量

$$\boldsymbol{n}\cdot\boldsymbol{\tau}=[\boldsymbol{n}_x \quad \boldsymbol{n}_y \quad \boldsymbol{n}_z]\begin{bmatrix}\tau_{xx} & \tau_{xy} & \tau_{xz}\\ \tau_{yx} & \tau_{yy} & \tau_{yz}\\ \tau_{zx} & \tau_{zy} & \tau_{zz}\end{bmatrix} \tag{2.1.6}$$

现在的问题是如何建立黏性力导致的动量扩散通量与速度梯度之间的联系。事实上，这并非易事。科学家们经过了约一个半世纪的探索才给出了这一关系。在这里，只简要给出主体思想：

把动量通量的每一个元素表达为所有速度梯度元素的线性组合，即

$$\tau_{ij}=-\sum_k\sum_l\mu_{ijkl}\frac{\partial v_k}{\partial l} \tag{2.1.7}$$

其中，i、j、k、l 取值为坐标轴序号 x、y、z；μ_{ijkl} 代表动力黏度系数，其 4 个下标意味着共有 81 个黏度值。

注意到，τ_{ij} 除了可以解读为动量通量，还可以解读为黏性力，即作用在垂直于 i 轴单位面积上、指向 j 轴正向的黏性力，它具有对称性，即

$$\tau_{ij}=\tau_{ji} \tag{2.1.8}$$

满足上式要求的速度梯度组合只能为

$$\tau_{ij}=-A_{ij}\left(\frac{\partial v_j}{\partial i}+\frac{\partial v_i}{\partial j}\right)-B\left(\frac{\partial v_x}{\partial x}+\frac{\partial v_y}{\partial y}+\frac{\partial v_z}{\partial z}\right)\delta_{ij} \tag{2.1.9}$$

其中，A_{ij}、B 为黏度常数，且 $A_{ij}=A_{ji}$；

$$\delta_{ij}=\begin{cases}1, & i=j\\ 0, & i\neq j\end{cases} \tag{2.1.10}$$

如果流体各向同性，则式(2.1.9)为

$$\tau_{ij}=-A\left(\frac{\partial v_j}{\partial i}+\frac{\partial v_i}{\partial j}\right)-B\left(\frac{\partial v_x}{\partial x}+\frac{\partial v_y}{\partial y}+\frac{\partial v_z}{\partial z}\right)\delta_{ij} \tag{2.1.11}$$

当然，式(2.1.11)在一维层流情况下必须满足牛顿黏性定律，即式(1.2.2)。由此得出

$$A=\mu \tag{2.1.12}$$

若流体不可压缩，根据其连续性方程(2.3.14)可知，式(2.1.11)右侧第二项为零，由此可知

$$\tau_{ij}=-\mu\left(\frac{\partial v_j}{\partial i}+\frac{\partial v_i}{\partial j}\right) \tag{2.1.13}$$

式(2.1.13)的矩阵形式为

$$\boldsymbol{\tau}=-\mu\{\nabla\boldsymbol{v}+(\nabla\boldsymbol{v})^{\mathrm{T}}\} \tag{2.1.14}$$

即

$$\begin{bmatrix}\tau_{xx} & \tau_{xy} & \tau_{xz}\\ \tau_{yx} & \tau_{yy} & \tau_{yz}\\ \tau_{zx} & \tau_{zy} & \tau_{zz}\end{bmatrix}=-\mu\left\{\left(\begin{bmatrix}\dfrac{\partial}{\partial x}\\ \dfrac{\partial}{\partial y}\\ \dfrac{\partial}{\partial z}\end{bmatrix}\begin{bmatrix}v_x & v_y & v_z\end{bmatrix}\right)+\left(\begin{bmatrix}\dfrac{\partial}{\partial x}\\ \dfrac{\partial}{\partial y}\\ \dfrac{\partial}{\partial z}\end{bmatrix}\begin{bmatrix}v_x & v_y & v_z\end{bmatrix}\right)^{\mathrm{T}}\right\} \tag{2.1.15}$$

式(2.1.13)～(2.1.15)称为“牛顿黏性定律的一般形式”，它适用于不可压缩的牛顿流体。

不难看出，对于不可压缩流体，式(2.1.15)右侧的对角元素之和为

$$-2\mu\left\{\frac{\partial v_x}{\partial x}+\frac{\partial v_y}{\partial y}+\frac{\partial v_z}{\partial z}\right\}=-2\mu\ \nabla\cdot\boldsymbol{v}=0 \tag{2.1.16}$$

即

$$\tau_{xx}+\tau_{yy}+\tau_{zz}=0 \tag{2.1.17}$$

例2.1.1 继续讨论例1.3.2，黏性力产生的动量扩散通量是多少？

解 根据图1.3.2，流体内的速度分布为

$$\boldsymbol{v}=[-\omega y \quad \omega x]$$

则有

$$\nabla\boldsymbol{v}=\begin{bmatrix}\dfrac{\partial}{\partial x}\\ \dfrac{\partial}{\partial y}\end{bmatrix}[-\omega y \quad \omega x]=\begin{bmatrix}0 & \omega\\ -\omega & 0\end{bmatrix}$$

$$(\nabla\boldsymbol{v})^{\mathrm{T}}=\left(\begin{bmatrix}\dfrac{\partial}{\partial x}\\ \dfrac{\partial}{\partial y}\end{bmatrix}[-\omega y \quad \omega x]\right)^{\mathrm{T}}=\begin{bmatrix}0 & -\omega\\ \omega & 0\end{bmatrix}$$

代入式(2.1.14)可知

$$\boldsymbol{\tau}=-\mu\{\nabla\boldsymbol{v}+(\nabla\boldsymbol{v})^{\mathrm{T}}\}=\boldsymbol{0}$$

可以看出，当流体处于相对静止状态，即其内部质点没有相对运动时，黏性力产生的动量扩散通量为零。但这并不代表动量扩散通量为零。流体静压力对扩散通量也有贡献。

下面讨论静压力引起的动量扩散通量。流体静压力是由分子热运动产生的，它总是垂直于作用面。如图2.1.2所示，作用在垂直于 x 轴单位面积上的流体静压力为 $p\boldsymbol{n}_x$，p 为流体静压强。可以理解为平面左侧的分子通过热运动撞击平面右侧的分子。微观上表现为左侧分子的动量传递给右侧，宏观上表现为流体静压力。也就是说 $p\boldsymbol{n}_x$ 代表经过垂

直于 x 轴单位面积的动量扩散通量，其扩散的方向与扩散传递的动量本身的方向均为 $\boldsymbol{n}_x$。类似地，经过垂直于 y 轴和 z 轴单位面积的动量扩散通量分别为 $p\boldsymbol{n}_y$、$p\boldsymbol{n}_z$。表达为矩阵形式，即

$$p\boldsymbol{I}=\begin{bmatrix}p\,\boldsymbol{n}_x\\p\,\boldsymbol{n}_y\\p\,\boldsymbol{n}_z\end{bmatrix}=\begin{bmatrix}p&0&0\\0&p&0\\0&0&p\end{bmatrix}\tag{2.1.18}$$

因此，动量的扩散通量表达为黏性力与静压力之和，即

$$\boldsymbol{J}=\boldsymbol{\tau}+p\boldsymbol{I}\tag{2.1.19}$$

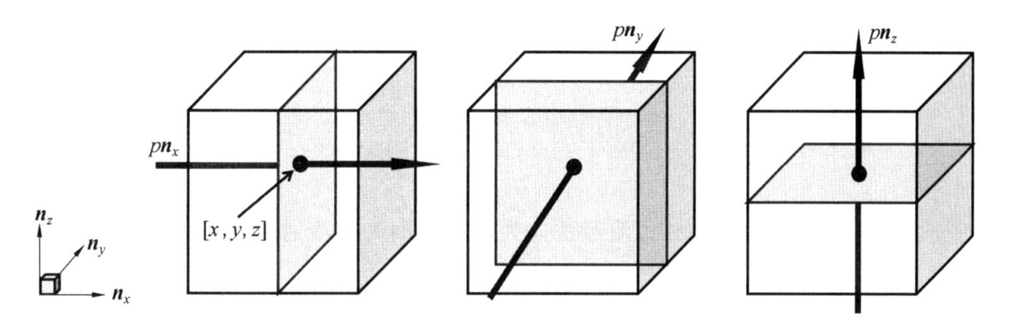

图 2.1.2 流体静压力导致的垂直于坐标轴单位面积的动量扩散通量

2.2 动量的对流通量

动量也可以通过流体的整体流动实现传输，称之为动量的“对流传输”。如图 2.2.1 所示，在空间位置 $[x,y,z]$ 处的流速为 $\boldsymbol{v}$。类似 2.1 节，考虑垂直于 x 轴、y 轴、z 轴的三个平面，并讨论流经这三个平面的对流通量。

先以垂直于 x 轴的平面为例，单位时间内流过该平面单位面积的流体体积恰为流速的 x 轴分量 v_x，而单位体积流体所携带的动量为 $\rho\boldsymbol{v}$。所以，流经垂直于 x 轴平面的对流通量表示为 $v_x\rho\boldsymbol{v}$；类似地，流经垂直于 y 轴、z 轴平面的对流通量分别为 $v_y\rho\boldsymbol{v}$、$v_z\rho\boldsymbol{v}$。对流通量的矩阵表示为

$$\boldsymbol{v}\rho\boldsymbol{v}=\begin{bmatrix}v_x\\v_y\\v_z\end{bmatrix}\rho\begin{bmatrix}v_x&v_y&v_z\end{bmatrix}=\rho\begin{bmatrix}v_xv_x&v_xv_y&v_xv_z\\v_yv_x&v_yv_y&v_yv_z\\v_zv_x&v_zv_y&v_zv_z\end{bmatrix}\tag{2.2.1}$$

式(2.2.1)的 $\boldsymbol{v}\rho\boldsymbol{v}$ 项中，左右两侧的 $\boldsymbol{v}$ 虽然数值相同，但物理意义不同。左侧的 $\boldsymbol{v}$ 代表单位时间流过垂直于 x 轴、y 轴、z 轴单位面积的流体体积；右侧的 $\rho\boldsymbol{v}$ 与流体密度 ρ 相乘代表单位体积所携带的动量。左侧的 $\boldsymbol{v}$ 作为算符作用到右侧的 $\rho\boldsymbol{v}$，所以左侧的 $\boldsymbol{v}$ 是列向量，而右侧的 $\boldsymbol{v}$ 是行向量。式(2.2.1)中 ρv_iv_j 表示单位时间内通过对流流过垂直于 i 轴单位面积的动量的 j 轴分量。

由式(2.2.1)可知，通过对流的方式流经垂直于 x 轴平面的对流通量为

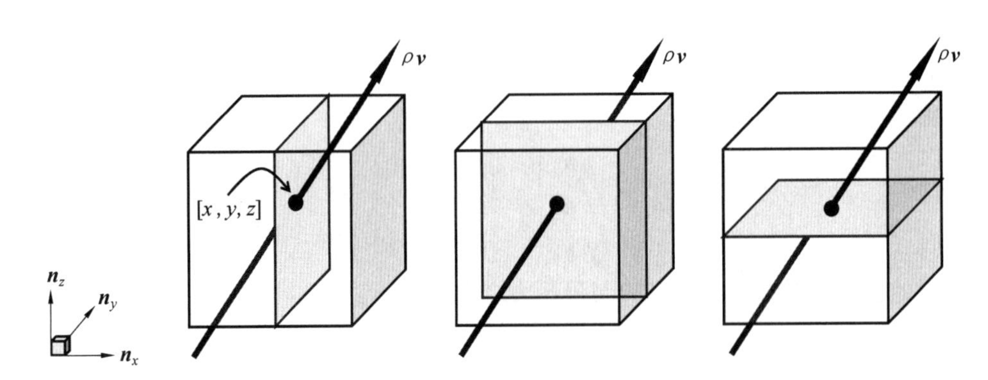

图 2.2.1 垂直于坐标轴单位面积的动量的对流通量

$$(\boldsymbol{n}_x \cdot \boldsymbol{v})\rho\boldsymbol{v} = \begin{bmatrix}1 & 0 & 0\end{bmatrix}\begin{bmatrix}v_x \\ v_y \\ v_z\end{bmatrix}\rho\begin{bmatrix}v_x & v_y & v_z\end{bmatrix} = \rho v_x\begin{bmatrix}v_x & v_y & v_z\end{bmatrix} \tag{2.2.2}$$

一般情况下，通过对流的方式流经法向为 $\boldsymbol{n}$ 的平面的对流通量为

$$(\boldsymbol{n} \cdot \boldsymbol{v})\rho\boldsymbol{v} = \begin{bmatrix}n_x & n_y & n_z\end{bmatrix}\begin{bmatrix}v_x \\ v_y \\ v_z\end{bmatrix}\rho\begin{bmatrix}v_x & v_y & v_z\end{bmatrix} \tag{2.2.3}$$

至此，给出了动量的扩散通量和对流通量。动量的总通量即为它们的和，

$$\boldsymbol{F} = \boldsymbol{J} + \boldsymbol{v}\rho\boldsymbol{v} \tag{2.2.4}$$

由式(2.1.19)可知

$$\boldsymbol{F} = \boldsymbol{\tau} + p\boldsymbol{I} + \boldsymbol{v}\rho\boldsymbol{v} \tag{2.2.5}$$

进一步根据牛顿黏性定律的一般形式(2.1.14)可知

$$\boldsymbol{F} = -\mu\{\nabla\boldsymbol{v} + (\nabla\boldsymbol{v})^{\mathrm{T}}\} + p\boldsymbol{I} + \boldsymbol{v}\rho\boldsymbol{v} \tag{2.2.6}$$

式(2.2.6)展开为

$$\begin{bmatrix}F_{xx} & F_{xy} & F_{xz} \\ F_{yx} & F_{yy} & F_{yz} \\ F_{zx} & F_{zy} & F_{zz}\end{bmatrix} = -\mu\begin{bmatrix}2\dfrac{\partial v_x}{\partial x} & \dfrac{\partial v_y}{\partial x} + \dfrac{\partial v_x}{\partial y} & \dfrac{\partial v_z}{\partial x} + \dfrac{\partial v_x}{\partial z} \\ \dfrac{\partial v_y}{\partial x} + \dfrac{\partial v_x}{\partial y} & 2\dfrac{\partial v_y}{\partial y} & \dfrac{\partial v_z}{\partial y} + \dfrac{\partial v_y}{\partial z} \\ \dfrac{\partial v_z}{\partial x} + \dfrac{\partial v_x}{\partial z} & \dfrac{\partial v_z}{\partial y} + \dfrac{\partial v_y}{\partial z} & 2\dfrac{\partial v_z}{\partial z}\end{bmatrix} + \begin{bmatrix}p & 0 & 0 \\ 0 & p & 0 \\ 0 & 0 & p\end{bmatrix} + \rho\begin{bmatrix}v_x v_x & v_x v_y & v_x v_z \\ v_y v_x & v_y v_y & v_y v_z \\ v_z v_x & v_z v_y & v_z v_z\end{bmatrix} \tag{2.2.7}$$

其对角元素为

$$F_{ii} = -2\mu\frac{\partial v_i}{\partial i} + p + \rho v_i v_i \tag{2.2.8}$$

其物理含义是：在单位时间内经过垂直于 i 轴单位面积的动量的 i 轴分量。

非对角元素为

$$F_{ij} = -\mu\left(\frac{\partial v_i}{\partial j} + \frac{\partial v_j}{\partial i}\right) + \rho v_i v_j \tag{2.2.9}$$

其物理含义是：在单位时间内经过垂直于 i 轴单位面积的动量的 j 轴分量。注意此项与流体静压强 p 无关。

动量通量的各项表达式见表 2.2.1。

表 2.2.1 动量通量的各项表达式

符号	物理含义
$\boldsymbol{\tau}$	黏性力导致的扩散通量
$p\boldsymbol{I}$	静压力导致的扩散通量
$\boldsymbol{v}\rho\boldsymbol{v}$	对流通量
$\boldsymbol{J} = \boldsymbol{\tau} + p\boldsymbol{I}$	扩散通量
$\boldsymbol{F} = \boldsymbol{J} + \boldsymbol{v}\rho\boldsymbol{v}$	总通量

例 2.2.1 对比一维层流（例 1.2.1）和刚体转动（例 1.3.2）的动量通量。

解 对于一维层流，其流速分布为 $\left[v_0 - \frac{v_0}{Y}y \quad 0 \quad 0\right]$；对于刚体转动，其流速分布为 $[-\omega y \quad \omega x \quad 0]$。由此可知：

黏性力导致的扩散通量：

对于一维层流

$$\boldsymbol{\tau} = -\mu\{\nabla\boldsymbol{v} + (\nabla\boldsymbol{v})^{\mathrm{T}}\} = -\mu\begin{bmatrix} 0 & -v_0/Y & 0 \\ -v_0/Y & 0 & 0 \\ 0 & 0 & 0 \end{bmatrix}$$

对于刚体转动，例 2.1.1 已经得出其扩散通量为零，即

$$\boldsymbol{\tau} = \boldsymbol{0}$$

静压力导致的扩散通量均为

$$p\boldsymbol{I} = \begin{bmatrix} p & 0 & 0 \\ 0 & p & 0 \\ 0 & 0 & p \end{bmatrix}$$

对流通量：

对于一维层流

$$\boldsymbol{v}\rho\boldsymbol{v} = \rho\begin{bmatrix} (v_0 - v_0 y/Y)^2 & 0 & 0 \\ 0 & 0 & 0 \\ 0 & 0 & 0 \end{bmatrix}$$

对于刚体转动

$$\boldsymbol{v}\rho\boldsymbol{v} = \rho\begin{bmatrix} \omega^2 y^2 & -\omega^2 xy & 0 \\ -\omega^2 xy & \omega^2 x^2 & 0 \\ 0 & 0 & 0 \end{bmatrix}$$

扩散通量：

对于一维层流

$$\boldsymbol{J}=\boldsymbol{\tau}+p\boldsymbol{I}=-\mu\begin{bmatrix}0 & -v_0/Y & 0\\ -v_0/Y & 0 & 0\\ 0 & 0 & 0\end{bmatrix}+\begin{bmatrix}p & 0 & 0\\ 0 & p & 0\\ 0 & 0 & p\end{bmatrix}$$

对于刚体转动

$$\boldsymbol{J}=\boldsymbol{\tau}+p\boldsymbol{I}=\begin{bmatrix}p & 0 & 0\\ 0 & p & 0\\ 0 & 0 & p\end{bmatrix}$$

总通量：

对于一维层流

$$\boldsymbol{F}=\boldsymbol{J}+\boldsymbol{v}\rho\boldsymbol{v}=\begin{bmatrix}p & \mu v_0/Y & 0\\ \mu v_0/Y & p & 0\\ 0 & 0 & p\end{bmatrix}+\begin{bmatrix}\rho\ (v_0-v_0 y/Y)^2 & 0 & 0\\ 0 & 0 & 0\\ 0 & 0 & 0\end{bmatrix}$$

对于刚体转动

$$\boldsymbol{F}=\boldsymbol{J}+\boldsymbol{v}\rho\boldsymbol{v}=\begin{bmatrix}p & 0 & 0\\ 0 & p & 0\\ 0 & 0 & p\end{bmatrix}+\rho\begin{bmatrix}\omega^2 y^2 & -\omega^2 xy & 0\\ -\omega^2 xy & \omega^2 x^2 & 0\\ 0 & 0 & 0\end{bmatrix}$$

2.3 流动的守恒方程

在流动过程中，流体的动量、质量、能量均保持守恒。任何一个守恒量的理论模型都由两部分组成：第一部分是“本构方程”，即建立某物理量 ϕ 与其扩散通量 $\boldsymbol{J}$ 的关系（如前面介绍的牛顿黏性定律及其一般形式）；第二部分是“守恒方程”，即建立该物理量随时间 t 的变化速率 $\partial\phi/\partial t$ 与总通量 $\boldsymbol{F}$ 之间的关系。总通量是扩散通量 $\boldsymbol{J}$ 与对流通量 $\boldsymbol{v}\phi$ 之和，即

$$\boldsymbol{F}=\boldsymbol{J}+\boldsymbol{v}\phi \tag{2.3.1}$$

为了便于表达，本书规定扩散通量 $\boldsymbol{J}$ 为列向量；对流通量 $\boldsymbol{v}\phi$ 视为流速 $\boldsymbol{v}$ 作用到该物理量 ϕ 的结果（顺序不可颠倒），即流速视为一种算符，为列向量，其方向与速度方向相同。因此，总通量 $\boldsymbol{F}$ 为列向量，即

$$\begin{bmatrix}F_1\\ F_2\\ F_3\end{bmatrix}=\begin{bmatrix}J_1\\ J_2\\ J_3\end{bmatrix}+\begin{bmatrix}v_1\\ v_2\\ v_3\end{bmatrix}\phi \tag{2.3.2}$$

下面给出守恒方程的推导过程。如图 2.3.1 所示，在流体中构建一个大小和形状随时间变化的虚拟的几何体，其体积为 V，表面积为 A，表面单位外法向量为 $\boldsymbol{n}$，表面移动速度为 $\boldsymbol{v}_s$。

在该几何体中，物理量的总量随时间的变化率表示为

$$\frac{\mathrm{d}}{\mathrm{d}t}\iiint_V \phi\,\mathrm{d}V$$

其物理意义为单位时间内该几何体中物理量 ϕ 的增量。这一增量有两个来源：一是单位

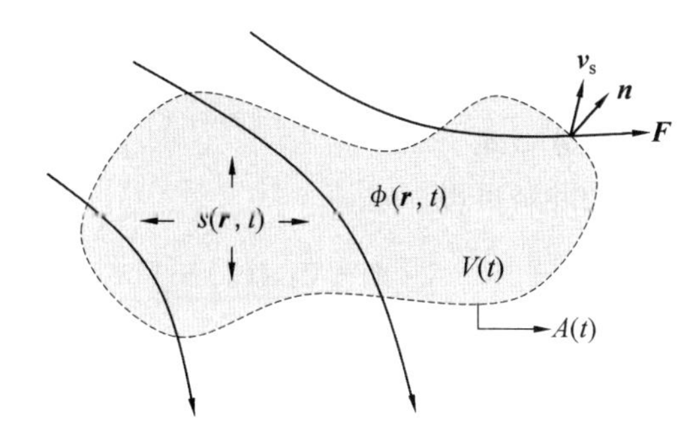

图 2.3.1 在体积为 V、表面积为 A、表面单位外法向量为 $\boldsymbol{n}$、表面移动速度为 $\boldsymbol{v}_s$ 的虚拟几何体中，物理量 ϕ 通过总通量 $\boldsymbol{F}$ 与源项 s 保持守恒的示意图

时间内通过表面 A 流入的量，与总通量 $\boldsymbol{F}$ 和表面移动速度 $\boldsymbol{v}_s$ 有关，表示为

$$-\oiint_A \boldsymbol{n}\cdot(\boldsymbol{F}-\boldsymbol{v}_s\phi)\,\mathrm{d}A$$

应用奥高公式，可把上式的表面积分表达为体积分，即

$$-\oiint_A \boldsymbol{n}\cdot(\boldsymbol{F}-\boldsymbol{v}_s\phi)\,\mathrm{d}A=-\iiint_V \nabla\cdot(\boldsymbol{F}-\boldsymbol{v}_s\phi)\,\mathrm{d}V$$

二是体积 V 中单位时间内生成的量，与源项 $s(\boldsymbol{r},t)$ 有关，表示为

$$\iiint_V s\,\mathrm{d}V$$

由此可知

$$\frac{\mathrm{d}}{\mathrm{d}t}\iiint_V \phi\,\mathrm{d}V=-\iiint_V \nabla\cdot(\boldsymbol{F}-\boldsymbol{v}_s\phi)\,\mathrm{d}V+\iiint_V s\,\mathrm{d}V \tag{2.3.3}$$

由于 ϕ 与 V 均随时间发生变化，根据莱布尼茨公式，上式左侧为

$$\frac{\mathrm{d}}{\mathrm{d}t}\iiint_V \phi\,\mathrm{d}V=\iiint_V \frac{\partial\phi}{\partial t}\mathrm{d}V+\oiint_A \boldsymbol{n}\cdot\boldsymbol{v}_s\phi\,\mathrm{d}A \tag{2.3.4}$$

应用奥高公式，把上式右侧表面积分表达为体积分，即

$$\frac{\mathrm{d}}{\mathrm{d}t}\iiint_V \phi\,\mathrm{d}V=\iiint_V \frac{\partial\phi}{\partial t}\mathrm{d}V+\iiint_V \nabla\cdot(\boldsymbol{v}_s\phi)\,\mathrm{d}V \tag{2.3.5}$$

把式(2.3.5)代入式(2.3.3)中，可得

$$\iiint_V \frac{\partial\phi}{\partial t}\mathrm{d}V=-\iiint_V \nabla\cdot\boldsymbol{F}\,\mathrm{d}V+\iiint_V s\,\mathrm{d}V \tag{2.3.6}$$

式(2.3.6)左右两侧均为体积分，将其合并可得

$$\iiint_V \left[\frac{\partial\phi}{\partial t}+\nabla\cdot\boldsymbol{F}-s\right]\mathrm{d}V=0 \tag{2.3.7}$$

式(2.3.7)即为守恒方程的积分形式。

若几何体的体积趋于零，根据积分中值定理可知

$$\overline{\left(\frac{\partial\phi}{\partial t}+\nabla\cdot\boldsymbol{F}-s\right)}V=0 \tag{2.3.8}$$

上式中的括号表示被积函数在体积 V 中的平均值。由于体积很小，可视为质点，即平均值即为该位置处的函数值，所以有

$$\frac{\partial \phi}{\partial t} = -\nabla \cdot \boldsymbol{F} + s \tag{2.3.9}$$

式(2.3.9)即为守恒方程的微分形式。

把式(2.3.1)代入式(2.3.9),可得

$$\frac{\partial \phi}{\partial t} = -\nabla \cdot \boldsymbol{J} - \nabla \cdot (\boldsymbol{v}\phi) + s \tag{2.3.10}$$

式(2.3.10)右侧的三项分别代表扩散、对流、源项产生的增量。根据链式法则,式(2.3.10)右侧对流通量的散度$\nabla \cdot (\boldsymbol{v}\phi) = (\nabla \cdot \boldsymbol{v})\phi + \boldsymbol{v} \cdot \nabla\phi$,代入可得

$$\frac{\partial \phi}{\partial t} + \boldsymbol{v} \cdot \nabla\phi = -\nabla \cdot \boldsymbol{J} - (\nabla \cdot \boldsymbol{v})\phi + s \tag{2.3.11}$$

式(2.3.11)左侧即为ϕ的随体导数,即

$$\frac{D\phi}{Dt} = -\nabla \cdot \boldsymbol{J} - (\nabla \cdot \boldsymbol{v})\phi + s \tag{2.3.12}$$

当考虑质量守恒时,即$\phi = \rho$,$\boldsymbol{J} = \boldsymbol{0}$,$s = 0$,即

$$\frac{1}{\rho}\frac{D\rho}{Dt} = -\nabla \cdot \boldsymbol{v} \tag{2.3.13}$$

式(2.3.13)即为质量守恒方程,亦称为"连续性方程"。

若假设流体不可压缩,即ρ为常数,则式(2.3.13)左侧为0,即

$$\nabla \cdot \boldsymbol{v} = 0 \tag{2.3.14}$$

式(2.3.14)即为不可压缩流体的连续性方程。

对于不可压缩流体,式(2.3.12)可简化为

$$\frac{D\phi}{Dt} = -\nabla \cdot \boldsymbol{J} + s \tag{2.3.15}$$

式(2.3.15)即为不可压缩流体的守恒方程。

例 2.3.1 分别写出以下条件的守恒方程:

(a) 三维稳态流动。

(b) 一维稳态流动。

(c) 一维无源稳态流动。

(d) 一维无源不可压缩稳态流动。

解

(a) 根据式(2.3.9)可知,三维稳态流动时,$\partial\phi/\partial t = 0$,即

$$\nabla \cdot \boldsymbol{F} = s$$

或展开为

$$\frac{\partial F_x}{\partial x} + \frac{\partial F_y}{\partial y} + \frac{\partial F_z}{\partial z} = s$$

(b) 根据上式,一维稳态流动时

$$\frac{\partial F_x}{\partial x} = s$$

(c) 根据上式,一维无源稳态流动时

$$\frac{\partial F_x}{\partial x}=0$$

或可进一步写为

$$\frac{\partial(J_x+v_x\phi)}{\partial x}=\frac{\partial J_x}{\partial x}+\frac{\partial v_x}{\partial x}\phi+v_x\frac{\partial\phi}{\partial x}=0$$

(d) 根据上式,一维无源不可压缩稳态流动时,$\partial v_x/\partial x=0$,即

$$\frac{\partial J_x}{\partial x}+v_x\frac{\partial\phi}{\partial x}=0$$

例 2.3.2 已知某一维稳态流动的速度分布为 $v_x=v_0\exp(ax)$,a 为常数,在 $x=0$ 处流体密度为 ρ_0,计算流体密度分布。

解 根据式(2.3.13),一维稳态流动的连续性方程为

$$\frac{1}{\rho}\left(\frac{\partial\rho}{\partial t}+v_x\frac{\partial\rho}{\partial x}\right)=-\frac{\partial v_x}{\partial x}$$

因此,由题意可知

$$\frac{1}{\rho}\frac{\partial\rho}{\partial x}=-a$$

根据边界条件求解上式,得

$$\rho=\rho_0\exp(-ax)$$

从上式可以看出,一维稳态流动满足 $v_x\rho=v_0\rho_0$。对于更一般的情况,如变截面管道内的稳态流动(图 2.3.2),截面 A_1 和截面 A_2 处的平均流速分别为 v_1 和 v_2,平均密度分别为 ρ_1 和 ρ_2,其连续性方程为 $v_1\rho_1A_1=v_2\rho_2A_2$。若流体不可压缩,则有 $v_1A_1=v_2A_2$。可以看出,通过缩小截面面积可以提高流速。

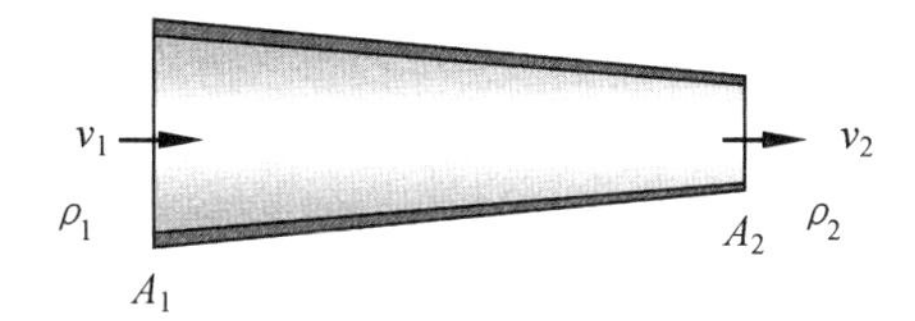

图 2.3.2 变截面管道内的稳态流动

类似地,在三维稳态流场中,取任意封闭曲线,通过该曲线上各点的流线围成一个管状封闭曲面,称之为"流管",流体被限制在流管内流动,流管越细的地方流速越高。也可以看出,在任意位置处只能有一条流线经过,否则该位置处的流速无穷大。也就是说,流线不能相切,更不能相交。

2.4 动量守恒方程

根据式(2.3.9),只要给出与动量守恒对应的物理量 ϕ、通量 $\boldsymbol{F}$、源项 s,即可得出动量守恒方程。

单位体积内的动量为

$$\phi=\rho\boldsymbol{v} \tag{2.4.1}$$

根据式(2.2.5),动量通量为

$$\boldsymbol{F}=\boldsymbol{\tau}+p\boldsymbol{I}+\boldsymbol{v}\rho\boldsymbol{v} \tag{2.4.2}$$

而动量源项尚未给出。我们知道，动量源项应为单位时间内单位体积内产生的动量，恰好为单位体积内流体受到的力。我们熟知的重力即为动量源项。本书考虑单位体积流体只有重力作用的情况，即

$$s=\rho\boldsymbol{g} \tag{2.4.3}$$

其中，$\boldsymbol{g}$ 为重力加速度矢量。把式(2.4.1)～(2.4.3)代入式(2.3.9)，可以给出动量守恒的微分方程，即

$$\frac{\partial(\rho\boldsymbol{v})}{\partial t}=-\nabla\cdot(\boldsymbol{\tau}+p\boldsymbol{I}+\boldsymbol{v}\rho\boldsymbol{v})+\rho\boldsymbol{g} \tag{2.4.4}$$

根据微分链式法则，$\nabla\cdot(\boldsymbol{v}\rho\boldsymbol{v})=(\nabla\cdot\boldsymbol{v})\rho\boldsymbol{v}+\boldsymbol{v}\cdot\nabla(\rho\boldsymbol{v})$，上式进一步写为

$$\frac{\partial(\rho\boldsymbol{v})}{\partial t}+\boldsymbol{v}\cdot\nabla(\rho\boldsymbol{v})=-\nabla\cdot(\boldsymbol{\tau}+p\boldsymbol{I})-(\nabla\cdot\boldsymbol{v})\rho\boldsymbol{v}+\rho\boldsymbol{g} \tag{2.4.5}$$

上式左侧为 $\rho\boldsymbol{v}$ 的随体导数，即

$$\frac{D(\rho\boldsymbol{v})}{Dt}=-\nabla\cdot(\boldsymbol{\tau}+p\boldsymbol{I})-(\nabla\cdot\boldsymbol{v})\rho\boldsymbol{v}+\rho\boldsymbol{g} \tag{2.4.6}$$

根据微分链式法则，$\rho\boldsymbol{v}$ 的随体导数可表示为

$$\begin{aligned}\frac{D(\rho\boldsymbol{v})}{Dt}&=\frac{\partial}{\partial t}(\rho\boldsymbol{v})+\boldsymbol{v}\cdot\nabla(\rho\boldsymbol{v})\\&=\rho\frac{\partial\boldsymbol{v}}{\partial t}+\frac{\partial\rho}{\partial t}\boldsymbol{v}+(\boldsymbol{v}\cdot\nabla\rho)\boldsymbol{v}+\rho(\boldsymbol{v}\cdot\nabla\boldsymbol{v})\\&=\rho\frac{D\boldsymbol{v}}{Dt}+\left(\frac{D\rho}{Dt}\right)\boldsymbol{v}\end{aligned} \tag{2.4.7}$$

把式(2.4.7)代入式(2.4.6)可得

$$\rho\frac{D\boldsymbol{v}}{Dt}+\left(\frac{D\rho}{Dt}\right)\boldsymbol{v}=-\nabla\cdot(\boldsymbol{\tau}+p\boldsymbol{I})-(\nabla\cdot\boldsymbol{v})\rho\boldsymbol{v}+\rho\boldsymbol{g} \tag{2.4.8}$$

式(2.4.8)蕴含了质量守恒方程，即下式划线部分为零：

$$\rho\frac{D\boldsymbol{v}}{Dt}+\left[\cancel{\frac{D\rho}{Dt}+(\nabla\cdot\boldsymbol{v})\rho}\right]\boldsymbol{v}=-\nabla\cdot(\boldsymbol{\tau}+p\boldsymbol{I})+\rho\boldsymbol{g} \tag{2.4.9}$$

所以

$$\rho\frac{D\boldsymbol{v}}{Dt}=-\nabla\cdot(\boldsymbol{\tau}+p\boldsymbol{I})+\rho\boldsymbol{g} \tag{2.4.10}$$

式(2.4.10)称为“柯西动量方程”，它适用于所有流体。可以用牛顿第二定律来解读：等号左侧的物理含义是单位体积流体质点的质量与加速度乘积，代表其受到的力；等号右侧 $-\nabla\cdot(\boldsymbol{\tau}+p\boldsymbol{I})=-\nabla\cdot\boldsymbol{J}$，其物理含义是单位体积流体质点受到的表面力（黏性力和静压力的合力），$\rho\boldsymbol{g}$ 为单位体积流体质点受到的体积力（重力）。需要注意的是，流体密度变化产生的力刚好被质量守恒方程表达，没有出现在柯西动量方程之中。等号右侧单位体积流体质点受到的静压力可以写为

$$-\nabla\cdot(p\boldsymbol{I})=-\begin{bmatrix}\dfrac{\partial}{\partial x}&\dfrac{\partial}{\partial y}&\dfrac{\partial}{\partial z}\end{bmatrix}\begin{bmatrix}p&0&0\\0&p&0\\0&0&p\end{bmatrix}=-\begin{bmatrix}\dfrac{\partial p}{\partial x}&\dfrac{\partial p}{\partial y}&\dfrac{\partial p}{\partial z}\end{bmatrix}=-\nabla^{\mathrm{T}}p \tag{2.4.11}$$

由式(2.1.14)可知,对于不可压缩的牛顿流体,单位体积流体质点受到的黏性力可以写为

$$-\nabla\cdot\boldsymbol{\tau}=\mu\nabla\cdot\{\nabla\boldsymbol{v}+(\nabla\boldsymbol{v})^{\mathrm{T}}\}=\mu(\nabla\cdot\nabla)\boldsymbol{v}+\cancel{\mu\nabla^{\mathrm{T}}(\nabla\cdot\boldsymbol{v})}=\mu\Delta\boldsymbol{v} \tag{2.4.12}$$

其中,$\Delta\equiv\nabla\cdot\nabla=\dfrac{\partial^2}{\partial x^2}+\dfrac{\partial^2}{\partial y^2}+\dfrac{\partial^2}{\partial z^2}$为拉普拉斯算符。把式(2.4.11)和式(2.4.12)代入式(2.4.10),可得

$$\rho\frac{D\boldsymbol{v}}{Dt}=\mu\Delta\boldsymbol{v}-\nabla^{\mathrm{T}}p+\rho\boldsymbol{g} \tag{2.4.13}$$

展开写为

$$\rho\begin{bmatrix}\dfrac{Dv_x}{Dt} & \dfrac{Dv_y}{Dt} & \dfrac{Dv_z}{Dt}\end{bmatrix}=\mu\Delta\begin{bmatrix}v_x & v_y & v_z\end{bmatrix}-\begin{bmatrix}\dfrac{\partial p}{\partial x} & \dfrac{\partial p}{\partial y} & \dfrac{\partial p}{\partial z}\end{bmatrix}+\rho\begin{bmatrix}g_x & g_y & g_z\end{bmatrix} \tag{2.4.14}$$

需要注意的是,在一些书中,把上式写为列向量。本书为了与矩阵运算规则相统一,将其写为行向量的形式。但不论以哪种形式给出,都可以进一步分解为关于动量的x轴分量、y轴分量、z轴分量的守恒方程,分别为

$$\rho\frac{Dv_x}{Dt}=\mu\Delta v_x-\frac{\partial p}{\partial x}+\rho g_x \tag{2.4.15}$$

$$\rho\frac{Dv_y}{Dt}=\mu\Delta v_y-\frac{\partial p}{\partial y}+\rho g_y \tag{2.4.16}$$

$$\rho\frac{Dv_z}{Dt}=\mu\Delta v_z-\frac{\partial p}{\partial z}+\rho g_z \tag{2.4.17}$$

其展开式如下:

$$\rho\left(\frac{\partial v_x}{\partial t}+v_x\frac{\partial v_x}{\partial x}+v_y\frac{\partial v_x}{\partial y}+v_z\frac{\partial v_x}{\partial z}\right)=\mu\left(\frac{\partial^2 v_x}{\partial x^2}+\frac{\partial^2 v_x}{\partial y^2}+\frac{\partial^2 v_x}{\partial z^2}\right)-\frac{\partial p}{\partial x}+\rho g_x \tag{2.4.18}$$

$$\rho\left(\frac{\partial v_y}{\partial t}+v_x\frac{\partial v_y}{\partial x}+v_y\frac{\partial v_y}{\partial y}+v_z\frac{\partial v_y}{\partial z}\right)=\mu\left(\frac{\partial^2 v_y}{\partial x^2}+\frac{\partial^2 v_y}{\partial y^2}+\frac{\partial^2 v_y}{\partial z^2}\right)-\frac{\partial p}{\partial y}+\rho g_y \tag{2.4.19}$$

$$\rho\left(\frac{\partial v_z}{\partial t}+v_x\frac{\partial v_z}{\partial x}+v_y\frac{\partial v_z}{\partial y}+v_z\frac{\partial v_z}{\partial z}\right)=\mu\left(\frac{\partial^2 v_z}{\partial x^2}+\frac{\partial^2 v_z}{\partial y^2}+\frac{\partial^2 v_z}{\partial z^2}\right)-\frac{\partial p}{\partial z}+\rho g_z \tag{2.4.20}$$

式(2.4.13)或式(2.4.14)、方程组(2.4.15)~(2.4.17)、方程组(2.4.18)~(2.4.20)只是写法不同,实际上完全一致,都被称为"纳威斯托克斯方程",它们适用于不可压缩的牛顿流体。由于展开式很复杂,为了方便理解和记忆,建议读者重点记住式(2.4.13)。需要注意的是,纳威斯托克斯方程是3个方程组成的方程组,而实际上需要求解流速以及静压强在内的4个未知数,因此还需要另一个方程来约束,即不可压缩流体的连续性方程$\nabla\cdot\boldsymbol{v}=0$。这样,就是根据4个方程求解4个未知数的问题。根据实际问题的初始条件和边界条件,便可求出流速分布及静压强分布。

例2.4.1 如图2.4.1所示,在一个倾斜的壁面上端,以流量Q(kg/s)注入流体,流体密度和黏度为常数,壁面长度为L、宽度为W。当流动达到稳态时,试求:

(a) 静压强分布、流速分布及平均速度。

(b) 流体在壁面上方形成薄膜的厚度。

(c) 流体作用到壁面上的黏性力。

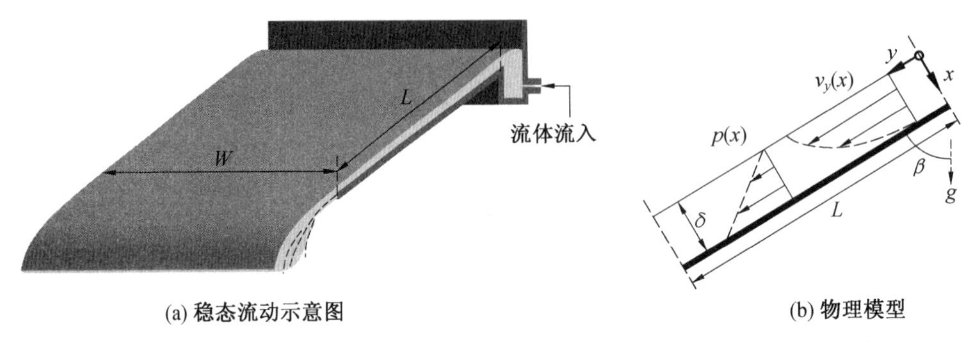

(a) 稳态流动示意图　　(b) 物理模型

图 2.4.1　流体在倾斜壁面上的稳态流动示意图及物理模型

解　根据题意,建立该问题的物理模型,如图 2.4.1(b) 所示。认为流体在壁面上方形成薄膜的厚度远远小于平板的长度和宽度,因此忽略平板上端注入口和下端流出口对流体的扰动影响。当流量 Q 较小时,流体黏性力阻碍了重力对流体的持续加速。因此,可以认为速度只有 y 轴分量,且不随 y 轴坐标发生变化,只与 x 轴坐标相关,即速度场假设为 $[0\quad v_y(x)\quad 0]$,满足连续性方程。进一步假设流体静压强只随 x 轴坐标变化,即 $p(x)$。根据式(2.4.13),写出动量守恒方程为

$$\left[0\quad \rho\frac{Dv_y(x)}{Dt}\quad 0\right]=\mu\Delta[0\quad v_y(x)\quad 0]-\left[\frac{\partial p(x)}{\partial x}\quad 0\quad 0\right]+\rho[g\sin\beta\quad g\cos\beta\quad 0]$$

上式分解为:

动量 x 轴分量的守恒方程为

$$0=-\frac{\partial p}{\partial x}+\rho g\sin\beta$$

动量 y 轴分量的守恒方程为

$$\rho\left(\frac{\partial v_y}{\partial t}+v_y\frac{\partial v_y}{\partial y}\right)=\mu\frac{\partial^2 v_y(x)}{\partial x^2}+\rho g\cos\beta=0$$

动量 z 轴分量的守恒方程为

$$0=0$$

因此,只需考虑动量 x 轴分量和 y 轴分量这两个守恒方程,需要求解的是 $v_y(x)$ 和 $p(x)$ 这两个未知数。因此,方程是完备的。

动量 x 轴分量的守恒方程的一般解为

$$p(x)=x\rho g\sin\beta+C_1$$

其中,C_1 为常数。在液面处,

$$p(x=0)=p_a$$

即静压强等于大气压 p_a,可求得 $C_1=p_a$,所以可求得静压强分布为

$$p(x)=x\rho g\sin\beta+p_a$$

动量 y 轴分量的守恒方程的一般解为

$$v_y(x) = -\frac{\rho g \cos\beta}{2\mu}x^2 + C_2 x + C_3$$

其中，C_2、C_3 为常数，其具体数值需要结合两个边界条件求解。

在 $x=0$ 处，流体与空气接触，根据无滑移边界条件，流体的速度与空气的速度相同。另外，界面两侧动量通量应连续，即

$$-\mu\frac{\partial v_y(x=0)}{\partial x} = -\mu_{\text{air}}\frac{\partial v_y(x=0)}{\partial x}$$

由于空气的黏度 μ_{air} 相对较小，可忽略不计，所以有边界条件

$$-\mu\frac{\partial v_y(x=0)}{\partial x} = 0$$

在 $x=\delta$ 处，根据无滑移边界条件，流体速度为零，即

$$v_y(x=\delta) = 0$$

根据上述两个边界条件，求得

$$C_2 = 0$$

$$C_3 = \frac{\rho g \cos\beta}{2\mu}\delta^2$$

由此可得流速分布为

$$v_y(x) = \frac{\rho g \cos\beta}{2\mu}(\delta^2 - x^2)$$

可以看出，速度呈抛物线分布。但需要注意的是，流体薄膜的厚度 δ 还是未知的。根据质量守恒，有

$$Q = \int_0^W \int_0^\delta \rho v_y(x)\,\mathrm{d}x\,\mathrm{d}z = \frac{\rho^2 g\cos\beta}{2\mu}W\int_0^\delta(\delta^2 - x^2)\,\mathrm{d}x = \frac{\rho^2 g W\delta^3\cos\beta}{3\mu}$$

可知流体薄膜的厚度为

$$\delta = \sqrt[3]{\frac{3\mu Q}{\rho^2 g W\cos\beta}}$$

代入速度分布公式，可知

$$v_y(x) = \frac{\rho g\cos\beta}{2\mu}\left[\left(\frac{3\mu Q}{\rho^2 g W\cos\beta}\right)^{\frac{2}{3}} - x^2\right]$$

由此可得平均速度为

$$\langle v_y\rangle = \frac{1}{W\delta}\int_0^W\int_0^\delta v_y(x)\,\mathrm{d}x\,\mathrm{d}z = \left(\frac{g\cos\beta}{3\rho\mu}\right)^{\frac{1}{3}}\left(\frac{Q}{W}\right)^{\frac{2}{3}}$$

流体作用到壁面上的黏性力为

$$T = \int_0^L\int_0^W\left(-\mu\frac{\partial v_y}{\partial x}\bigg|_{x=\delta}\right)\mathrm{d}z\,\mathrm{d}y = \rho g\delta L W\cos\beta$$

恰好为壁面上方流体重力的 y 轴分量。

在 1.3 节中介绍了雷诺数。随着雷诺数的变化，流体会出现不同的流动状态。本例也是如此。定义本例的雷诺数为

$$Re = \frac{4\rho\langle v_y\rangle\delta}{\mu}$$

试验表明：

当 $Re < 20$ 时，流动状态为层流，且液面没有波纹，上述结果只适用于此种情况下的流动；

当 $20 < Re < 1\,500$ 时，流动状态为层流，但是液面上出现波纹；

当 $Re > 1\,500$ 时，流动状态为湍流。

在应用纳威斯托克斯方程时，一定要注意由实际问题所抽象建立的物理模型(为了简化实际问题所做的基本假设) 的适用性。因此，在研究流体动量传输时，试验研究或理论与试验相结合的研究方法一直扮演着重要角色。

本章习题

2.1　继续讨论例 2.4.1，已知流体黏度为 2×10^{-4} m²/s，密度为 0.8×10^{3} kg/m³。如果希望在与地面垂直的壁面上形成厚度为 2.5 mm 的流体薄膜，此时的流量应为多少? 计算结果是否可靠?

2.2　继续讨论例 2.4.1，已知壁面温度高于环境温度，在流体薄膜内部形成温度梯度，流体黏度由此发生变化，假设流体黏度为 $\mu=\mu_0\exp(-\alpha x/\delta)$，请给出流体的速度分布。

2.3　如图所示，金属带材垂直通过冷轧压辊逐次减薄。金属带材通过压辊之前需经过盛有润滑油的油箱。通过油箱底部出口处的刮头控制质量流速。已知油膜厚度范围是 0 ~ 0.6 mm，润滑油密度为 962 kg/m³、黏度为 4.1×10^{-3} Pa · s，金属带材的宽度为 1.5 m、移动速度为 0.3 m/s。请指定质量流速与带材表面润滑油膜厚度的工艺对照表。

2.4　两种不互溶的流体 A、B 在平板之间的流动为层流，试分析流速分布是否有可能呈如图所示的结果? 解释原因。

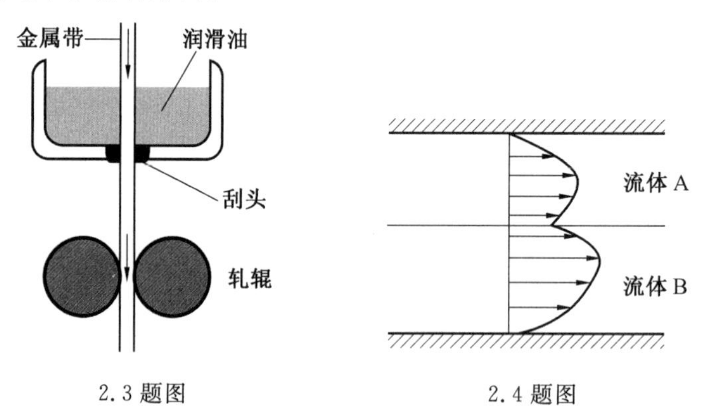

2.3 题图　　2.4 题图

2.5　推导柱坐标系下的连续性方程和纳威斯托克斯方程。

2.6　推导球坐标系下的连续性方程和纳威斯托克斯方程。

2.7 如图所示，有一块体积为 V 的固体悬浮于静止的密度为 ρ 的流体中，试推导出流体作用到该固体上的力为

$$F=-\rho g V$$

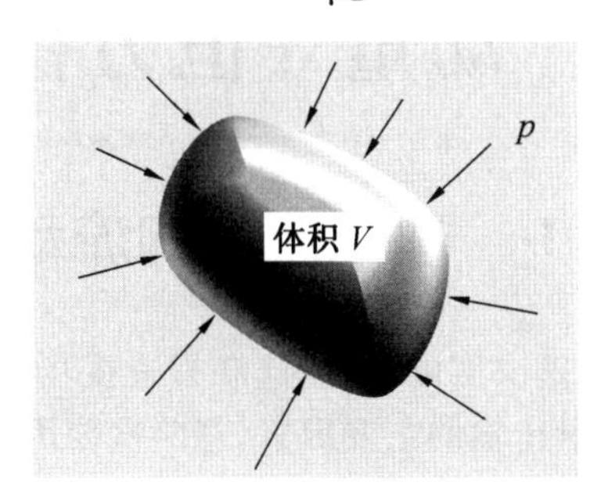

2.7 题图

第3章　动量守恒方程的应用

3.1　理想流体的流动

在应用纳威斯托克斯方程解决实际问题时，获得速度场和静压力场的精确解往往很难。在很多情况下，只考虑动量传输的主要因素、忽略次要因素，继而使问题简化，建立合适的物理模型，具有更重要的实用意义。

当流体的黏度很小时，可以忽略黏性的影响，把实际流体简化为理想流体。即可以将式(2.4.13)的纳威斯托克斯方程中的黏性力忽略不计，简化为

$$\rho \frac{D\boldsymbol{v}}{Dt} = -\nabla^{\mathrm{T}} p + \rho \boldsymbol{g} \tag{3.1.1}$$

式(3.1.1)称为“欧拉方程”。当流动状态达到稳态时，式(3.1.1)等号左侧随体导数的时变加速度为零，欧拉方程即为

$$\rho \boldsymbol{v} \cdot \nabla \boldsymbol{v} = -\nabla^{\mathrm{T}} p + \rho \boldsymbol{g} \tag{3.1.2}$$

式(3.1.2)左侧为单位体积流体受到的合力，右侧为单位体积流体受到的静压强表面力与重力的合力。

现在考虑一个比较特殊的情况，即跟踪流体内某一质点，考察这一质点在运动过程中，外界对其所做的功。根据之前章节可以知道，在稳态流动时，这个质点的运动轨迹恰好与流线重合。如图3.1.1所示，假设这个质点的体积为δV。为了满足连续介质模型，要求δV的数值在数学上无限小、物理上有限大。由于流体不可压缩，因此δV为常数。由式(3.1.2)可知，这个质点所受合力为

$$\delta V(\rho \boldsymbol{v} \cdot \nabla \boldsymbol{v}) = \delta V(-\nabla^{\mathrm{T}} p + \rho \boldsymbol{g}) \tag{3.1.3}$$

现在考察这个质点由位置1运动至位置2外界对其所做的功，即式(3.1.3)沿流线的积分为

$$\int_{r_1}^{r_2} \delta V(\rho \boldsymbol{v} \cdot \nabla \boldsymbol{v}) \cdot \mathrm{d}\boldsymbol{s} = \int_{r_1}^{r_2} \delta V(-\nabla^{\mathrm{T}} p + \rho \boldsymbol{g}) \cdot \mathrm{d}\boldsymbol{s} \tag{3.1.4}$$

先看式(3.1.4)左侧：

$$\int_{r_1}^{r_2} (\rho \boldsymbol{v} \cdot \nabla \boldsymbol{v}) \cdot \mathrm{d}\boldsymbol{s} = \rho \int_{r_1}^{r_2} [(\nabla v_x) \cdot (\boldsymbol{v}\mathrm{d}x) + (\nabla v_y) \cdot (\boldsymbol{v}\mathrm{d}y) + (\nabla v_z) \cdot (\boldsymbol{v}\mathrm{d}z)] \tag{3.1.5}$$

根据流线方程(1.3.16)可知

$$\begin{cases} \boldsymbol{v}\mathrm{d}x = v_x \mathrm{d}\boldsymbol{s} \\ \boldsymbol{v}\mathrm{d}y = v_y \mathrm{d}\boldsymbol{s} \\ \boldsymbol{v}\mathrm{d}z = v_z \mathrm{d}\boldsymbol{s} \end{cases} \tag{3.1.6}$$

把式(3.1.6)代入式(3.1.5)可知

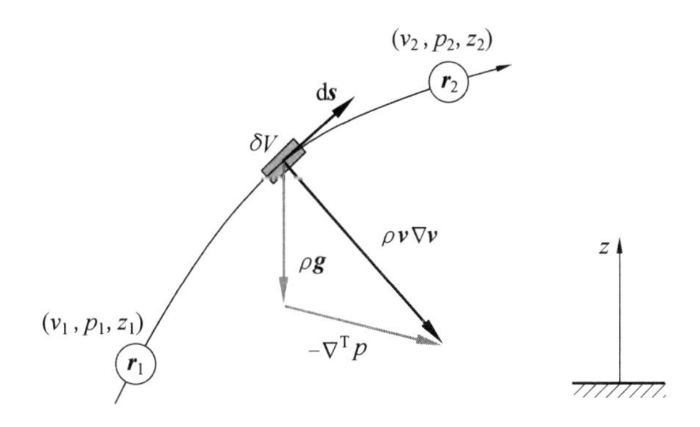

图 3.1.1 理想流体稳态流动时,质点在流线上从位置 $1(r_1)$ 运动到位置 $2(r_2)$ 的示意图

$$\int_{r_1}^{r_2}(\rho \boldsymbol{v} \cdot \nabla \boldsymbol{v}) \cdot \mathrm{d}\boldsymbol{s} = \rho \int_{r_1}^{r_2}\left[v_x \mathrm{d}v_x + v_y \mathrm{d}v_y + v_z \mathrm{d}v_z\right] = \frac{\rho}{2}(v_2^2 - v_1^2) \tag{3.1.7}$$

再看式(3.1.4)右侧:

$$\int_{r_1}^{r_2}(-\nabla^{\mathrm{T}} p + \rho \boldsymbol{g}) \cdot \mathrm{d}\boldsymbol{s} = \int_{r_1}^{r_2}(-\mathrm{d}p - \rho g \mathrm{d}z) = -(p_2 - p_1) - \rho g(z_2 - z_1) \tag{3.1.8}$$

根据式(3.1.7)和式(3.1.8)可知

$$\frac{\rho}{2}(v_2^2 - v_1^2) = -(p_2 - p_1) - \rho g(z_2 - z_1) \tag{3.1.9}$$

整理可得

$$p_2 + \rho g z_2 + \frac{1}{2}\rho v_2^2 = p_1 + \rho g z_1 + \frac{1}{2}\rho v_1^2 \tag{3.1.10}$$

由于流线上的起始位置和终点位置是任意选取的,所以,式(3.1.10)可以简写为

$$p + \rho g z + \frac{1}{2}\rho v^2 = B \tag{3.1.11}$$

式(3.1.11)称为“伯努利方程”,适用于不可压缩的理想流体稳态流动时在同一条流线上的流动。可以看出,流体静压强、单位体积流体的重力势能、单位体积流体动能的总和守恒。B 为伯努利常数。需要注意的是,不同流线的伯努利常数可能会不一样。如图 3.1.2 所示,质点在垂直于流线方向所受的向心力为

$$-\rho \frac{v^2}{R} = \boldsymbol{n}(-\nabla p + \rho \boldsymbol{g}) = -\frac{\partial p}{\partial n} - \rho g \frac{\partial z}{\partial n} \tag{3.1.12}$$

其中,R 为流线的曲率半径。进一步整理得

$$\rho \frac{v^2}{R} = \frac{\partial}{\partial n}(p + \rho g z) \tag{3.1.13}$$

可见,在垂直于流线,沿曲率中心向外的法向上,$p + \rho g z$ 逐渐增加,即伯努利常数逐渐增加;若流线为直线,则 $R \to \infty$,$p + \rho g z$ 保持为常数,即伯努利常数保持不变。

例 3.1.1 在金属铸造及冶金中,通常用浇包盛装金属液进行浇注。如图 3.1.3 所示,浇包所处环境大气压为 p_a,液面的面积为 A_1,下放出口横截面面积为 A_2,且 $A_1 \gg A_2$,液面初始高度为 z_0。打开出口后,金属液开始流出,求:

(a) 出口流速 v_2 与液面高度 $z(t)$ 的关系。

(b) 浇包内金属液的流空时间。

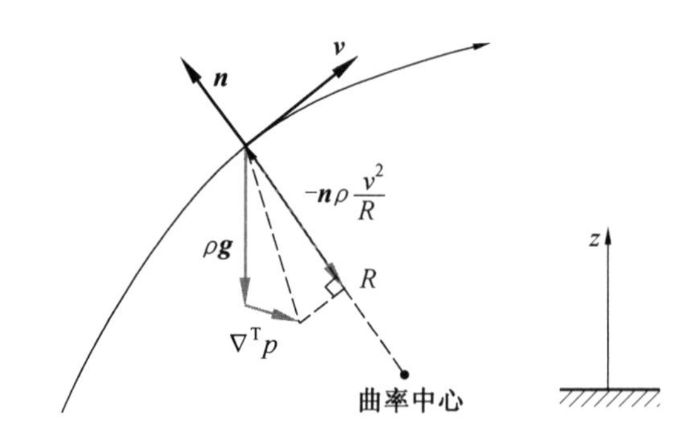

图 3.1.2 质点在垂直于流线方向所受的向心力

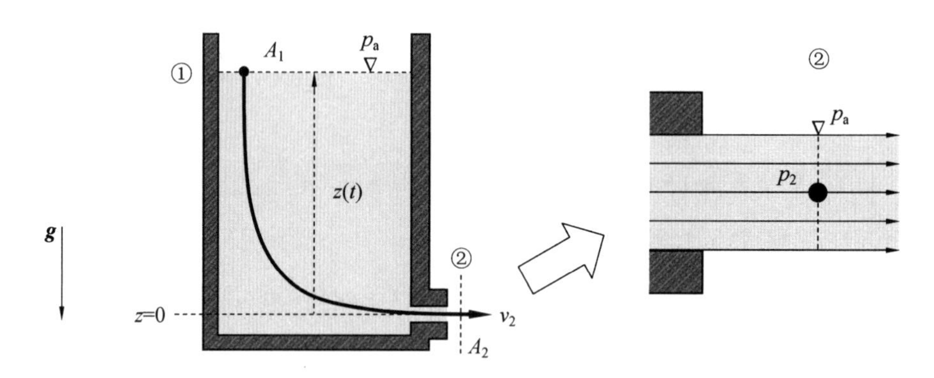

图 3.1.3 金属液从浇包流出速度及流空时间的计算

解 在金属液流出的过程中，浇包中的液面高度逐渐降低，其下降速度 v_1 可以忽略不计。根据质量守恒，有

$$v_1\rho A_1 = v_2\rho A_2$$

即

$$v_1 = v_2\frac{A_2}{A_1}$$

由于 $A_1 \gg A_2$，可知 $v_1 \to 0$。也就是说，金属液的流出过程可以认为是稳态流动。因此，选取以液面位置①为起点、下端出口②处为终点的流线为研究对象，应用伯努利方程得

$$p_a + \rho g z = p_2 + \frac{1}{2}\rho v_2^2$$

如图 3.1.3 所示，出口处的流线是直线，即流线的曲率半径无穷大，且出口较小，可忽略其高度变化。因此，由式(3.1.13)可知

$$p_2 = p_a$$

因此可知出口流速为

$$v_2 = \sqrt{2gz}$$

由此可知液面下降的速度为

$$-\frac{dz}{dt} = v_1 = v_2\frac{A_2}{A_1} = \sqrt{2gz}\frac{A_2}{A_1}$$

上式解析解为

$$z(t)=\left(\sqrt{z_0}-\sqrt{\frac{g}{2}}\frac{A_2}{A_1}t\right)^2$$

因此可知，金属液的流空时间为

$$t=\frac{A_1}{A_2}\sqrt{\frac{2z_0}{g}}$$

需要注意的是，忽略了出口长度的影响。出口长度会影响出口速度 v_2 的建立时间。也就是说，在突然打开出口时，出口流速由零稳定到 v_2 需要一定的时间(称为动力学时间)，而这一时间与流空时间(称为过程时间)相比可以忽略不计。确切地说，该过程是一个准稳态过程，即动力学时间远远小于过程时间。本书后续章节会专门介绍准稳态过程。

例 3.1.2 已知热处理炉的高度为 H，烟囱高度为 h，烟囱直径为 d，且 $d\ll H\ll h$，炉内气氛为空气，炉门口位置 ① 处的空气温度为室温 T_a，密度为室温密度 ρ_a，空气流入后在炉膛内部位置 ② 处被加热至 T_a+T，密度降为 ρ_2，随后的温度和密度保持恒定，且忽略黏性作用。求：

(a) 若假设空气为理想气体，给出烟囱出口位置 ③ 处的空气流速。

(b) 若烟囱口被盖住，烟囱口内外静压强的差异。

解 首先考虑加热段(位置 ① 至位置 ②) 空气温度导致的密度变化。由于位置 ① 和位置 ② 处的静压强均为 p_a，由理想气体状态方程可知

$$p_a=\frac{\rho_1}{M}RT_1=\frac{\rho_2}{M}RT_2$$

即

$$\rho_a T_a=\rho_2(T_a+T)\Rightarrow\rho_2=\rho_a\frac{T_a}{T_a+T}$$

由此可知，烟囱内的空气密度低于外界。如图 3.1.4 所示，考虑位置 ② 到位置 ③ 的内流线。根据题意，位置 ② 至位置 ③ 区段内的空气温度和密度恒定，且忽略黏性作用，因此可以用伯努利方程，即

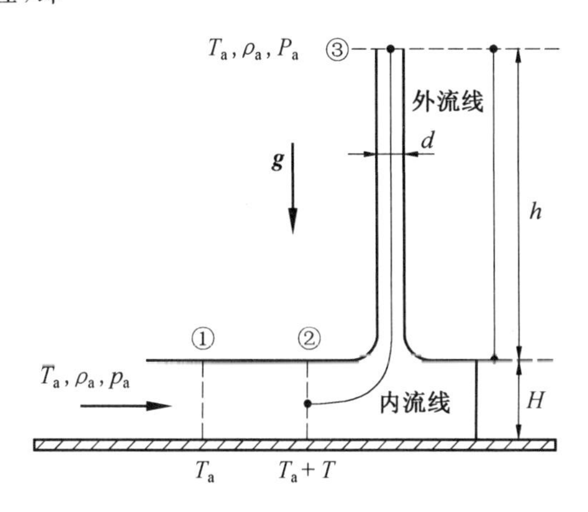

图 3.1.4 热处理炉烟囱口流速的计算

$$p_a + \rho_2 g z_2 + \frac{1}{2}\rho v_2^2 = p_3 + \rho_2 g z_3 + \frac{1}{2}\rho v_3^2$$

若假设烟囱出口处的流线为直线，类似于例 3.1.1 可知，烟囱出口处的静压强 p_3 与当地的大气压强 P_a 相等。由于 $h \gg H$，外界大气压随高度的变化不可忽略。考虑位置②到位置③的外流线，应用伯努利方程得

$$p_a + \rho_a g z_2 = P_a + \rho_a g z_3 \Rightarrow P_a = p_a - \rho_a g h$$

可知

$$p_a + \rho_2 g z_2 + \frac{1}{2}\rho_2 v_2^2 = p_a - \rho_a g h + \rho_2 g z_3 + \frac{1}{2}\rho_2 v_3^2$$

$$\Rightarrow v_3^2 - v_2^2 = 2\left(\frac{\rho_a}{\rho_2} - 1\right) g h$$

由于 $H \gg d$，根据质量守恒可知

$$v_2 \rho_2 H^2 \approx v_3 \rho_2 d^2 \Rightarrow v_2 = v_3 \left(\frac{d}{H}\right)^2 \approx 0$$

因此可知烟囱出口位置 3 处的空气流速为

$$v_3 = \sqrt{2\left(\frac{\rho_a}{\rho_2} - 1\right) g h} = \sqrt{2gh\,\frac{T}{T_a}}$$

可以看出，炉内的加热温度越高，烟囱出口流速越大。

若将烟囱盖住，烟囱内的空气停止流动，继续考察由②到③的内流线，应用伯努利方程，得

$$p_a + \rho_2 g z_2 = p_3 + \rho_2 g z_3 \Rightarrow p_3 = p_a - \rho_2 g h$$

由烟囱口处外界大气压 $P_a = p_a - \rho_a g h$ 可知，烟囱口内外存在静压强差异，烟囱内的静压强较高，内外静压强的差异为

$$p_3 - P_a = (\rho_a - \rho_2)\, g h = \rho_a g h\,\frac{T}{T_a + T}$$

可以看出，随着烟囱高度的变化，炉内气体总是溢出的，并且炉内气体静压强总是大于外界大气压。如果把烟囱开成热处理炉膛，把烟囱出口看成炉壁上的细小孔洞，上述结论依然成立。这一特点对热处理炉尤为重要，因为热处理炉内的气压分布对工件的热处理质量影响较大。一般情况下，要求炉内气压高于外界气压，即正压，以避免工件被氧化。在箱式电阻炉内，如图 3.1.5(a) 所示，零压面(即炉内静压强与炉外大气压相等的水平面) 在炉膛底部，保证炉内正压；当开启炉门时，如图 3.1.5(b) 所示，由于炉内正压，炉内气体向外溢出，导致炉内静压强降低，继而零压面上移至炉门底部，炉内零压面以下从正压变为负压；类似，如果炉门关闭不紧，依然会使零压面上移，位置在炉门顶部和底部之间，若工件加热区在此，会导致工件氧化。对于可控气氛热处理炉，炉内气氛为碳氢燃料等还原性气体，要求炉膛内整体为正压，零压面在炉底以下。

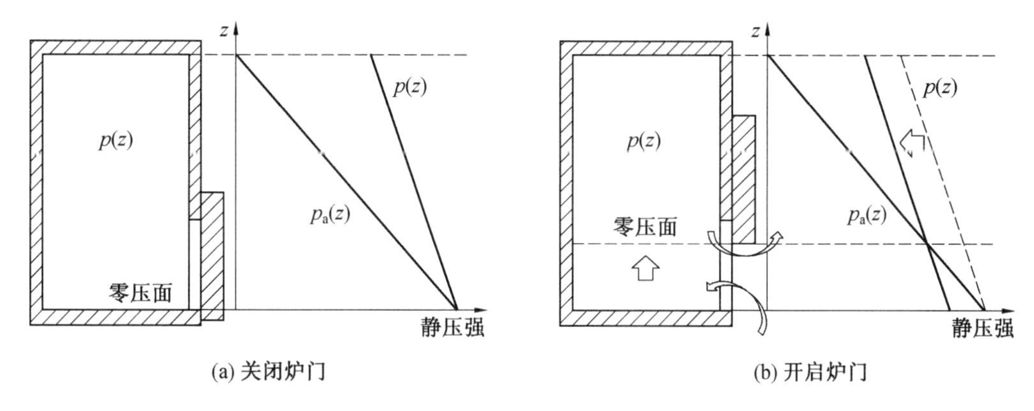

图 3.1.5 关闭炉门和开启炉门时炉内静压强分布与外界大气压分布

3.2 平板缝隙中的层流

当流体的黏性不可忽略时，欧拉方程及其衍生的伯努利方程不再适用，需要应用纳威斯托克斯方程求解速度场和静压强分布。本节以平板之间的流动为例，介绍牛顿流体的壁面驱动流与压力驱动流的复合流动。如图 3.2.1 所示，上下平板之间的间隙为 h，上板静止，下板以速度 U 向右运动，两板之间充满流体。间隙左侧顶端的静压强为 p_1。当达到稳态流动时，在两板缝隙间形成稳定的速度场 $\boldsymbol{v}$ 与静压强 p 的分布，平均流速为 $\bar{v}$。可以认为，流速的 y 轴分量为零，x 轴分量只与 y 轴坐标有关，即 $[v_x(y)\quad 0]$；而静压强随 x 轴和 y 轴均发生变化，即 $p(x,y)$。

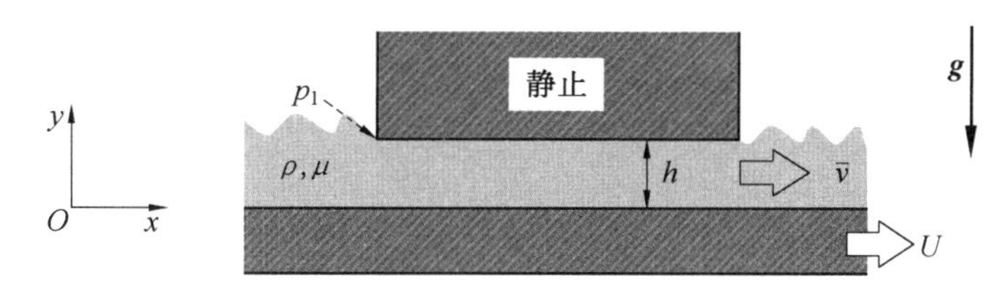

图 3.2.1 平板之间的流动速度场与静压强分布计算

根据纳威斯托克斯方程可分别写出：

动量的 x 轴分量的守恒方程为

$$\rho\frac{\cancel{D}v_x}{\cancel{D}t}=\mu\left(\frac{\partial^2 \cancel{v_x}}{\partial \cancel{x}^2}+\frac{\partial^2 v_x}{\partial y^2}\right)-\frac{\partial p}{\partial x}-\cancel{\rho g_x}\Rightarrow 0=\mu\frac{\partial^2 v_x}{\partial y^2}-\frac{\partial p}{\partial x} \tag{3.2.1}$$

动量的 y 轴分量的守恒方程为

$$\rho\frac{\cancel{D}v_y}{\cancel{D}t}=\mu\left(\frac{\partial^2 \cancel{v_y}}{\partial \cancel{x}^2}+\frac{\partial^2 \cancel{v_y}}{\partial \cancel{y}^2}\right)-\frac{\partial p}{\partial y}-\rho g_y\Rightarrow 0=-\frac{\partial p}{\partial y}-\rho g \tag{3.2.2}$$

由式(3.2.2)可知

$$p=p_0(x)-\rho g y \tag{3.2.3}$$

其中，$p_0(x)$ 与 y 轴坐标无关，只与 x 轴坐标相关。因此，$\partial p/\partial x=\mathrm{d}p_0/\mathrm{d}x$ 与 y 轴坐标无关。也就是说，在特定的 x 轴坐标处，$\partial p/\partial x$ 为常数，由式(3.2.1)可知

$$\mu \frac{\partial^2 v_x}{\partial y^2} = \frac{\partial p}{\partial x} \tag{3.2.4}$$

解得

$$v_x = \frac{1}{2\mu} \frac{\partial p}{\partial x} y^2 + C_1 y + C_2 \tag{3.2.5}$$

其中，C_1，C_2 为常数。根据边界条件，有

$$\begin{cases} v_x = U \\ v_x = 0 \end{cases}, \quad \begin{cases} y = 0 \\ y = h \end{cases} \tag{3.2.6}$$

求得

$$\begin{cases} C_1 = -\dfrac{1}{2\mu} \dfrac{\partial p}{\partial x} h - \dfrac{U}{h} \\ C_2 = U \end{cases} \tag{3.2.7}$$

代入式(3.2.5)得

$$v_x = U\left(1 - \frac{y}{h}\right) - \frac{\partial p}{\partial x} \frac{h^2}{2\mu} \frac{y}{h}\left(1 - \frac{y}{h}\right) \tag{3.2.8}$$

式(3.2.8)中的 $\partial p/\partial x$ 可以根据平均流速获得，即

$$\bar{v} = \frac{1}{h}\int_0^h v_x \mathrm{d}y = \frac{U}{2} - \frac{\partial p}{\partial x} \frac{h^2}{12\mu} \Rightarrow \frac{\partial p}{\partial x} = \left(\frac{U}{2} - \bar{v}\right) \frac{12\mu}{h^2} \tag{3.2.9}$$

由此可知速度场的最终表达式为

$$v_x = U\left(1 - \frac{y}{h}\right) - 6\left(\frac{U}{2} - \bar{v}\right) \frac{y}{h}\left(1 - \frac{y}{h}\right) \tag{3.2.10}$$

根据式(3.2.3)，可求得

$$p = \left(\frac{U}{2} - \bar{v}\right) \frac{12\mu}{h^2} x - \rho g y + C_3 \tag{3.2.11}$$

其中，C_3 为常数，根据间隙左侧顶端的静压强为 p_1 这一边界条件，可得

$$C_3 = p_1 + \rho g h \tag{3.2.12}$$

由此可知静压强的最终表达式为

$$p = \left(\frac{U}{2} - \bar{v}\right) \frac{12\mu}{h^2} x + \rho g (h - y) + p_1 \tag{3.2.13}$$

由式(3.2.8)、式(3.2.10)和式(3.2.13)可知：

当 $\partial p/\partial x = 0$ 时，有

$$\begin{cases} v_x = U\left(1 - \dfrac{y}{h}\right) \\ p = \rho g (h - y) + p_1 \end{cases} \tag{3.2.14}$$

此时，流速为线性分布，静压强与 x 轴无关，这与例1.2.1一致。这种流动称为“壁面驱动流”

当 $\partial p/\partial x \neq 0$ 时，$\partial p/\partial x$ 对速度场和静压强分布的贡献为

$$\begin{cases} v_x = -6\left(\dfrac{U}{2} - \bar{v}\right) \dfrac{y}{h}\left(1 - \dfrac{y}{h}\right) \\ p = \left(\dfrac{U}{2} - \bar{v}\right) \dfrac{12\mu}{h^2} x \end{cases} \tag{3.2.15}$$

此时，流速呈抛物线分布，静压强下降的方向为流速方向，这种流动称为“压力驱动流”。

一般情况下，平板之间的流动为壁面驱动流与压力驱动流的复合流动，如图 3.2.2 所示。

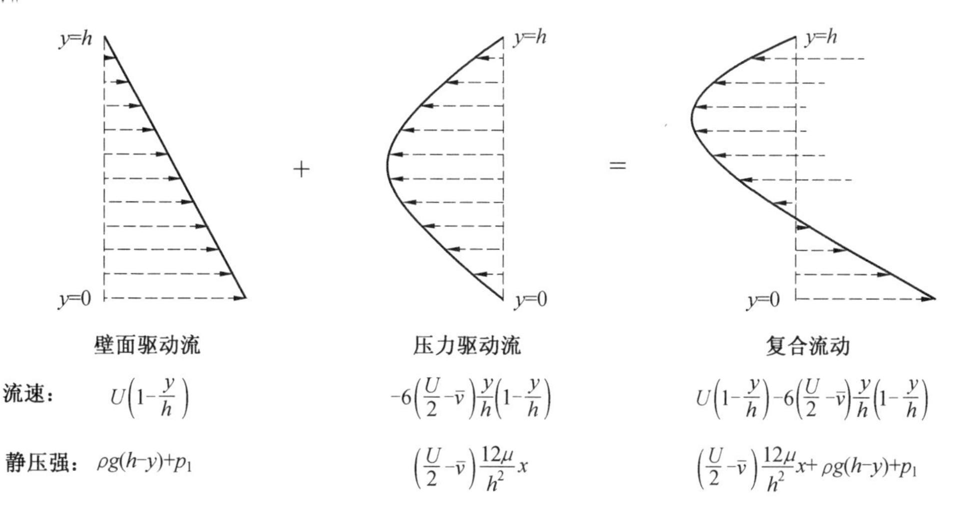

图 3.2.2　平板间流动的壁面驱动流与压力驱动流及其复合流动

例 3.2.1　流延成型法广泛用于制备薄膜材料，其装置如图 3.2.3 所示，浆料槽中的浆料保持一定高度，底部传送带以一定速度向右运动，浆料由传送带与刮刀的缝隙流出，最终在传送带上形成一定厚的薄膜生坯。已知浆料为牛顿流体，其黏度为 μ、密度为 ρ，浆料槽中的浆料液面高度为 H，传送带的速度为 U，刮刀缝隙的高度为 h_0，刮刀长度 $L \gg h_0$，最终的薄膜生坯的厚度为 h_∞。若使 $h_\infty = h_0$，浆料的液面高度 H 应控制为多少？

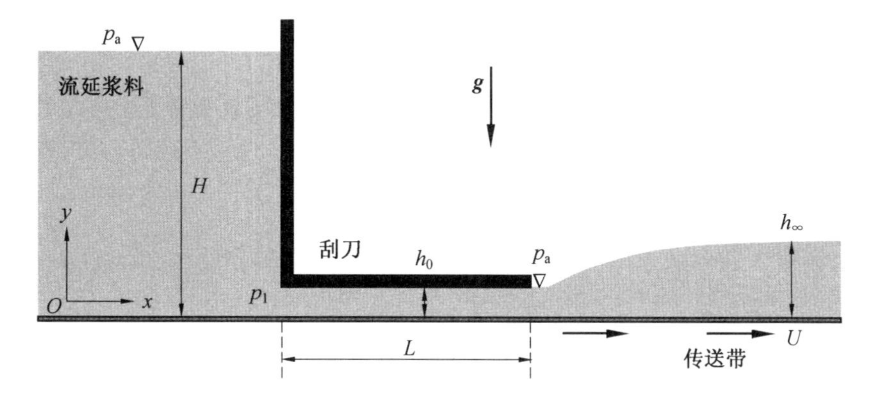

图 3.2.3　流延成型装置中流延浆料高度、刮刀间隙高度与最终膜厚度的关系

解　由于浆料槽的截面面积远远大于刮刀缝隙的截面面积，所以可以认为在浆料槽中的流体是静止的，根据纳威斯托克斯方程，得

$$\rho \frac{D\boldsymbol{v}}{Dt} = \mu \Delta \boldsymbol{v} - \nabla^{\mathrm{T}} p + \rho \boldsymbol{g} \Rightarrow 0 = -\frac{\partial p}{\partial y} - \rho g$$

可知在浆料槽中的刮刀入口处的静压强为

$$p_1 = p_a + \rho g H$$

在刮刀出口处的流体静压强为 p_a，所以有

$$\frac{\partial p}{\partial x}=-\frac{\rho g H}{L}$$

代入式(3.2.8)可知流速分布为

$$v_x=U\left(1-\frac{y}{h_0}\right)+\frac{\rho g H}{L}\frac{h_0^2}{2\mu}\frac{y}{h_0}\left(1-\frac{y}{h_0}\right)$$

由式(3.2.10)可知平均速度为

$$\bar{v}=\frac{\rho g H}{12L}\frac{h_0^2}{\mu}+\frac{U}{2}$$

由质量守恒定律可知

$$\bar{v}h_0=Uh_\infty$$

因此，若控制 $h_\infty=h_0$，则有 $\bar{v}=U$，由此可知浆料液面高度为

$$H=6\frac{\mu L U}{\rho g h_0^2}$$

可以看出，浆料的黏度越小，需要保持的高度就越低。如果浆料的黏度非常低，可视为理想流体，则上式计算的高度值趋于零。这显然是不合理的。

若忽略黏度的影响，则刮刀出口速度可以应用伯努利方程计算，类似例 3.1.1，可得

$$v_x=\sqrt{2gH}$$

由此可知浆料液面高度为

$$H=\frac{U^2}{2g}$$

也就是说，出口速度刚好与传送带的速度相等。

3.3　圆管内的层流

流体往往通过管道来输运，在材料科学、化学工程等领域较为常见。本节以圆管内的层流为例，讨论其输运特性。圆管半径为 R，长度为 $L\gg r$，垂直于地面，其内部的流体流动为稳态层流。如图 3.3.1 所示，建立柱坐标系。

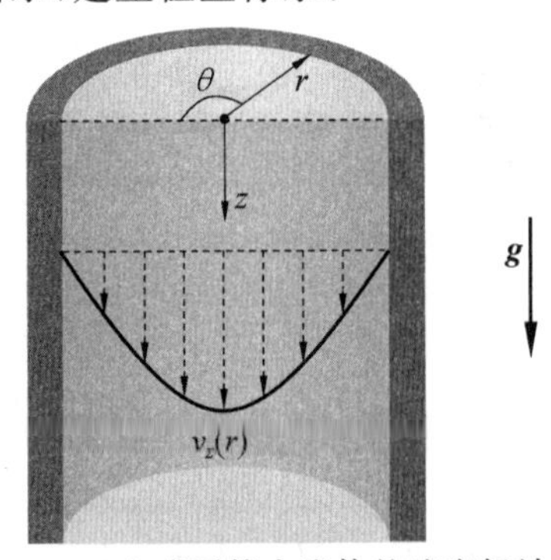

图 3.3.1　立式圆管内流体的速度场计算

当流动为层流时，可以认为流速只有 z 轴分量且只随 r 变化，即速度场为 $\boldsymbol{v}=[v_r\quad v_\theta\quad v_z]=[0\quad 0\quad v_z(r)]$。可以验证该速度场满足连续性方程，即

$$\nabla\cdot \boldsymbol{v}=\left(\frac{\partial}{\partial r}+\frac{1}{r}\right)0+\frac{1}{r}\frac{\partial}{\partial \theta}0+\frac{\partial}{\partial z}v_z(r)=0 \tag{3.3.1}$$

所以,可以应用纳威斯托克斯方程分析其内部的流动特性

$$\rho\left(\frac{\partial}{\partial t}+\boldsymbol{v}\cdot\nabla\right)\boldsymbol{v}=\mu\Delta\boldsymbol{v}-\nabla p+\rho\boldsymbol{g} \tag{3.3.2}$$

由式(1.4.6)可知,柱坐标下的位变加速度为

$$\boldsymbol{v}\cdot\nabla\boldsymbol{v}=\begin{bmatrix}v_r & v_\theta & v_z\end{bmatrix}\begin{bmatrix}\dfrac{\partial}{\partial r}\\ \dfrac{1}{r}\dfrac{\partial}{\partial \theta}\\ \dfrac{\partial}{\partial z}\end{bmatrix}\begin{bmatrix}v_r & v_\theta & v_z\end{bmatrix}+\begin{bmatrix}v_r & v_\theta & v_z\end{bmatrix}\begin{bmatrix}0 & 0 & 0\\ -\dfrac{v_\theta}{r} & \dfrac{v_r}{r} & 0\\ 0 & 0 & 0\end{bmatrix} \tag{3.3.3}$$

由式(1.4.10)可知,柱坐标下的速度散度为

$$\Delta\boldsymbol{v}=\begin{bmatrix}\Delta v_r & \Delta v_\theta & \Delta v_z\end{bmatrix}-\frac{1}{r^2}\begin{bmatrix}v_r+2\dfrac{\partial}{\partial\theta}v_\theta & v_\theta-2\dfrac{\partial}{\partial\theta}v_r & 0\end{bmatrix} \tag{3.3.4}$$

把速度场 $\boldsymbol{v}=\begin{bmatrix}v_r & v_\theta & v_z\end{bmatrix}=\begin{bmatrix}0 & 0 & v_z(r)\end{bmatrix}$ 代入式(3.3.3)、式(3.3.4)得

$$\boldsymbol{v}\cdot\nabla\boldsymbol{v}=\begin{bmatrix}0 & 0 & v_z\dfrac{\partial}{\partial z}v_z(r)\end{bmatrix}=\boldsymbol{0} \tag{3.3.5}$$

$$\Delta\boldsymbol{v}=\begin{bmatrix}0 & 0 & \Delta v_z\end{bmatrix}=\begin{bmatrix}0 & 0 & \dfrac{\partial^2 v_z}{\partial r^2}+\dfrac{1}{r}\dfrac{\partial v_z}{\partial r}\end{bmatrix} \tag{3.3.6}$$

把式(3.3.5)、式(3.3.6)代入式(3.3.2),可得

$$\begin{aligned}&\rho\frac{\partial}{\partial t}\begin{bmatrix}0 & 0 & v_z\end{bmatrix}+\rho\begin{bmatrix}0 & 0 & 0\end{bmatrix}\\ &=\mu\begin{bmatrix}0 & 0 & \dfrac{\partial^2 v_z}{\partial r^2}+\dfrac{1}{r}\dfrac{\partial v_z}{\partial r}\end{bmatrix}-\begin{bmatrix}\dfrac{\partial p}{\partial r} & \dfrac{1}{r}\dfrac{\partial p}{\partial \theta} & \dfrac{\partial p}{\partial z}\end{bmatrix}+\rho\begin{bmatrix}0 & 0 & g\end{bmatrix}\end{aligned} \tag{3.3.7}$$

可以看出,静压强 p 可表示为 $p=p(z)+p(r,\theta)$。对于竖直管道,$p(r,\theta)$ 为常数。由于速度场只有 z 轴分量,因此只考察 z 轴动量分量的守恒方程,当流动达到稳态时

$$0=\mu\left(\frac{\partial^2 v_z}{\partial r^2}+\frac{1}{r}\frac{\partial v_z}{\partial r}\right)-\frac{\partial p}{\partial z}+\rho g \tag{3.3.8}$$

为了更直观地解方程(3.3.8),将其移项

$$\mu\left(\frac{\partial^2 v_z}{\partial r^2}+\frac{1}{r}\frac{\partial v_z}{\partial r}\right)=\frac{\partial p}{\partial z}-\rho g \tag{3.3.9}$$

式(3.3.9)左侧为 r 轴坐标的函数、右侧为 z 轴坐标的函数。若左右两端相等,只能均为常数,即 $\partial p/\partial z-\rho g$ 为常数。根据对称边界条件 $\partial v_z/\partial r|_{r=0}=0$ 及无滑移边界条件 $v_z(r=R)=0$,式(3.3.9)的解为

$$v_z=\left(-\frac{\partial p}{\partial z}+\rho g\right)\frac{R^2}{4\mu}\left[1-\left(\frac{r}{R}\right)^2\right] \tag{3.3.10}$$

可以看出,圆管内的流速呈抛物线分布,其平均流速为

$$\bar{v}_z=\frac{1}{\pi R^2}\int_0^R 2\pi r v_z\,\mathrm{d}r=\left(-\frac{\partial p}{\partial z}+\rho g\right)\frac{R^2}{8\mu} \tag{3.3.11}$$

在竖直圆管内部，流动的驱动力为静压强梯度和重力，流动的方向取决于静压强梯度的大小，即

$$\begin{cases} \bar{v}_z = 0 \quad \Rightarrow \quad \dfrac{\partial p}{\partial z} = \rho g \\ \bar{v}_z > 0 \quad \Rightarrow \quad \dfrac{\partial p}{\partial z} < \rho g \\ \bar{v}_z < 0 \quad \Rightarrow \quad \dfrac{\partial p}{\partial z} > \rho g \end{cases} \tag{3.3.12}$$

当圆管与水平面成任意角度时，只需考虑重力加速度在圆管 z 轴方向的分量即可，流速分布与平均流速为

$$v_z = \left(-\frac{\partial p}{\partial z} + \rho g_z\right)\frac{R^2}{4\mu}\left[1 - \left(\frac{r}{R}\right)^2\right] \tag{3.3.13}$$

$$\bar{v}_z = \left(-\frac{\partial p}{\partial z} + \rho g_z\right)\frac{R^2}{8\mu} \tag{3.3.14}$$

显然，当圆管水平放置时

$$v_z = -\frac{\partial p}{\partial z}\frac{R^2}{4\mu}\left[1 - \left(\frac{r}{R}\right)^2\right] \tag{3.3.15}$$

$$\bar{v}_z = -\frac{\partial p}{\partial z}\frac{R^2}{8\mu} \tag{3.3.16}$$

可见，对于水平放置的圆管，流动驱动力为静压强梯度，流动方向与静压强梯度方向相反，即静压强下降的方向。

例 3.3.1 在290 K环境下，水平放置的直径为1.6 mm的圆管内部水流的静压强梯度为900 N/m^3，已知水的黏度为1.08×10^{-3} Pa·s，求圆管内水的流量(m^3/s)。

解 在这种情况下，重力对流速没有影响。根据式(3.3.16)，可知平均流速为

$$\bar{v}_z = -\frac{\partial p}{\partial z}\frac{R^2}{8\mu} = \frac{900\ \text{N}}{\text{m}^3}\,\frac{(0.8\times10^{-3}\ \text{m})^2\text{m}^2}{8\times1.08\times10^{-3}\ \text{N}\cdot\text{s}} = 6.67\times10^{-2}\ \text{m/s}$$

因此可求得质量流量为

$$Q = \pi R^2 \bar{v}_z = 3.14\times(0.8\times10^{-3}\ \text{m})^2\times6.67\times10^{-2}\ \text{m/s} = 1.34\times10^{-7}\ \text{m}^3/\text{s}$$

需要注意的是，以上结果是假设层流计算出来的，因此需要检验。根据雷诺数的定义式(1.3.17)，有

$$Re \equiv \frac{\rho\bar{v}D}{\mu} = \frac{10^3\ \text{kg/m}^3\times6.67\times10^{-2}\ \text{m/s}\times1.6\times10^{-3}\text{m}\times\text{m}^2}{1.08\times10^{-3}\ \text{N}\cdot\text{s}} = 98.8 \ll 2\,100$$

因此为层流，流量的计算结果可靠。

在实际应用中，较为关心的问题是需要在管道两侧施加多大的压强差，或施加多大的功率才能满足流量的要求。以水平放置的圆管为例来讨论这个问题。假设圆管的长度为L、直径为D，管道两侧的压强差为Δp、流量为Q，根据平均速度公式(3.3.16)可知流量与压强差的关系为

$$Q = \frac{\pi D^2}{4}\bar{v} = \frac{\pi D^4}{128\mu L}\Delta p \tag{3.3.17}$$

上式常被用于测量流体的动力黏度。进一步可知外界施加在流体上的功率为

$$\Delta pQ=\frac{128\mu L}{\pi D^4}Q^2 \tag{3.3.18}$$

由式(3.3.17)、式(3.3.18)可以看出，管道两侧的压强差 Δp 正比于流量 Q、功率正比于流量 Q^2；在恒定流量前提下，流体黏度 μ 趋于零时，Δp 也趋于零。也就是说，当流体为理想流体时，不需要施加压力就能维持流体以 $\bar{v}$ 做匀速运动，这是我们希望的理想情况。实际上，由于流体黏性作用，为了维持流体匀速运动，必须施加 Δp 以补充流体内部及其与管壁之间的摩擦所消耗的功。因此，定义摩擦系数为

$$f\equiv\frac{\Delta p}{\frac{1}{2}\rho\bar{v}^2\frac{L}{D}} \tag{3.3.19}$$

把式(3.3.17)代入式(3.3.19)得

$$f=\frac{64\mu}{\rho\bar{v}D}=\frac{64}{Re} \tag{3.3.20}$$

可见，雷诺数越大，摩擦系数越小。因此，为了降低摩擦系数，通常在高流速下进行输运。然而，当雷诺数高于 2 100 时，随着雷诺数的进一步升高，层流演变为湍流，摩擦系数的下降幅度显著降低，甚至不降反升，最终维持恒定，其恒定值与管内壁粗糙度密切相关。这个现象在下一章中有所介绍。

3.4 近壁面的非稳态流动

之前讨论的问题都是稳态流动。然而，在很多情况下，速度随位置和时间都发生变化。对于非稳态流动，其动量守恒方程除了有随位置的偏导数，还有随时间的偏导数。也就是说，动量守恒方程是关于位置和时间两个变量的偏微分方程。有些情况下，即便列出了动量守恒方程，也是很难求得解析解的。本节以平板上方的非稳态流动为例，通过组合变量法将动量守恒的偏微分方程转化为只有一个变量的常微分方程，继而获得速度场分布的解析解。

如图 3.4.1 所示，在无限大空间内充满流体，其密度和黏度为常数。在流体内部有一个水平放置的无限大平板(所在 xz 平面)。流体与平面均处于静止状态。在 $t=0$ 时刻，平板突然启动，并以速度 V 向 x 轴方向匀速运动。分析平板上方的流速分布。

对于这一体系，其速度场可表示为 $\boldsymbol{v}=[v_x\quad v_y\quad v_z]=[v_x(y,t)\quad 0\quad 0]$，并且满足连续性方程 $\nabla\cdot\boldsymbol{v}=0$。纳威斯托克斯方程为

$$\rho\left[\frac{Dv_x}{Dt}\quad 0\quad 0\right]=\mu\Delta[v_x\quad 0\quad 0]-\left[\frac{\partial p}{\partial x}\quad\frac{\partial p}{\partial y}\quad\frac{\partial p}{\partial z}\right]+\rho[0\quad g\quad 0] \tag{3.4.1}$$

只需要求解动量的 x 轴分量守恒方程即可，即

$$\rho\frac{Dv_x}{Dt}=\mu\Delta v_x-\frac{\partial p}{\partial x} \tag{3.4.2}$$

由于平板无穷大，在任意 x 轴坐标位置其物理环境一致，因此流动状态一致。所以，所有物理量不随 x 轴发生变化。也就是 $\partial p/\partial x=0$。因此，式(3.4.2)为

$$\rho\left(\frac{\partial v_x}{\partial t}+\cancel{v_x\frac{\partial v_x}{\partial x}}+\cancel{v_y\frac{\partial v_x}{\partial y}}+\cancel{v_z\frac{\partial v_x}{\partial z}}\right)=\mu\left(\cancel{\frac{\partial^2 v_x}{\partial x^2}}+\frac{\partial^2 v_x}{\partial y^2}+\cancel{\frac{\partial^2 v_x}{\partial z^2}}\right) \tag{3.4.3}$$

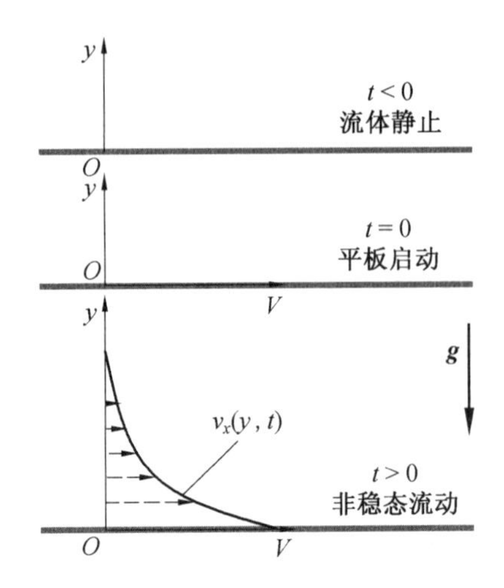

图 3.4.1 无限大平板突然启动后在其附近的流体速度分布

式(3.4.3)划线项为零，即

$$\rho \frac{\partial v_x}{\partial t}=\mu \frac{\partial^2 v_x}{\partial y^2} \tag{3.4.4}$$

用运动黏度 $\nu \equiv \mu/\rho$ 取代动力黏度，有

$$\frac{\partial v_x}{\partial t}=\nu \frac{\partial^2 v_x}{\partial y^2} \tag{3.4.5}$$

式(3.4.5)是关于时间的一阶偏微分和位置的二阶偏微分方程。因此，需要时间上的1个条件和空间上的2个条件才能定解，相应的条件称为初始条件(initial condition, I.C.)和边界条件(boundary condition, B.C.)。该系统的初始条件与边界条件为

$$\begin{cases} \text{I. C.}: & v_x=0 & t=0, y>0 \\ \text{B. C. 1}: & v_x=V & y=0, t>0 \\ \text{B. C. 2}: & v_x=0 & y=\infty, t>0 \end{cases} \tag{3.4.6}$$

式(3.4.5)和式(3.4.6)构成了一个完备的数学模型。下面用组合变量法来求解该模型。首先将速度无量纲化，引入无量纲速度 $\phi=v_x/V$，代入式(3.4.5)可得

$$\frac{\partial \phi}{\partial t}=\nu \frac{\partial^2 \phi}{\partial y^2} \tag{3.4.7}$$

这就变成了一个求解无量纲速度 φ 的问题。可以预知的是，该无量纲速度可以表示为 $\phi=\phi(y,t,\nu)$ 的形式。由于计算结果是无量纲的，所以 y、t、ν 三个参数在解析解中必须以无量纲形式的组合出现，唯一的无量纲组合形式为 $y/\sqrt{\nu t}$。因此，引入组合变量 $\eta \equiv y/\sqrt{4\nu t}$，进而 $\phi=\phi(\eta)$。因此，式(3.4.7)的关于时间和位置的偏微分方程原则上可以表示为只关于 η 的常微分方程。根据微分链式法则可得

$$\begin{cases} \dfrac{\partial \phi}{\partial t}=\dfrac{\partial \phi}{\partial \eta}\dfrac{\partial \eta}{\partial t}=-\dfrac{1}{2}\dfrac{\eta}{t}\dfrac{\partial \phi}{\partial \eta} \\ \dfrac{\partial \phi}{\partial y}=\dfrac{\partial \phi}{\partial \eta}\dfrac{\partial \eta}{\partial y}=\dfrac{1}{\sqrt{4\nu t}}\dfrac{\partial \phi}{\partial \eta} \\ \dfrac{\partial^2 \phi}{\partial y^2}=\dfrac{1}{4\nu t}\dfrac{\partial^2 \phi}{\partial \eta^2} \end{cases} \tag{3.4.8}$$

将这一结果代入式(3.4.7)得

$$\frac{\mathrm{d}^2\phi}{\mathrm{d}\eta^2}+2\eta\frac{\mathrm{d}\phi}{\mathrm{d}\eta}=0 \tag{3.4.9}$$

式(3.4.9)是一个二阶常微分方程,需要2个条件定解。然而,式(3.4.6)给出了3个条件。这并不产生分歧。根据式(3.4.6)可得 $\phi(\eta)$ 的定解条件为

$$\begin{cases}\text{I. C.}: \Rightarrow & \phi=0,\eta\to\infty\\ \text{B. C. 1}: \Rightarrow & \phi=1,\eta=0\\ \text{B. C. 2}: \Rightarrow & \phi=0,\eta\to\infty\end{cases} \tag{3.4.10}$$

因此可知式(3.4.9)的定解条件为

$$\begin{cases}\phi=1\\ \phi=0\end{cases}\quad\begin{cases}\eta=0\\ \eta\to\infty\end{cases} \tag{3.4.11}$$

令 $\psi\equiv \mathrm{d}\phi/\mathrm{d}\eta$,式(3.4.9)为 $\mathrm{d}\psi/\mathrm{d}\eta+2\eta\psi=0$,其一般解为

$$\psi\equiv\frac{\mathrm{d}\phi}{\mathrm{d}\eta}=C_1\exp(-\eta^2) \tag{3.4.12}$$

继续求解,式(3.4.12)的一般解为

$$\phi(\eta)=C_1\int_0^\eta \exp(-\chi^2)\,\mathrm{d}\chi+C_2 \tag{3.4.13}$$

根据定解条件(3.4.11)可求解常数 C_1,C_2,最终获得

$$\phi(\eta)=1-\frac{\int_0^\eta \exp(-\chi^2)\,\mathrm{d}\chi}{\int_0^\infty \exp(-\chi^2)\,\mathrm{d}\chi}=1-\frac{2}{\sqrt{\pi}}\int_0^\eta \exp(-\chi^2)\,\mathrm{d}\chi\equiv 1-\mathrm{erf}(\eta) \tag{3.4.14}$$

其中,erf 定义为"误差函数"。把式(3.4.14)中的无量纲数用实际变量组合表示就可以获得速度场分布的解析解,即

$$\frac{v_x(y,t)}{V}=1-\mathrm{erf}\left(\frac{y}{2\sqrt{\nu t}}\right)\equiv \mathrm{erfc}\left(\frac{y}{2\sqrt{\nu t}}\right) \tag{3.4.15}$$

其中,erfc 定义为"误差函数的余函数"。式(3.4.15)的函数图像如图 3.4.2 所示。需要注意的是,由于图 3.4.2 的坐标值采用无量纲数,所以速度场分布可以只用一条曲线表示出来。也就是说,随着时间的推移,速度场分布具有相似性。

互补误差函数值 $\mathrm{erfc}(\eta)$ 随 η 增加由 1 单调降低至 0。当 $\mathrm{erfc}(\eta)=0.01$ 时,$\eta=2$。由此可以定义"边界层厚度"的概念,即流速由表面速度 V 降低至 $0.01V$ 时的厚度 δ,对应于 $\delta=4\sqrt{\nu t}$。可以看出,边界层厚度正比于时间的平方根,代表了动量的扩散深度。

误差函数解在热量传输与质量传输中也会经常用到,在本书后续章节还会有相关介绍。与传热传质不同的是,动量传输的边界层厚度并不能随着时间的增加而无限增厚。当边界层超过一定厚度的时候($Re=V^2t/\nu>3\times10^5$),边界层不能稳定存在,开始转捩成湍流;当 $Re>5\times10^5$ 时,大部分区域的层流会转捩成湍流,而只有靠近壁面的一小部分区域保持层流,层流边界层反而减薄,导致流体作用在壁面上的黏性力升高。

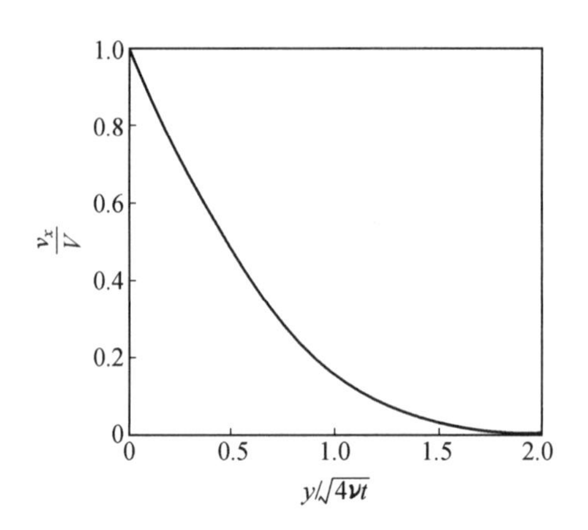

图 3.4.2 速度场分布的误差函数解

本章习题

3.1 如图所示，喷管固定端横截面面积为 A_1，出口端横截面面积为 A_2，且横截面面积由固定端至出口端逐渐减小。喷管内的流体以恒定流量 Q 喷出。假设流体为不可压缩的理想流体，忽略重力。回答以下问题：

(a) 给出喷管中的流体静压强 $p(x)$ 与 Q、A_2、$A(x)$ 的关系式。

(b) 在 x 轴方向，给出流体作用在喷管上的力 F_x 与 Q、A_1、A_2 的关系式。

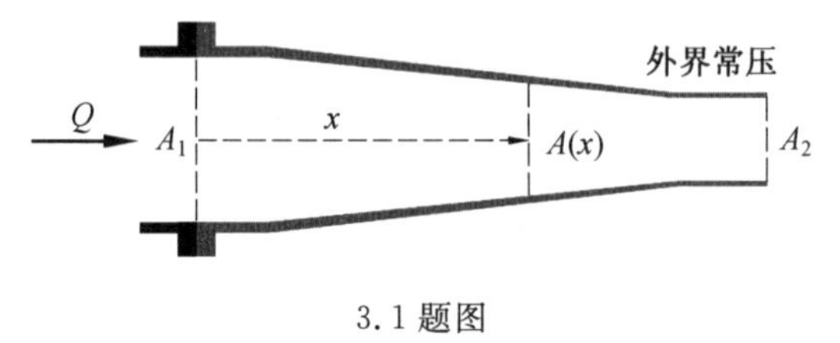

3.1 题图

3.2 毕托管是测量流速的一种重要装置，其结构如图所示。给出外界流体的流速 v_0 与压力表示数 ΔP 的关系。

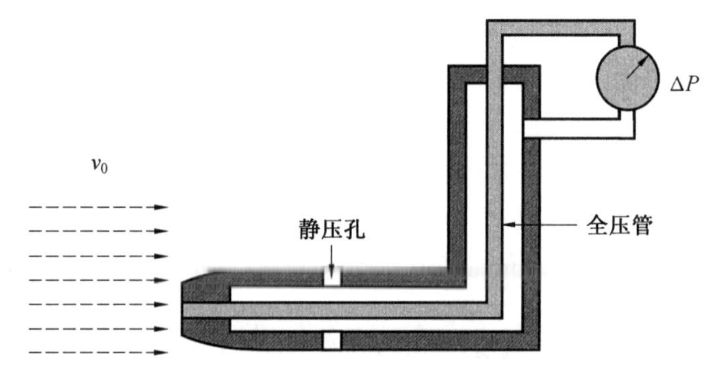

3.2 题图

3.3 某活塞传动机构如图所示，内径为 D、长度为 $L(L \gg D)$ 的活塞筒内充满牛顿流体。在其轴心处，有一个直径为 kD 的活塞($k<1$) 以匀速 v_0 向上运动。求：

(a) 圆筒内流体的速度分布。

(b) 忽略重力时的速度分布。

(c) $k \to 1$ 时的速度分布。

(d) 忽略重力，且 $k \to 1$ 时的速度分布。

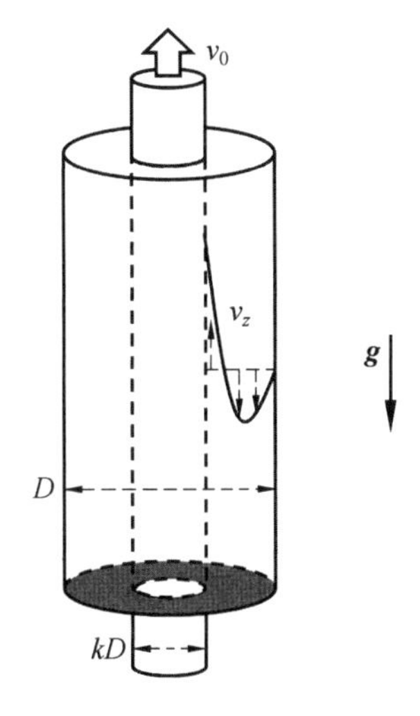

3.3 题图

3.4 如图所示，浆料槽中的浆料保持一定高度，底部传送带以一定速度向右运动，刮刀出口端封闭。已知浆料为牛顿流体，其黏度为 μ、密度为 ρ，浆料槽中的浆料液面高度为 H，传送带的速度为 U，刮刀缝隙的高度为 h_0，刮刀长度 $L \gg h_0$，忽略重力的影响。计算刮刀缝隙中的速度场分布与静压强分布。

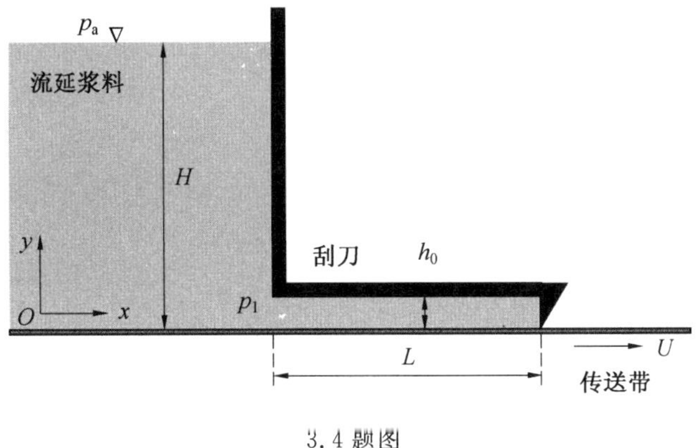

3.4 题图

3.5 如图所示，在无限大空间内充满流体，其密度和黏度为常数。在流体内部有两块水平放置的无限大平板(所在 xz 平面)，间距为 h。流体与平面均处于静止状态。在 $t=0$ 时刻，下平板突然启动，并以速度 V 向 x 轴方向匀速运动。求平板之间的流速分布。

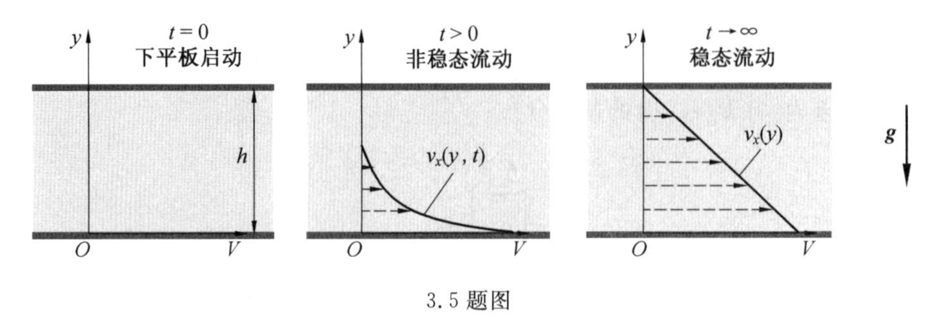

3.5 题图

3.6 如图所示，某转动轴的直径为 D，转速为 ω，与轴承之间的缝隙充满润滑剂，可视为牛顿流体，缝隙宽度为 δ。忽略重力与离心力的影响。试给出需要施加在单位长度转动轴上的扭矩的表达式。

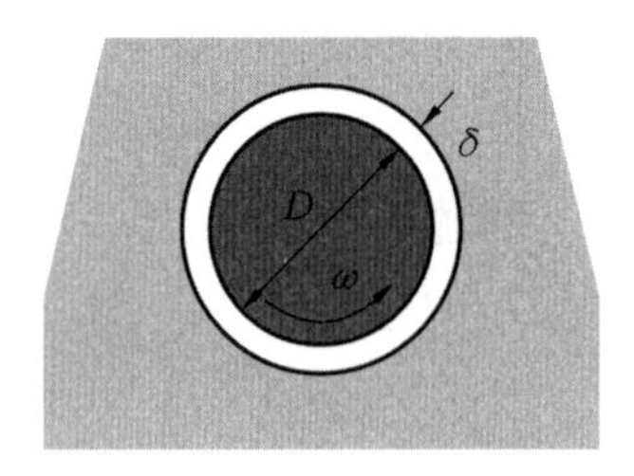

3.6 题图

第 4 章　复杂流动

4.1　量纲分析及其应用

前面章节以层流为例，给出了稳态流动及非稳态流动在几种简单情况下速度场与静压强分布的解析解。然而，在多数情况下的流动比较复杂，如三维流动、湍流等。依然可以运用解析的方式来分析一些复杂的流动问题。较为常用的方法就是量纲分析法。在3.4 节中已经运用了该方法。

当把一个物理过程用数学模型表达时，物理量之间必须经过某种形式组合为无量纲数。假设所研究的问题涉及 $q_1, q_2, \cdots, q_n$，共 n 个物理量。目的是寻找这些物理量之间的关系，假设符合以下未知函数：

$$f(q_1, q_2, \cdots, q_n) = 0 \tag{4.1.1}$$

如果这 n 个物理量的量纲中含有 k 个基本量纲，那么，在 $q_1, q_2, \cdots, q_n$ 中可以根据实际问题选择 k 个物理量作为基本变量，其余的 $(n-k)$ 个物理量可以与 k 个基本变量通过幂函数的形式组合成 $(n-k)$ 个独立的无量纲数，用 $\Pi_1, \Pi_2, \cdots, \Pi_{n-k}$ 表示。式(4.1.1) 可以简化为

$$\Phi(\Pi_1, \Pi_2, \cdots, \Pi_{n-k}) = 0 \tag{4.1.2}$$

可以看出，原本寻找 n 个物理量之间的关系，等价于寻找 $(n-k)$ 个独立的无量纲数之间的关系。这大幅度降低了问题的维度和难度。需要注意的是，这 $(n-k)$ 个独立无量纲数并不唯一，它依赖于 k 个基本变量的选取。

式(4.1.1)、式(4.1.2) 称为量纲分析的“Π 定理”。其简单证明如下：

令 k 个基本量纲为 $D_1, D_2, \cdots, D_k$，物理量的量纲表示为

$$[q_i] = D_1^{M_{1,i}} D_2^{M_{2,i}} \cdots D_j^{M_{j,i}} \cdots D_k^{M_{k,i}} \tag{4.1.3}$$

其中，$M_{j,i}$ 表示第 j 个基本量纲在第 i 个物理量中的幂，为常数。假设这 n 个物理量通过幂函数的形式组合为某一个无量纲数，

$$\Pi = q_1^{\alpha_1} q_2^{\alpha_2} \cdots q_n^{\alpha_n} \tag{4.1.4}$$

为了满足 Π 是无量纲的，即

$$[\Pi] = D_1^0 D_2^0 \cdots D_j^0 \cdots D_k^0 \tag{4.1.5}$$

把式(4.1.3) 代入式(4.1.4) 可以得到 k 个线性无关的方程为

$$\begin{bmatrix} M_{1,1} & M_{1,2} & \cdots & M_{1,n} \\ M_{2,1} & M_{2,2} & \cdots & M_{2,n} \\ \vdots & \vdots & & \vdots \\ M_{k,1} & M_{k,2} & \cdots & M_{k,n} \end{bmatrix} \begin{bmatrix} \alpha_1 \\ \alpha_2 \\ \vdots \\ \alpha_n \end{bmatrix} = \begin{bmatrix} 0 \\ 0 \\ \vdots \\ 0 \end{bmatrix} \tag{4.1.6}$$

由线性代数可知，式(4.1.6) 为齐次线性方程组，等式左侧系数矩阵的秩为 k，解的集

合为向量空间，并且维度是$(n-k)$，其基础解系为

$$\boldsymbol{\alpha}_1=\begin{bmatrix}\alpha_{1,1}\\ \alpha_{2,1}\\ \vdots\\ \alpha_{k,1}\\ 1\\ 0\\ \vdots\\ 0\end{bmatrix},\quad \boldsymbol{\alpha}_2=\begin{bmatrix}\alpha_{1,2}\\ \alpha_{2,2}\\ \vdots\\ \alpha_{k,2}\\ 0\\ 1\\ \vdots\\ 0\end{bmatrix},\quad \cdots,\quad \boldsymbol{\alpha}_{n-k}=\begin{bmatrix}\alpha_{1,n-k}\\ \alpha_{2,n-k}\\ \vdots\\ \alpha_{k,n-k}\\ 0\\ 0\\ \vdots\\ 1\end{bmatrix} \tag{4.1.7}$$

即

$$\begin{cases}\Pi_1=q_1^{\alpha_{1,1}}q_2^{\alpha_{2,1}}\cdots q_k^{\alpha_{k,1}}q_{k+1}^{1}\\ \Pi_2=q_1^{\alpha_{1,2}}q_2^{\alpha_{2,2}}\cdots q_k^{\alpha_{k,2}}q_{k+2}^{1}\\ \vdots\\ \Pi_i=q_1^{\alpha_{1,i}}q_2^{\alpha_{2,i}}\cdots q_k^{\alpha_{k,i}}q_{k+i}^{1}\\ \vdots\\ \Pi_{n-k}=q_1^{\alpha_{1,n-k}}q_2^{\alpha_{2,n-k}}\cdots q_k^{\alpha_{k,n-k}}q_n^{1}\end{cases} \tag{4.1.8}$$

上述证明选取了$q_1,q_2,\cdots,q_k$为基本变量。当然，也可以选择其他k个物理量作为基本变量，得到的无量纲数可能不同，但是结论是一致的。

例 4.1.1　如图 4.1.1 所示，某水平放置的圆管直径为D，长度为L，内部流体在压强差$\Delta p=p_1-p_2$的驱动下，以平均速度$\bar{v}$向右流动，已知流体密度ρ和黏度μ。应用量纲分析法给出压强差与其他物理参数的关系。

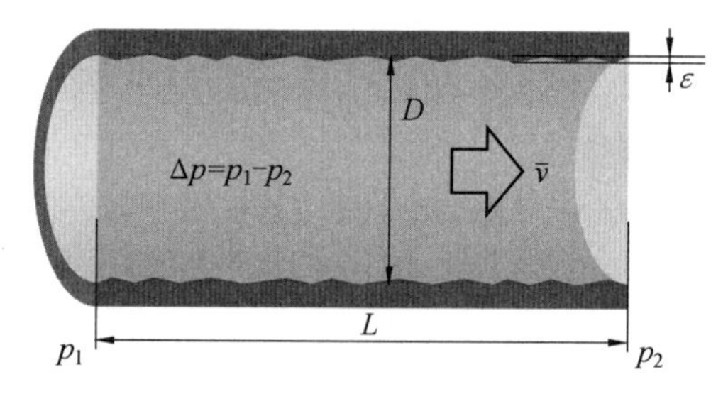

图 4.1.1　圆管内部流体流动的量纲分析

解　由具体问题可知，圆管两端的静压强差(Δp)与流体的物理性质(ρ,μ)、流动状态$(\bar{v})$及圆管的尺寸(D,L)有关。可以表达为以下未知函数：

$$f(\Delta p,\rho,\mu,\bar{v},D,L)=0$$

可见，共有 6 个物理量，

$$n=6$$

这 6 个物理量包含了质量(M)、长度(L)和时间(T)3 个基本量纲，

$$k=3$$

首先，需要选择$k=3$个独立变量。它们应该具有代表性，即可以代表流体的物理性

质、流动状态和圆管的几何形状。应从这三方面各取一个物理量，分别为 ρ、$\bar{v}$、D。因此，独立的无量纲数有 $n-k=6-3=3$(个)，分别为

$$\begin{cases}\Pi_1=\rho^a\bar{v}^bD^c(\Delta p)\\ \Pi_2=\rho^d\bar{v}^eD^f\mu\\ \Pi_3=\rho^g\bar{v}^hD^iL\end{cases}$$

Π_1 表达式的量纲方程为

$$[\Pi_1]=[\mathrm{ML^{-3}}]^a\ [\mathrm{LT^{-1}}]^b\ [\mathrm{L}]^c[\mathrm{ML^{-1}T^{-2}}]=\mathrm{M^0L^0T^0}$$

基本量纲满足以下方程组：

$$\begin{cases}a+1=0\\ -3a+b+c-1=0\\ -b-2=0\end{cases}$$

解为

$$\begin{cases}a=-1\\ b=-2\\ c=0\end{cases}$$

因此

$$\Pi_1=\frac{\Delta p}{\rho\bar{v}^2}$$

同理解得

$$\Pi_2=\frac{\mu}{\rho\bar{v}D}=\frac{1}{Re},\quad \Pi_3=\frac{L}{D}$$

因此，该问题简化为

$$\Phi\left(\frac{\Delta p}{\rho\bar{v}^2},\frac{1}{Re},\frac{L}{D}\right)=0$$

首先可以知道的是压差与圆管的长度成正比，即 Π_3 与 Π_1 呈线性关系，所以上式可进一步写为

$$\Phi\left(\frac{\Delta p}{\rho\bar{v}^2(L/D)},\frac{1}{Re}\right)=0$$

或可写为摩擦系数随雷诺数变化的显函数，

$$f\equiv\frac{\Delta p}{\frac{1}{2}\rho\bar{v}^2(L/D)}=f\left(\frac{1}{Re}\right)$$

上式的具体形式需要结合试验来确定。当流动为层流时，上式具体形式为

$$f=\frac{64}{Re}$$

与式(3.3.20)一致。

当 $Re>2\ 100$ 时，层流不能稳定存在，将转变为湍流。试验表明，当 $2\ 100<Re<10^5$ 时，

$$f=\frac{0.316}{Re^{\frac{1}{4}}}$$

实际上，管壁不可能绝对光滑，都有一定的粗糙度，即平均起伏高度。用 ε 表示管壁粗糙度，引入模型当中，即有

$$f(\Delta p,\rho,\mu,\bar{v},D,L,\varepsilon)=0$$

因此，$n=7$，$k=3$，$n-k=4$，需要引入第 4 个无量纲数 $\Pi_4=\varepsilon/D$，得

$$f=f\left(\frac{1}{Re},\frac{\varepsilon}{D}\right)$$

根据试验结果，当 $2\,100<Re<10^8$，$0<\varepsilon/D<0.05$ 时，符合以下经验表达式：

$$\frac{1}{\sqrt{f}}=-2.0\lg\left\{\frac{\varepsilon/D}{3.7}+\frac{2.5}{Re\sqrt{f}}\right\}$$

圆管的摩擦系数与雷诺数和管壁粗糙度的曲线图称为“穆迪图”，如图 4.1.2 所示。根据 f 的变化规律，可以分为五个区域：

Ⅰ 区：层流区，摩擦系数正比于 Re^{-1}；

Ⅱ 区：层流变为湍流的过渡区；

Ⅲ 区：光滑圆管的湍流区，摩擦系数正比于 $Re^{-1/4}$；

Ⅳ 区：雷诺数与粗糙度共同控制的湍流区；

Ⅴ 区：粗糙度控制的湍流区，摩擦系数只与粗糙度有关。

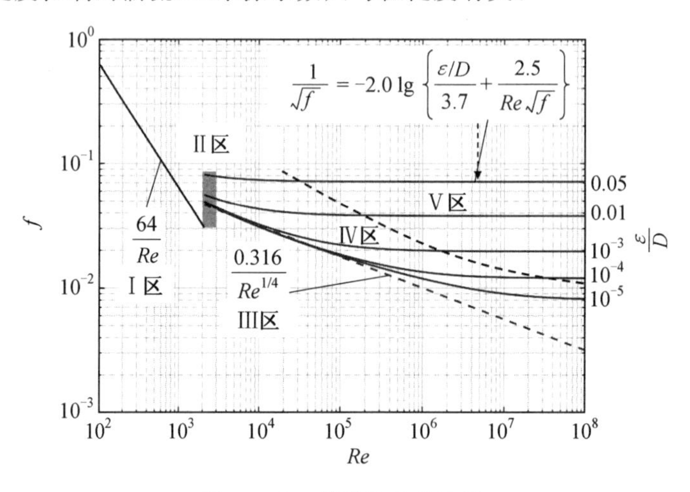

图 4.1.2 管道流的穆迪图

例 4.1.2 如图 4.1.3 所示，流体中直径为 D 的球体以速度 U 运动。已知流体密度为 ρ，流体黏度为 μ。应用量纲分析给出流体作用在球体上的阻力表达式。

解 根据题意可知，流体作用在球体上的阻力 F_D 与球体直径 D、运动速度 U、流体密度 ρ、流体黏度 μ 有关，可以表达为以下未知函数：

$$f(F_D,D,U,\rho,\mu)=0$$

直接应用 Π 定理，$n=5$，$k=3$(M，L，T)，因此有两个无量纲数。选取 ρ、U、D 为基本变量，解得无量纲数为

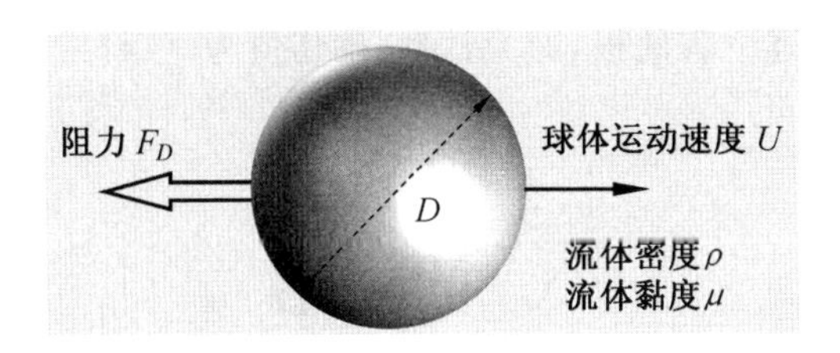

图 4.1.3 流体中的球体以一定速度运动受到的阻力

$$\begin{cases} \Pi_1 = \dfrac{F_D}{\rho U^2 D^2} \\ \Pi_2 = \dfrac{\mu}{\rho U D} = \dfrac{1}{Re} \end{cases}$$

问题化简为

$$\Phi\left(\frac{F_D}{\rho U^2 D^2}, \frac{1}{Re}\right) = 0$$

定义阻力系数为

$$C_D = \frac{F_D}{\dfrac{1}{2}\rho U^2 \left(\dfrac{\pi D^2}{4}\right)}$$

问题化简为寻找 C_D 与 Re 之间的函数关系，即

$$C_D = C_D\left(\frac{1}{Re}\right)$$

可以通过试验测得这一函数关系，如图 4.1.4 所示。

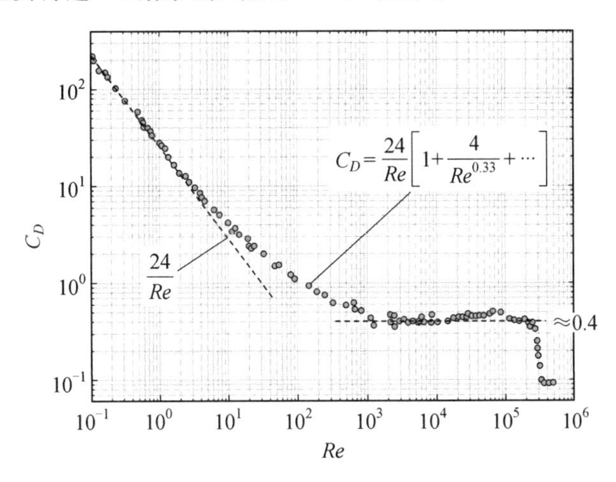

图 4.1.4 球体的阻力系数与雷诺数之间的关系

试验表明，当 $Re < 1$ 时，流体掠过球体表面的速度较小，作用在球体上的阻力主要是黏性力，可以忽略流体动能的影响，可以忽略流体密度，即

$$f(F_D, D, U, \mu) = 0$$

此时，$n = 4$，$k = 3$(M，L，T)，因此只有一个无量纲数，即

$$\Phi\left(\frac{F_D}{\rho U D}\right) = 0$$

也就是 $F_D/(\rho UD)$ 为上述方程的根，即为常数，确切值为

$$\frac{F_D}{\mu UD}=3\pi$$

由此可知阻力系数为

$$C_D=\frac{F_D}{\frac{1}{2}\rho U^2\left(\frac{\pi D^2}{4}\right)}=\frac{3\pi\mu UD}{\frac{1}{2}\rho U^2\left(\frac{\pi D^2}{4}\right)}=\frac{24\mu}{\rho UD}=\frac{24}{Re}$$

当 $2\ 100<Re<3\times10^5$ 时，流体动能较高，作用在球体上产生的压差阻力远远大于黏性阻力，可以忽略流体黏度的影响，即

$$f(F_D,D,U,\rho)=0$$

此时，$n=4$，$k=3(\mathrm{M,L,T})$，仍然只有一个无量纲数，即

$$\Phi\left(\frac{F_D}{\rho U^2D^2}\right)=0$$

即 $F_D/(\rho U^2D^2)$ 为常数，确切值为

$$C_D=\frac{F_D}{\frac{1}{2}\rho U^2\left(\frac{\pi D^2}{4}\right)}\approx0.4$$

当 $1<Re<2\ 100$ 时，压差阻力和黏性阻力共同主导，此时

$$C_D=\frac{24}{Re}\left[1+\frac{4}{Re^{0.33}}+\cdots\right]$$

当 $Re>3\times10^5$ 时，由图 4.1.4 可以看出，阻力系数突然降低。这与边界层分离有关。此处不做详细讨论。

可以看出，在处理复杂流动时，量纲分析可以显著降低问题的维度和难度。通过降低问题的维度，可以显著减轻试验工作量。例如，例 4.1.1 中涉及 6 个物理量，其中 5 个自变量和 1 个因变量。如果每个自变量需要至少 3 个数值，那么需要测量 $3^5=243$ 个试验数据，应用量纲分析法得到 3 个无量纲数，其中 2 个是自变量，只需要测量 $3^2=9$ 个试验数据；在特殊情况下（只有 1 个无量纲数时）只需要测量 1 个试验数据即可。这一方法在处理其他复杂问题时具有非常实用的借鉴意义。

4.2 多孔介质内的流动

在很多材料热加工过程中，会涉及流体在颗粒状的固体材料、粉体或细颗粒的团聚体中的流动。例如，在凝固铸件中，存在固体和液体共存的区域，并且至少在凝固期的相当一部分时间内，熔融态金属在枝晶网络间对流。这种类型的对流是铸造产品中宏观偏析的主要原因。材料热加工中的其他应用包括用合金熔体浸渗陶瓷纤维预制体来生产金属基复合材料，以及使用网状陶瓷泡沫作为过滤介质来精炼熔融金属，等等。

多孔介质中的流动过程是复杂的，这源于多孔介质中复杂的孔道结构。因此，在连续介质模型的范畴内，只能给出经验方程。如图 4.2.1 所示，多孔介质的横截面面积为 A，长度为 L，在长度方向上施加静压强差 (p_1-p_2)，重力加速度在流动方向的分量为 g_x，流

体黏度为 μ。当压强梯度相对较小,即流速较慢时,流过多孔介质的流量(单位时间内流过多孔介质的流体体积)为

$$Q=\frac{k}{\mu}A\left(\frac{p_1-p_2}{L}+\rho g_x\right) \tag{4.2.1}$$

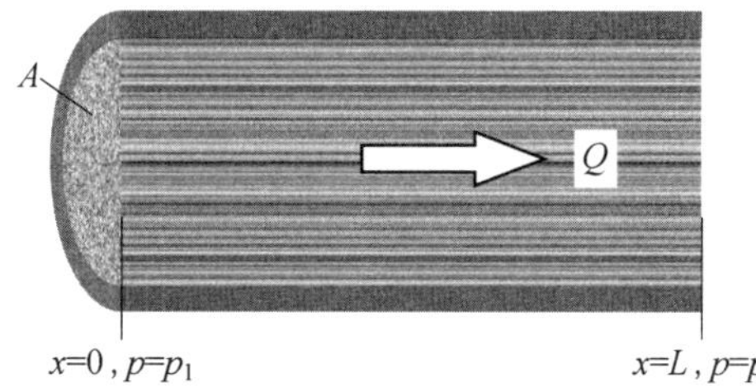

图 4.2.1 多孔介质中的流动示意图

可以看出,多孔介质中的流量是由压强和重力两个因素驱动的。定义表观流速 $U=Q/A$,则有

$$U=\frac{k}{\mu}\left(\frac{p_1-p_2}{L}+\rho g_x\right)=-\frac{k}{\mu}\left(\frac{\mathrm{d}p}{\mathrm{d}x}-\rho g_x\right) \tag{4.2.2}$$

对于一般三维流动,表观流速 $\boldsymbol{U}=[U_x \quad U_y \quad U_z]$ 可表示为

$$\boldsymbol{U}=-\frac{k}{\mu}(\nabla^{\mathrm{T}}p-\rho\boldsymbol{g}) \tag{4.2.3}$$

式(4.2.3)称为"达西定律"。其中,k 为渗透率,它只依赖于多孔介质的结构,其单位是 m^2。达西定律是一个经验方程,原因就在于目前无法从理论上给出渗透率的表达式。通常认为,渗透率正比于孔直径的平方,且由于孔隙率、孔形状、取向及曲折性的影响,比例常数小于 1。

例 4.2.1 铸造砂型是一个典型的多孔材料,它的一个重要指标就是气体渗透的能力。因此,需要测量铸造砂型的渗透率以实现铸造过程的精确可控。如图 4.2.2 所示,已知某圆柱形铸造砂型试样的长度为 60 mm,直径为 30 mm,在压强差为 600 $\mathrm{N\cdot m^{-2}}$ 的驱动下,15 s 内流过空气 $10^{-3}\ \mathrm{m}^3$。试计算其渗透率。

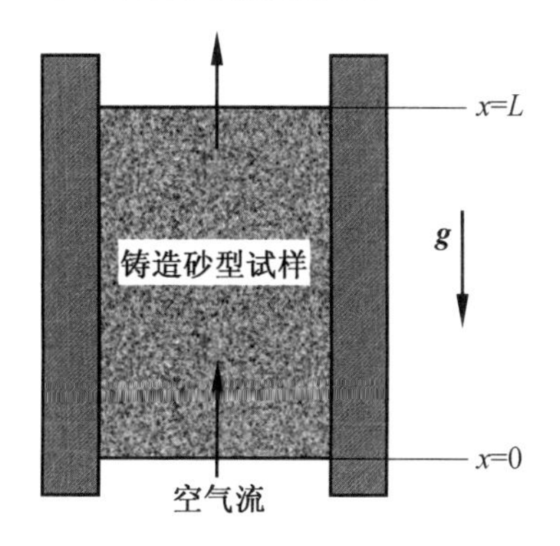

图 4.2.2 铸造砂型渗透率的测量

解 由式(4.2.3)可知

$$v_x = -\frac{B_0}{\mu}\left(\frac{\mathrm{d}p}{\mathrm{d}x} + \rho g\right)$$

或写为

$$\frac{\mathrm{d}p}{\mathrm{d}x} = -\left[\rho g + \frac{v_x \mu}{B_0}\right]$$

将上式积分得

$$B_0 = \frac{v_x \mu}{\dfrac{p_0 - p_L}{L} - \rho g}$$

由题意可知

$$v_x = \frac{Q}{A} = \frac{10^{-3}\ \mathrm{m}^3}{15\ \mathrm{s}\ \dfrac{\pi \times 0.03^2\ \mathrm{m}^2}{4}} = 9.43 \times 10^{-2}\ \mathrm{m} \cdot \mathrm{s}^{-1}$$

$$\frac{p_0 - p_L}{L} = \frac{600\ \mathrm{N} \cdot \mathrm{m}^{-2}}{0.06\ \mathrm{m}} = 10^4\ \mathrm{kg} \cdot \mathrm{m}^{-2} \cdot \mathrm{s}^{-2}$$

$$\rho g = 1.223\ \mathrm{kg} \cdot \mathrm{m}^{-3} \times 9.8\ \mathrm{m} \cdot \mathrm{s}^{-2} = 12\ \mathrm{kg} \cdot \mathrm{m}^{-2} \cdot \mathrm{s}^{-2}$$

$$\mu = 1.9 \times 10^{-5}\,\mathrm{kg} \cdot \mathrm{m}^{-1} \cdot \mathrm{s}^{-1}$$

因此，计算渗透率为

$$B_0 = \frac{v_x \mu}{\dfrac{p_0 - p_L}{L} - \rho g} = 17.9 \times 10^{-11}\ \mathrm{m}^2$$

铸造砂型的渗透率通常为 $2 \times 10^{-11} \sim 4 \times 10^{-11}\ \mathrm{m}^2$。因此，该试样的渗透率过高。

4.3　超音速射流

在近60年内，超音速射流在材料热加工领域取得了重要应用。例如，在炼钢过程中向熔体中吹入氧气去除钢液中的有害杂质；使用惰性气体的超音速气流使熔体雾化成小液滴，并快速冷却形成粉体；使用超音速喷砂清洁工件表面，增加表面粗糙度，为后续的涂镀工艺做准备；使用超音速喷丸在合金钢表层引入残余压应力，强化工件表面，提高其疲劳寿命；使用超音速喷涂在材料表面制备涂层；等等。为了更好地利用超音速射流，需要掌握其形成原理和基本性质。

由于超音速流动的动能远远大于重力势能和黏性力产生的能量损失，因此可以忽略重力和黏性力的影响。由于其较强的方向性和稳定性，可以将其近似为一维稳态流动。因此，纳威斯托克斯方程可以简化为

$$\rho v \frac{\mathrm{d}v}{\mathrm{d}x} = -\frac{\mathrm{d}p}{\mathrm{d}x} \tag{4.3.1}$$

上式可以进一步写为

$$\frac{\mathrm{d}p}{\rho} + v\mathrm{d}v = 0 \tag{4.3.2}$$

假设流动过程为等熵过程，即流体与喷管之间没有热量交换，且流体内部没有能量耗

散，由此可得

$$dp = v_s^2 d\rho \tag{4.3.3}$$

其中，v_s 为声速。把式(4.3.3)代入式(4.3.2)可得

$$v_s^2 \frac{d\rho}{\rho} + v dv = 0 \tag{4.3.4}$$

根据质量守恒，$\rho v A$ 为常数(A 为流道横截面面积)，将其取对数并全微分得

$$\frac{d\rho}{\rho} + \frac{dv}{v} + \frac{dA}{A} = 0 \tag{4.3.5}$$

把式(4.3.5)代入式(4.3.4)得

$$\frac{dv}{v}\left(\frac{v^2}{v_s^2} - 1\right) = \frac{dA}{A} \tag{4.3.6}$$

定义流速与声速之比为马赫数，即

$$Ma = \frac{v}{v_s} \tag{4.3.7}$$

则式(4.3.6)为

$$\frac{dv}{v}(Ma^2 - 1) = \frac{dA}{A} \tag{4.3.8}$$

由式(4.3.8)可以看出：

Ⅰ：当 $Ma < 1$ 时，如果喷管逐渐收缩($dA < 0$)，那么流速逐渐增加($dv > 0$)；

Ⅱ：当 $Ma < 1$ 时，如果喷管等截面($dA = 0$)，那么流速不变($dv = 0$)；

Ⅲ：当 $Ma < 1$ 时，如果喷管逐渐扩张($dA > 0$)，那么流速逐渐降低($dv < 0$)；

Ⅳ：当 $Ma > 1$ 时，如果喷管逐渐收缩($dA < 0$)，那么流速逐渐降低($dv < 0$)；

Ⅴ：当 $Ma > 1$ 时，如果喷管等截面($dA = 0$)，那么流速不变($dv = 0$)；

Ⅵ：当 $Ma > 1$ 时，如果喷管逐渐扩张($dA > 0$)，那么流速逐渐升高($dv > 0$)。

由此可知，制造超音速射流的途径为：Ⅰ⇒Ⅵ。即如图 4.3.1 所示，喷管先逐渐收缩后逐渐扩张，此种喷管称为“拉乌尔喷管”。在收缩段，气体由静止状态逐渐被加速；在喷管的喉部($dA = 0$)达到声速($Ma = 1$)；在喷管的扩张段，气体被加速到 $Ma > 1$，并被进一步加速。

如图4.3.1所示，如果在喷管喉部位置的流速没有达到声速($Ma < 1$)，则在喉部之后的扩张段内流速持续降低，由伯努利方程得知静压强升高，为亚音速流动。当喷管喉部位置的流速刚好达到声速时($Ma = 1$)，若 $p_t < p_e$，则流速降低，为亚音速流动；若 $p_t > p_e$，则流速升高，为超音速流动。然而，由于在喷管扩张段的流速逐渐升高，因此静压强逐渐降低。若喷管结构不合理，可能导致喷管出口压强小于外界大气压($p''_e < p_a$)，导致喷管内部产生激波，导致喷管的烧蚀，甚至破损。最理想的状态是喷管出口压强等于外界大气压($p''_e = p_a$)，此时形成的超音速射流的长度最长，称之为“理想喷管”。

对于“理想喷管”，喷管喉部的静压强为

$$p_t^* = p_0 \left(\frac{2}{\gamma + 1}\right)^{\gamma/(\gamma-1)} \tag{4.3.9}$$

其中，$\gamma = c_p / C_V$。对于空气或者氧气，$p_t^* / p_0 = 0.528$。喷管出口流速和质量流量(单位时

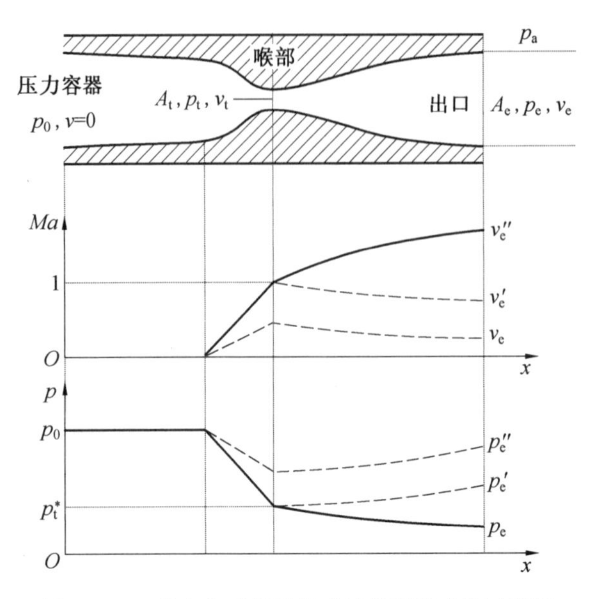

图 4.3.1　拉乌尔喷管及超音速射流形成的示意图

间喷出流体的质量）分别为

$$\left(\frac{v_e}{v_s}\right)^2 = Ma^2 = \frac{2}{\gamma-1}\left[\left(\frac{p_0}{p_e}\right)^{(\gamma-1)/\gamma} - 1\right] \tag{4.3.10}$$

$$W_t = A_t\left[\rho_0 p_0 \gamma \left(\frac{2}{\gamma+1}\right)^{(\gamma+1)/(\gamma-1)}\right]^{\frac{1}{2}} \tag{4.3.11}$$

喷管喉部截面面积与出口截面面积之比满足

$$\left(\frac{A_t}{A_e}\right)^2 = \left(\frac{2}{\gamma-1}\right)\left(\frac{\gamma+1}{2}\right)^{(\gamma+1)/(\gamma-1)}\left(\frac{p_e}{p_0}\right)^{2/\gamma}\left[1-\left(\frac{p_e}{p_0}\right)^{(\gamma-1)/\gamma}\right] \tag{4.3.12}$$

为了防止喷管内壁发生边界层分离，喷管扩张段的角度一般控制为 7°。

例 4.3.1　在炼钢过程中，为了降低熔体中的含碳量，向熔体内通入氧气。已知最佳的出口流速为 $2Ma$（$1Ma = 1\ 225.08$ km/h），氧气的质量流量为 10.1 kg/s，计算压力容器内的静压强，并设计最佳的喷嘴结构。

解　根据式(4.3.10)，并假设 $p_e = p_a = 10^5$ Pa，$\gamma = 1.4$，可知

$$\left(\frac{p_0}{p_e}\right)^{0.286} = \frac{2^2}{\dfrac{2}{0.4}} + 1.0$$

解得

$$\frac{p_0}{p_e} = 7.85$$

即

$$p_0 = 7.85 \times 10^5 \text{ Pa}$$

因此可以根据式(4.3.12)计算 $(A_t/A_e)^2$ 为

$$\left(\frac{A_t}{A_e}\right)^2 = \left(\frac{2}{0.4}\right)\left(\frac{2.4}{2}\right)^{(2.4)/(0.4)}\left(\frac{1}{7.85}\right)^{2/1.4}\left[1-\left(\frac{1}{7.85}\right)^{(0.4)/1.4}\right]$$

即

$$\frac{A_t}{A_e}=0.595$$

根据 p_0 值计算氧气密度为 10.41 kg/m³，应用式(4.3.11)计算喉部截面面积，即

$$10.1\ \text{kg/s}=A_t\left[10.41\ \text{kg/m}^3\times 7.85\times 10^5\ \text{Pa}\times 1.4\left(\frac{2}{2.4}\right)^{(2.4)/(0.4)}\right]^{\frac{1}{2}}$$

即

$$A_t=5.127\times 10^{-3}\ \text{m}^2$$

由此可知

$$A_e=8.617\times 10^{-3}\ \text{m}^2$$

因此，喷管喉部的直径为 80.8 mm，出口的直径为 105 mm。

本章习题

4.1　针对压力驱动下圆管内的流动，考虑流动状态及管内壁粗糙度，分析流量与所施加功率的关系，并给出较为高效的流体输送方案。

4.2　通常情况下，很难制得具有单一粒径的金属粉体或者陶瓷粉体。其粒径通常在 10 ~ 25 μm 之间具有一定的分布。可以利用淘析法进一步从粉体中分离出具有特定粒径的那部分粉体。如图所示，通过空气由下至上吹扫，可以将较小粒径的粉体吹出，而较大粒径的粉体沉落，只有特定粒径的粉体悬于管道之中。已知粉体颗粒的密度为 4 000 kg·m⁻³，请给出悬浮的粉体粒径与空气流速的关系。

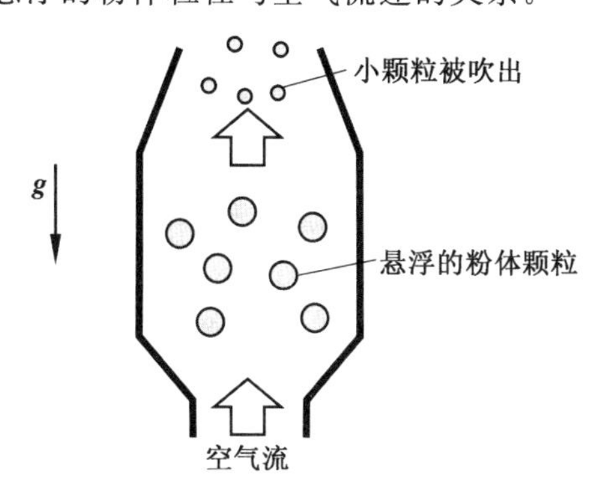

4.2 题图

4.3　据研究，含有某病毒的直径为 5 μm 的气溶胶飞沫的传染性极强。忽略飞沫液滴在空气中的蒸发，试计算其沉降速度。

4.4　在炼钢过程中，为了去除多余的氧元素，通常在熔体中加入铝粉，与氧反应生成 Al_2O_3 颗粒。由于 Al_2O_3 颗粒的密度(3 320 kg·m⁻³)远远小于熔体的密度(7 600 kg·m⁻³)，这些颗粒会在浮力作用下逐渐漂浮到熔体表面，给去除 Al_2O_3 颗粒带来很大的方便。已知熔体是含碳量为 0.5% 的碳素钢熔体，温度为 1 873 K，熔体黏度如图 1.2.2 所示，熔体深度为 1.5 m。试计算 2 min 后达到熔体表面的最小的 Al_2O_3 颗粒的

直径。

4.5 燃料电池空气电极为多孔材料。如图所示，其厚度为L。在纯氧气氛标准大气压下，燃料电池的输出电流密度$i(\mathrm{A\cdot m^{-2}})$与氧气的通量$j(\mathrm{mol\cdot m^{-2}\cdot s^{-1}})$存在以下关系：

$$i=4Fj$$

其中，$F=96\ 485\ \mathrm{C/mol}$为法拉第常数。忽略重力的影响，试计算空气电极中的压强分布，并给出最大电流密度。

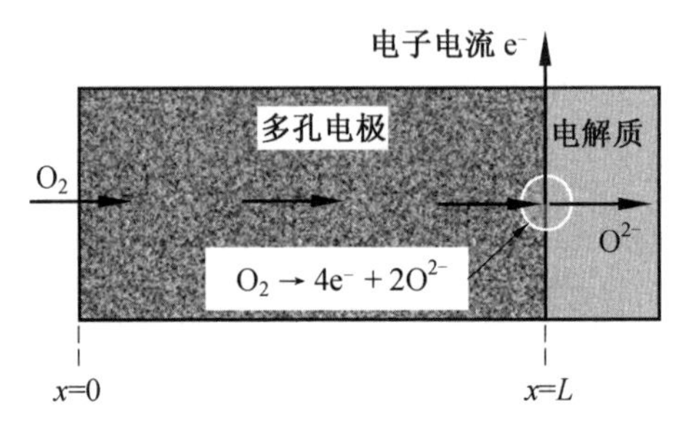

4.5 题图

4.6 如图所示，某多孔材料为平直的毛细孔结构，气孔之间相互独立。已知气孔直径为d，孔隙率（气孔体积与总体积之比）为ε，根据式(3.3.11)和达西定律，给出渗透率与孔径和孔隙率之间的关系式$k(d,\varepsilon)$。

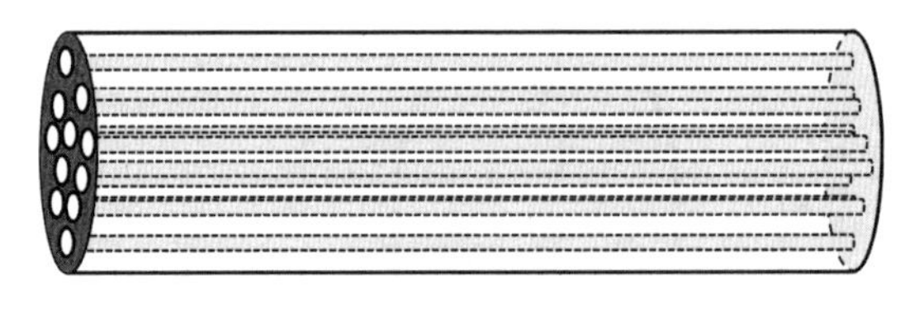

4.6 题图

4.7 利用超音速气流制备金属粉体材料的喷嘴结构如图所示，金属熔体通过中心喷嘴流出，其周边布置若干超音速喷嘴，氩气作为惰性气体通过超音速喷嘴汇聚至喷嘴下方某一位置，把金属熔体吹散成微小液滴，并快速冷却形成粉体颗粒。试验表明，喷嘴的出口速度为$3Ma$，氩气的质量流量为$0.1\ \mathrm{kg/s}$效果最佳。已知氩气的$\gamma=1.67$，计算最佳喷嘴的喉部直径、出口直径及扩张段长度。

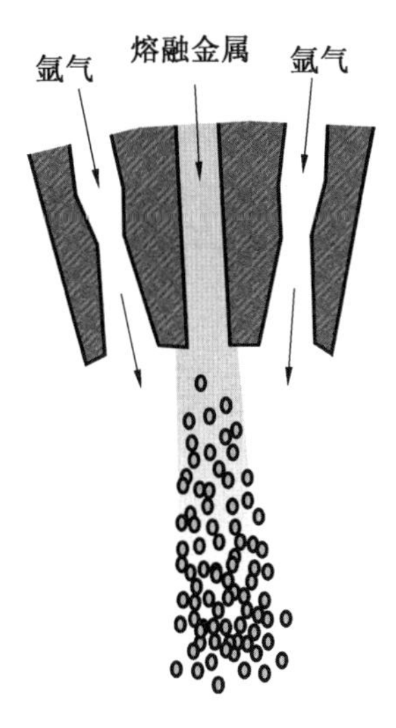

4.7 题图

第5章　导热的基本方程

5.1　热量传输与导热的傅立叶定律

首先，需要了解一下热量传输（传热）的基本方式，它主要是研究不同物体或同一物体不同部位存在温度差时，热能传递的规律。温度差异是热量传输的关键，它是传热的动力，可以研究物体内部的温度分布（温度场）。仔细观察分析生产及生活中所遇到的各种热量传递现象，可知，热量传递有三种方式：导热、对流、辐射。

导热是指温度不同直接接触的物体或物体中温度不同的各部分之间的热能传递过程。导热在固体、液体和气体中都可进行。在液体和非金属固体中热量的传导依靠分子的振动，在气体中则依靠原子或分子的扩散。在金属中则依靠自由电子的运动。导热特点是物体各部分之间不发生宏观的相对位移。例如，材料在加热设备内加热时的均温过程；正火、退火材料的散热过程。

对流是指流体内温度不同的各部分中的质点相互混合的宏观运动所引起的热能传递过程（其中包括流动流体与固体表面接触）。对流传热的特点是流体由空间的某一区域流向温度不同的另一区域，同时，在流体的各部分及流体与固体表面之间也存在着导热。因此，对流本质上是一种流体动量传输与导热耦合作用的热传递过程，又称为对流换热。例如，材料加热过程中，加热介质与材料表面之间的传热；材料在浴炉中加热；暖气片外壁与房间内空气之间和热交换现象。

辐射是指物体表面之间通过电磁波（热射线）在空间传递热能的过程。任何物体表面高于绝对零度时都会向外发射光子（辐射），在真空中也可以进行。它与导热和对流不同，辐射时物体之间不需要直接接触或存在中间媒介。例如，人们走近盛有铁水的浇包时，就有灼热的感觉，这是辐射的一个实例。另外，在能量传递过程中伴有能量形式的变化，即热能与辐射能之间的转化。例如，具有热能的太阳以电磁波的形式向外辐射能量（即辐射能），传到地球上，地球吸收了部分辐射能并将其转化为热能。

一般情况下，热量传输不是以上三种传热方式的任一单独形式出现的，而是以这三种方式的复杂组合出现。但不论其组合方式如何，温度差的存在是产生传热过程的先决条件，没有温度差的两个物体，它们无论是相互接触还是分离都不能发生热量传递。有了温度差就能发生传热。此时，若两个物体相互接触，它们就发生导热，分离就发生相互辐射。本章至第8章介绍导热的基本方程及应用，第9章和第10章将分别介绍对流和辐射过程的基本方程及应用。

在前序章节中，介绍了流体动量传输的“本构方程”，即“牛顿黏性定律”，它指出动量的扩散通量与速度梯度的负数成正比，比例常数为动力黏度；对于导热过程，亦有类似的规律，即“傅立叶定律”，由法国科学家傅立叶（Fourier，1768—1830）于1822年正式提出，他指出热量的扩散通量（即单位时间经过单位面积的热量，单位为 W·m^{-2}）与温度梯度的负数成正比，比例常数为热导率。需要注意的是，傅立叶定律和牛顿黏性定律本质上是经验规律，即通过试验现象总结出来的规律。

如图 5.1.1 所示，考虑一个厚度为 h 的无限大平板中的导热过程。在初始时刻，平板内部的温度均为 T_0，突然将其下表面的温度升高至 T_1，而上表面温度恒定为 T_0，导热由此开始；随着时间的变化，热量逐渐由下表面向上表面传递，使平板"底部"的温度逐渐升高，形成温度场 $T(y,t)$；当传热过程达到稳态时（即温度场不随时间变化），在平板内形成了一个稳定的温度分布 $T(y)$，此时的热量扩散流量为恒定值。

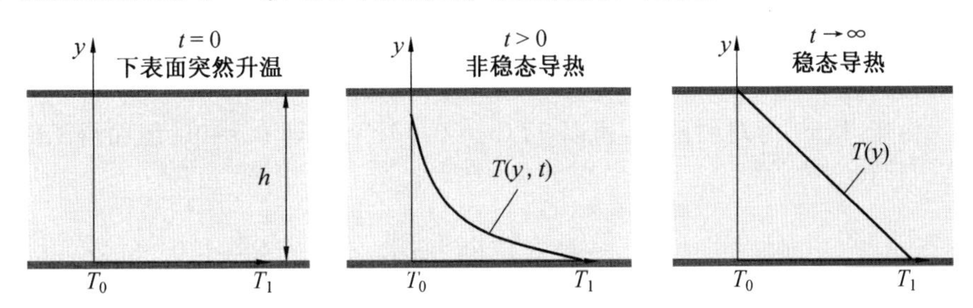

图 5.1.1　在无限大平板中的导热过程示意图

通过试验观察发现，当平板上下表面温差（T_1-T_0）足够小时，热量的扩散通量 J 正比于上下表面温差（T_1-T_0）、反比于板厚度 h，即

$$J=k\frac{T_1-T_0}{h} \tag{5.1.1}$$

式中，比例常数 k 即为材料的热导率（或称为导热系数），其单位是 W·m^{-1}·K^{-1}。之所以强调当平板上下表面温差（T_1-T_0）足够小时式（5.1.1）方能成立，原因在于材料热导率不仅是材料的本征属性，也随着温度发生变化。当上下表面温差和板厚度趋于零时，式（5.1.1）可以写为

$$J_y=-k\frac{\partial T}{\partial y} \tag{5.1.2}$$

上式即为导热的傅立叶定律。它不仅适用于固体，也适用于液体和气体。式中，J_y 表示热量的扩散通量，即单位时间经过垂直于 y 轴单位面积的热量，它正比于温度梯度在 y 轴上的分量；等式右端的"—"号表示热量的扩散方向与温度梯度方向相反，即热量总是沿着温度下降的方向扩散。

例 5.1.1　一个厚度 $\delta=0.02$ m、初始温度为 300 K 的板材放入热处理炉中加热，并通过工件热电偶测量其内部的温度，加热 900 s 后测量其内部的温度分布可由抛物线近似为

$$T(x)=a_0+a_1x+a_2x^2$$

其中，$a_{0,1,2}$ 为常数，x 为距板材中心的距离，如图 5.1.2 所示。

假设 $T(x)$ 为对称函数：

(1) 根据工件表面温度 T_s 和心部温度 T_c 得出 $T(x)$ 的表达式；

(2) 已知板材热导率为 10 W·m^{-1}·K^{-1}，$T_s=1\,000$ K，$T_c=400$ K，求出工件内部的热量扩散通量 $J(x)$ 的表达式。

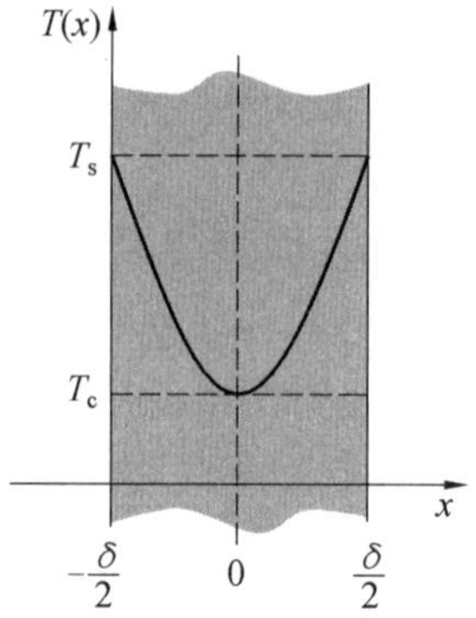

图 5.1.2 平板件温度场分布示意图

解 由于 $T(x)$ 为对称函数，所以 $\partial T(x=0)/\partial x=0$，即 $a_1=0$。继而得工件表面温度为

$$T_s=a_0+a_2\left(\frac{\delta}{2}\right)^2$$

工件心部温度为

$$T_c=a_0$$

由此得

$$a_2=\frac{4(T_s-T_c)}{\delta^2}$$

因此得温度场分布为

$$T(x)=T_c+(T_s-T_c)\left(\frac{2x}{\delta}\right)^2$$

由上式可知热量扩散通量为

$$J(x)=-k\frac{\partial T}{\partial x}=-k(T_s-T_c)\frac{8x}{\delta^2}$$

将具体参数代入上式可得

$$J(x)=-2.4\times10^6\frac{x}{\delta}\ (\mathrm{W\cdot m^{-2}})$$

从上式可知，热量扩散通量的最大值出现在工件表面，其方向指向工件内部，也就是工件正在被加热。工件心部的热量扩散通量为零。

一般情况下，导热发生在三维空间内。若热导率是各向同性的，

$$J_x=-k\frac{\partial T}{\partial x};\quad J_y=-k\frac{\partial T}{\partial y};\quad J_z=-k\frac{\partial T}{\partial z}\tag{5.1.3}$$

可以用向量表示为

$$\boldsymbol{J}\equiv\begin{bmatrix}J_x\\J_y\\J_z\end{bmatrix}=-k\begin{bmatrix}\partial T/\partial x\\\partial T/\partial y\\\partial T/\partial z\end{bmatrix}\equiv-k\,\nabla T\tag{5.1.4}$$

其形式与牛顿黏性定律类似，但需要注意的是，动量是一个向量，所以其扩散通量为一个矩阵；而热量是一个标量，所以其扩散通量是一个向量。对于各向同性的介质，热量

扩散通量的方向垂直于等温面，指向温度下降最快的方向(即温度梯度的负向)。

对于非立方型单晶、纤维材料、层状材料等热导率各向异性的材料，热导率可以表示为一个对称的 3×3 矩阵，称为热导率张量，

$$\boldsymbol{k}\equiv\begin{bmatrix}k_{xx} & k_{xy} & k_{xz}\\ k_{yx} & k_{yy} & k_{yz}\\ k_{zx} & k_{zy} & k_{zz}\end{bmatrix} \tag{5.1.5}$$

其中，$k_{ij}=k_{ji}$。相应的傅立叶定律表示为

$$\boldsymbol{J}=-\boldsymbol{k}\,\nabla T \tag{5.1.6}$$

可以看出，热量扩散通量的方向并不一定指向温度梯度的负向。

傅立叶定律给出了热导率的定义。例如，x 轴方向的热导率定义为

$$k_x\equiv\frac{q_x}{\partial T/\partial x} \tag{5.1.7}$$

由上式可知，在温度梯度一定时，热量扩散通量越大，则热导率越高。一般而言，固态材料的热导率高于液态，液态高于气态。这源于分子间距的差异。在固态材料中，热量通过自由电子迁移和晶格振动(即声子)传播。在纯金属中，热导率主要源于自由电子迁移；在半导体和绝缘体中，热导率源于声子。根据原子尺度的动力学理论，热导率可以表示为

$$k=\frac{1}{3}Cu\lambda \tag{5.1.8}$$

对于固态导体材料，例如金属材料，式(5.1.8)中的 $C\equiv C_e$ 为电子比热容($J\cdot m^{-3}\cdot K^{-1}$)，$u$ 为电子平均速度，$\lambda\equiv\lambda_e$ 为电子的平均自由程；对于固态绝缘材料，式(5.1.8)中的 $C\equiv C_{ph}$ 为声子比热容，u 为平均声度，$\lambda\equiv\lambda_{ph}$ 为声子的平均自由程。一般而言，固态材料的热导率为电子热导率 k_e 和声子热导率 k_{ph} 之和，即

$$k=k_e+k_{ph} \tag{5.1.9}$$

一般而言，k_e 反比于电阻率 ρ_e。对于纯金属，其电阻率较低，因此 $k_e\gg k_{ph}$，可以忽略声子热导率。对于合金材料，合金化导致电阻率升高，继而导致热导率下降，例如，纯铁的热导率高于碳素钢，碳素钢的热导率高于合金钢。对于固态非金属材料，热导率主要源于声子的贡献。此时，晶格的完整性对声子平均自由程有很大影响，继而决定了材料的热导率。例如，石英的热导率远高于无定型玻璃的热导率，金刚石和氧化铍的热导率甚至超过金属铝。

除此之外，温度对固态材料的热导率有显著影响。图 5.1.3 给出了一些典型的固态材料的热导率。温度对热导率的影响给导热过程的分析带来了复杂性，即热量扩散流量不仅与温度的梯度相关，还与温度相关。当温度变化范围较小时，热导率可以简化为温度的线性函数，

$$k=k_0+b(T-T_0) \tag{5.1.10}$$

其中，b 为常数。在实际计算中往往取物体平均温度下的热导率代表物体热导率的平均值。例如：热处理炉单层炉墙，当其内外表面温度为 T_1 和 T_2 时，炉墙的热导率为 $k=k_0+\frac{b}{2}(T_1+T_2)$。

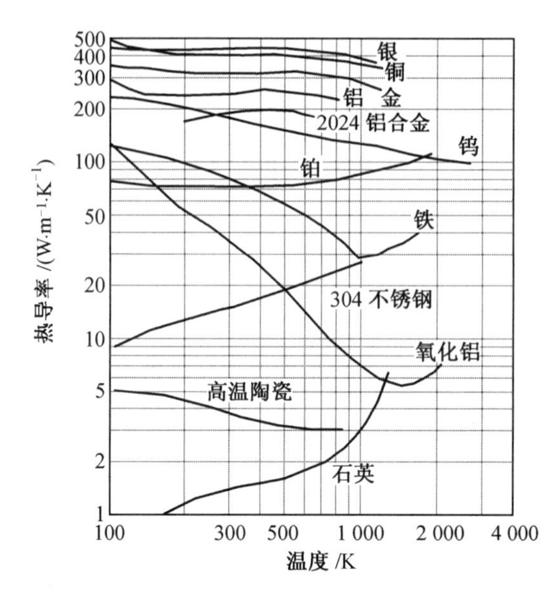

图 5.1.3 不同温度下几种典型固态材料的热导率

对于气体，由于其分子间距远远大于固体，其热导率往往低于固体。根据气体的动力学理论，气体的热导率表达为

$$k=\frac{1}{3}\rho c_p u\lambda \tag{5.1.11}$$

其中，ρ 为气体密度；c_p 为气体的等压热容($\mathrm{J\cdot kg^{-1}\cdot K^{-1}}$)；$u$ 为气体分子平均运动速度；λ 为气体分子的平均自由程。升高温度、降低分子质量有利于提高分子的平均运动速度，因此有利于提高气体的热导率。图 5.1.4(a) 展示了这一规律。另外，由于气体的密度正比于压强，而分子自由程反比于压强，所以在一般情况下可以忽略压强对气体热导率的影响。

对于液体，由于其分子特征比气体更加难以描述，其热导率的物理机制至今尚未完全理解。一般而言，非金属液体的热导率随温度的升高而降低，但也有例外，如图 5.1.4(b) 所示，水、甘油、机油就属例外。

在一般情况下，可以忽略压强对液体热导率的影响。并且，降低分子质量可以提高液体的热导率。另外，液态金属的热导率远高于液态非金属的热导率，因此广泛应用于核反应堆等高热流工况条件。

除了热导率(导热系数)之外，还会经常用到另外一个概念，即热扩散系数(或称为导温系数)。观察傅立叶定律不难发现，热量的扩散驱动力是温度的梯度，但是温度并非是热量。研究的守恒量是热量，并非温度。因此希望把温度梯度用单位体积中的热量梯度表示。我们知道，温度 T 与等压热容 c_p(单位：$\mathrm{J\cdot kg^{-1}\cdot K^{-1}}$) 的乘积 c_pT 为焓(单位：$\mathrm{J\cdot kg^{-1}}$)，焓与密度 ρ(单位：$\mathrm{kg\cdot m^{-3}}$) 的乘积 ρc_pT(单位：$\mathrm{J\cdot m^{-3}}$) 恰为单位体积内的热量。因此，若 ρc_p 为常数，则式(5.1.4) 可改写为

$$\boldsymbol{J}=-\frac{k}{\rho c_p}\nabla(\rho c_p T) \tag{5.1.12}$$

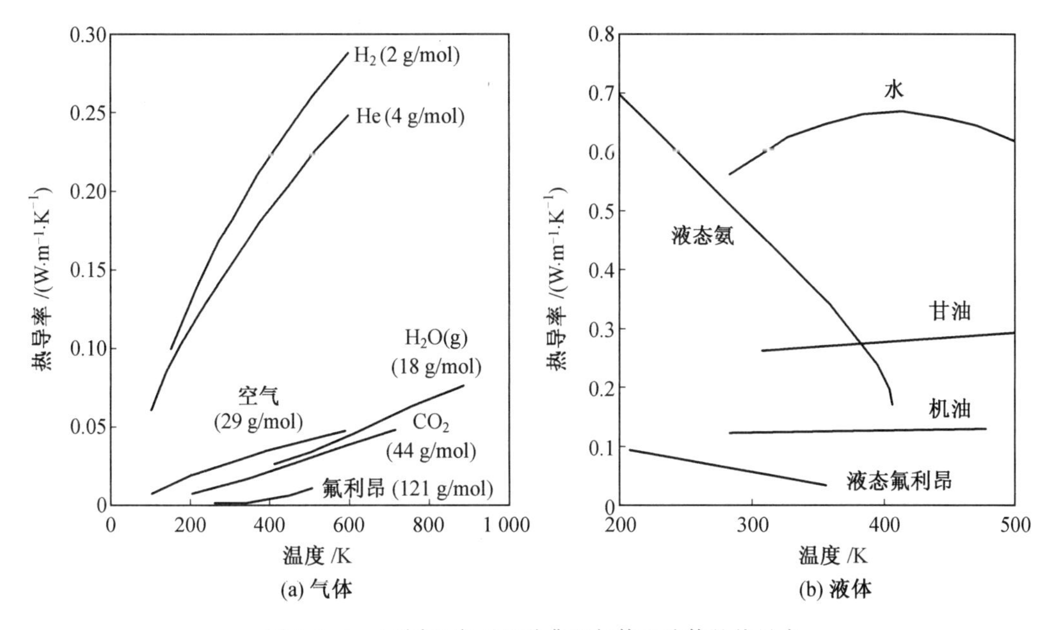

图 5.1.4 不同温度下几种典型气体和液体的热导率

因此,傅立叶定律可以理解为热量的扩散通量 $\boldsymbol{J}$ 正比于单位体积热量 $\rho c_p T$ 的梯度。定义“导温系数”为

$$\alpha \equiv \frac{k}{\rho c_p} \tag{5.1.13}$$

由此可知,α 的单位是 $\mathrm{m}^2 \cdot \mathrm{s}^{-1}$,它与动量扩散系数(运动黏度 ν)的单位相同。因此,α 的物理意义代表热量在热量梯度作用下的扩散速率。

5.2 能量守恒方程

首先,回顾一下在 2.3 节中给出的一般物理量 φ 的守恒方程,

$$\frac{\partial \varphi}{\partial t} = -\nabla \cdot \boldsymbol{F} + s \tag{5.2.1}$$

其中,s 为物理量 φ 的源项,即单位时间单位体积内生成的量;$\boldsymbol{F}$ 为物理量 φ 的总通量,可以进一步表示为

$$\boldsymbol{F} = \boldsymbol{J} + \boldsymbol{v}\phi \tag{5.2.2}$$

其中,$\boldsymbol{J}$ 为物理量 ϕ 的扩散通量;$\boldsymbol{v}\phi$ 为物理量的对流通量;$\boldsymbol{v}$ 为质点运动速度。

5.1 节中介绍了热量传输的三种形式为导热、对流、辐射。对于热量传输,只需给出与热量传输相对应的物理量的表达式,即可给出能量守恒方程。

对于热量传输,

$$\phi = \rho c_p T \tag{5.2.3}$$

进一步根据导热的傅立叶定律,

$$\boldsymbol{F} = -k\,\nabla T + \boldsymbol{v}(\rho c_p T) \tag{5.2.4}$$

因此,得到了热量传输的能量守恒方程为

$$\frac{\partial}{\partial t}(\rho c_p T) = -\nabla \cdot [-k\,\nabla T + \boldsymbol{v}(\rho c_p T)] + s \tag{5.2.5}$$

上式表达了通过导热和对流两种方式的热量传输方程。需要注意的是，辐射换热并未出现在式(5.2.5)中。原因在于，辐射换热发生在物体表面之间，以式(5.2.5)的边界条件的形式出现。另外，热量源项 s，即单位时间单位体积内生成的热量($\mathrm{J \cdot m^{-3} \cdot s^{-1}}$)，可能有多种来源，如相变潜热、欧姆热、摩擦热、核反应热等等。因此，s 的具体表达式应根据具体问题给出。

式(5.2.5)可以根据具体问题进一步简化。首先，根据微分链式法则，式(5.2.5)中的对流项可分解为

$$\nabla \cdot [\boldsymbol{v}(\rho c_p T)] = \boldsymbol{v} \cdot \nabla(\rho c_p T) + (\rho c_p T)(\nabla \cdot \boldsymbol{v}) \tag{5.2.6}$$

把式(5.2.6)代入式(5.2.5)，进一步用随体导数的定义，则有

$$\frac{D}{Dt}(\rho c_p T) \equiv \frac{\partial}{\partial t}(\rho c_p T) + \boldsymbol{v} \cdot \nabla(\rho c_p T) = \nabla \cdot (k\,\nabla T) - (\rho c_p T)(\nabla \cdot \boldsymbol{v}) + s \tag{5.2.7}$$

下面给出各种条件下，能量守恒方程的简化形式。

若导热介质不可压缩，由式(2.3.14)可知 $\nabla \cdot \boldsymbol{v} = 0$，则能量守恒方程为

$$\frac{D}{Dt}(\rho c_p T) = \nabla \cdot (k\,\nabla T) + s \tag{5.2.8}$$

基于上式，若 ρc_p 为常数，则有

$$\frac{\mathrm{d}T}{\mathrm{d}t} = \nabla \cdot (\alpha\,\nabla T) + \frac{s}{\rho c_p} \tag{5.2.9}$$

基于上式，若 α 为常数，则有

$$\frac{\mathrm{d}T}{\mathrm{d}t} = \alpha \Delta T + \frac{s}{\rho c_p} \tag{5.2.10}$$

基于上式，若为稳态导热，即 $\partial T / \partial t = 0$，则有

$$\boldsymbol{v} \cdot \nabla T = \alpha \Delta T + \frac{s}{\rho c_p} \tag{5.2.11}$$

基于式(5.2.10)，若质点运动速度 $\boldsymbol{v} = \boldsymbol{0}$，则有

$$\frac{\partial T}{\partial t} = \alpha \Delta T + \frac{s}{\rho c_p} \tag{5.2.12}$$

基于上式，若为稳态导热，则有

$$\alpha \Delta T + \frac{s}{\rho c_p} = 0 \tag{5.2.13}$$

根据实际问题的能量守恒方程的简化表达式还有很多种，这里不再赘述。

例 5.2.1 热处理电阻炉中的电热丝半径为 R(cm)，电阻率为 ρ_e($\Omega \cdot \mathrm{cm}$)。在电热丝中施加电流密度的平均值为 I($\mathrm{A \cdot cm^{-2}}$)，全部转化为热量，热量的源项为

$$s = \rho_e I^2$$

假设电热丝内部的热量源项均匀分布，且密度、比热容、热导率为常数，稳态导热时其表面温度为 T_0，试求出其内部的温度分布。

解 针对电热丝的形状特征，应用柱坐标系求解温度场，如图 5.2.1 所示。

根据题意，电热丝内部的温度场只随 r 轴坐标变化，即 $T = T(r)$。把柱坐标拉普拉斯

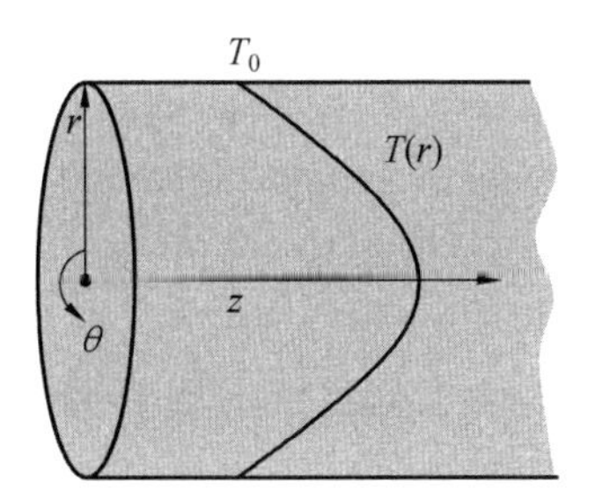

图 5.2.1 电热丝在柱坐标系下的温度场分布示意图

算符式(1.4.9)代入式(5.2.13)，即得能量守恒方程为

$$\alpha\left(\frac{\partial^2}{\partial r^2}+\frac{1}{r}\frac{\partial}{\partial r}\right)T(r)+\frac{\rho_e I^2}{\rho c_p}=0$$

即

$$\frac{d^2 T}{dr^2}+\frac{1}{r}\frac{dT}{dr}=-\frac{\rho_e I^2}{k}$$

为了便于求解，将上式改写为

$$\frac{1}{r}\frac{d}{dr}\left(r\frac{dT}{dr}\right)=-\frac{\rho_e I^2}{k}$$

将上式在 r 轴上积分可得

$$r\frac{dT}{dr}=-\frac{\rho_e I^2}{k}\frac{r^2}{2}+C_1$$

其中，C_1 为待定常数。由于温度场在 r 轴上分布具有对称性，即应用 $r=0$ 处的边界条件：$dT/dr=0$，可得 $C_1=0$，即

$$r\frac{dT}{dr}=-\frac{\rho_e I^2}{k}\frac{r^2}{2}$$

将上式进一步积分可得

$$T(r)=-\frac{\rho_e I^2}{k}\frac{r^2}{4}+C_2$$

其中，C_2 为待定常数。应用 $r=R$ 处的边界条件：$T=T_0$，可得

$$T(r)=T_0+\frac{\rho_e I^2 R^2}{4k}\left[1-\left(\frac{r}{R}\right)^2\right]$$

可以看出温度场为抛物线分布，心部温度最高，比表面温度高 $\rho_e I^2 R^2/(4k)$。这一抛物线规律与 3.3 节中圆管内的层流速度分布具有相似性，读者可自行比较。根据温度场的解析解，可以进一步得出单位长度电热丝向环境传递的功率为

$$Q\big|_{r=R}=2\pi R\cdot J_r\big|_{r=R}=2\pi R\cdot k\frac{dT}{dr}\bigg|_{r=R}=\pi R^2\cdot\rho_e I^2$$

上式右侧恰好为单位长度电热丝中电流产生的功率。这并不意外，因为在稳态导热时，电流产生的热量全部通过电热丝的表面传递给了环境。

5.3 导热过程的边界条件

需要指出的是，能量守恒方程是一个对空间求二阶导、对时间求一阶导的偏微分方

程。因此，若想得出具体问题的温度场 $T(x,y,z,t)$，在每一个空间维度上需要2个条件（即边界条件），并且在时间维度上需要1个条件（即初始条件）。若为稳态导热，即 $T=T(x,y,z)$，则只需要在每一个空间维度上的2个边界条件定解。初始条件一般是指定初始时刻的温度分布；而边界条件往往要根据导热过程的性质来确定，可以有三类边界条件。

第一类边界条件（图5.3.1）：表面处的温度为常数 T_s，即

$$T(0,t)=T_s \tag{5.3.1}$$

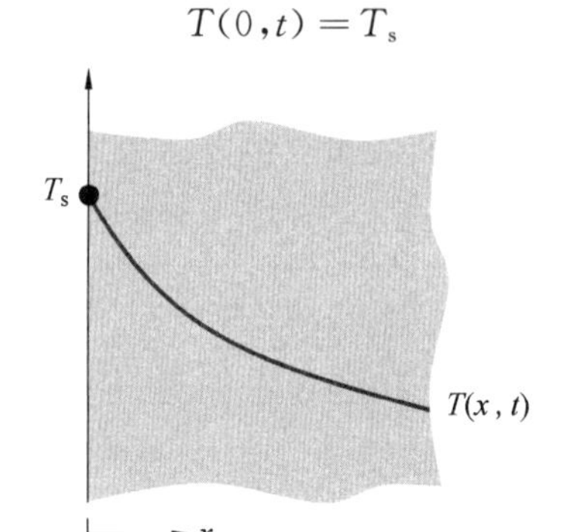

图5.3.1 导热的第一类边界条件示意图

也称为“狄拉克边界条件”。例如，当物体表面与熔融固体或沸腾的液体接触时，表面温度即为相变温度。

第二类边界条件（图5.3.2(a)）：表面处的热量扩散通量为常数 J_s。热量的扩散通量由傅立叶定律给出，即

$$-k\left.\frac{\partial T}{\partial x}\right|_{x=0}=J_s \tag{5.3.2}$$

当 $J_s=0$ 时，即为绝热边界条件或对称边界条件（图5.3.2(b)），

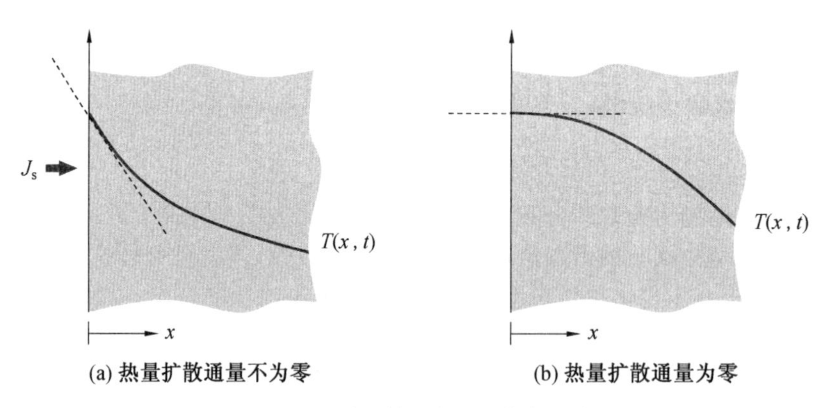

图5.3.2 导热的第二类边界条件示意图

$$-k\left.\frac{\partial T}{\partial x}\right|_{x=0}=0 \tag{5.3.3}$$

也称为“纽曼边界条件”。例如，表面与一定加热功率的热源（如电热丝、电热带、高能束等等）接触时，表面处的热量扩散通量为常数。

第三类边界条件(图 5.3.3):物体表面与外部流体之间存在对流换热。即表面处的热量扩散通量与对流换热通量相等,

$$-k\frac{\partial T}{\partial x}\bigg|_{x=0}=h[T_{\infty}-T(0,t)] \tag{5.3.4}$$

等式右侧即为对流换热通量。其中,h 为对流换热系数(单位:$W\cdot m^{-2}\cdot K^{-1}$),它的基本性质将在第 9 章对流换热中做详细讨论。

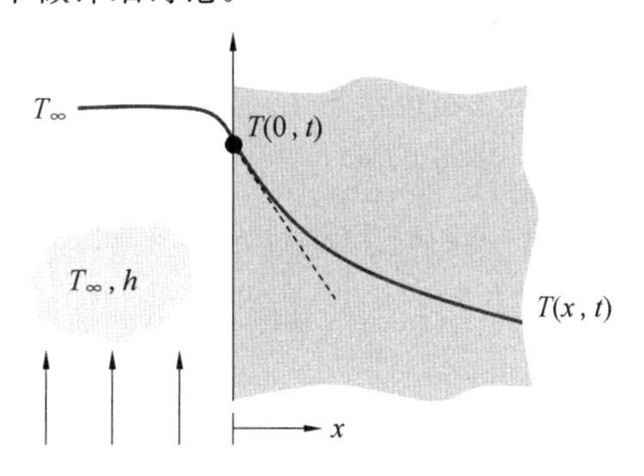

图 5.3.3 导热的第三类边界条件示意图

仔细观察式(5.3.4)不难发现,当 $h\to\infty$ 时,因热量扩散通量为有限大,所以有 $T(0,t)\to T_{\infty}$,即为第一类边界条件;当 $h\to 0$ 时,可得 $-k\partial T/\partial x|_{x=L}=0$,即为第二类边界条件的绝热边界条件。因此,第三类边界条件更具有一般性,常见于材料热加工过程,例如,炉壁与环境之间的对流换热,工件与炉内气氛之间的对流换热,工件与环境或淬火介质之间的对流换热,等等。

例 5.3.1 一个宽度为 w、厚度为 $L(L\ll w)$ 的无限长铜片贴附在一个温度恒为 T_0 的表面上,如图 5.3.4 所示,铜片的初始温度为 T_0,突然在铜片内施加电流密度 I,并且在铜片上表面以恒定的速度吹扫温度为 $T_{\infty}(T_{\infty}>T_0)$ 的空气,且铜片下表面温度恒定为 T_0。假设铜片内部的电流密度均匀分布,且铜片的电阻率 ρ_e、密度 ρ、等压热容 c_p、热导率 k 为常数,试写出铜片内部导热过程达到稳态时的能量守恒方程、边界条件及温度场的解析解。

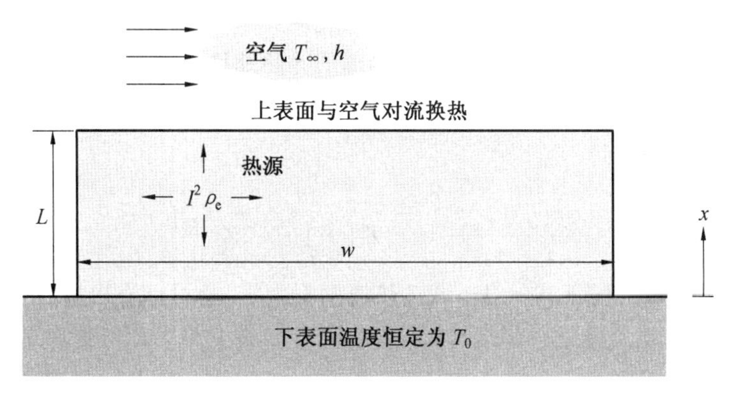

图 5.3.4 铜片内部的导热过程示意图

解 由于铜片厚度远远小于宽度,且铜片无限长,所以,其内部的导热过程可近似为

沿着厚度方向的导热，忽略温度在宽度方向和长度方向的变化，即 $T=T(x)$。因此，能量守恒方程为

$$\alpha\frac{\partial^2 T}{\partial x^2}+\frac{I^2\rho_e}{\rho c_p}=0$$

上式中含有关于 x 坐标的二阶导，因此需要给出温度 $T(x,t)$ 在 x 坐标轴上的2个边界条件。

在铜片下表面($x=0$)，其温度恒定为 T_0，属于第一类边界条件；在铜片上表面($x=L$)，与空气进行对流换热，属于第三类边界条件。表达式如下：

$$\begin{cases} T(0,t)=T_0 & (x=0) \\ -k\left.\dfrac{\partial T}{\partial x}\right|_{x=L}=h\left[T(L,t)-T_\infty\right] & (x=L) \end{cases}$$

根据上述3个方程，便可求解 $T(x,t)$ 的具体表达式。首先根据能量守恒方程，得出 $T(x)$ 的一般解为

$$T(x)=-\frac{I^2\rho_e}{k}x^2+C_1x+C_2$$

其中，C_1、C_2 为待定常数，可由2个边界条件求解得出，最终的表达式为

$$\frac{T(x)-T_0}{T_\infty-T_0}=-Z\left(\frac{x}{L}\right)^2+\left(Z\frac{2+Bi}{1+Bi}+\frac{Bi}{1+Bi}\right)\frac{x}{L}$$

可以看出，$T(x)$ 是一条经过 $T(0)=T_0$ 点、开口向下的抛物线。

上式中的 Bi 和 Z 为无量纲数，Bi 定义为

$$Bi\equiv\frac{hL}{k}$$

称之为毕渥数(Biot number)，可以理解为对流换热速度 h 与内部的导热速度 k/L 之比，或导热内阻 L/k 与对流换热外阻 $1/h$ 之比，其物理意义在下一章中详细介绍。

无量纲数 Z 定义为

$$Z\equiv\frac{I^2\rho_e L^2}{k(T_\infty-T_0)}$$

可以理解为产热速度 $I^2\rho_e L/(T_\infty-T_0)$ 与导热速度 k/L 之比。

当 $Bi\to 0$ 时，对流换热速度远远小于内部的导热速度，即

$$h\ll\frac{k}{L}$$

此时的温度场为

$$\frac{T(x)-T_0}{T_\infty-T_0}\approx -Z\left(\frac{x}{L}\right)^2+2Z\left(\frac{x}{L}\right)$$

若产热速度为零，则 $T(x)=T_0$；若产热速度不为零，则可以看出，温度的最大值出现在上表面，即 $x=L$ 处。可进一步得出 $\partial T/\partial x|_{x=L}=0$，转变为第二类边界条件的绝热边界条件。

当 $Bi\to\infty$ 时，对流换热速度远远大于内部的导热速度，

$$h\gg\frac{k}{L}$$

此时的温度场为

$$\frac{T(x)-T_0}{T_\infty-T_0}\approx -Z\left(\frac{x}{L}\right)^2+(Z+1)\frac{x}{L}$$

可以看出，在上表面处$(x=L)$，温度为$T(L)=T_\infty$，转变为第一类边界条件，但这并不意味着没有对流换热，因为此时的$h\to\infty$，对流换热通量可根据上表面处的温度梯度求得；温度的最大值出现在

$$\frac{x}{L}=\frac{1}{2}+\frac{1}{Z}$$

其具体位置取决于Z值。

当$Z\to\infty$时，即产热速度远远大于导热速度时，温度场近似为

$$\frac{T(x)-T_0}{T_\infty-T_0}\approx -Z\frac{x}{L}\frac{x-L}{L}$$

温度最大值出现在$x=L/2$处。

当$Z\to 0$时，即产热速度远远小于导热速度时，温度场近似为直线，

$$\frac{T(x)-T_0}{T_\infty-T_0}\approx\frac{x}{L}$$

温度最大值出现在$x=L$处。

不论Bi数值如何，若要求上表面处的温度与空气的温度相等，即对流换热为零，则需满足

$$Z=1$$

由上述分析可知，温度场的分布及上表面的边界条件取决于对流换热速度、导热速度、产热速度的竞争关系。

本章习题

5.1 稳态导热时，某板材内部的温度分布如图所示，

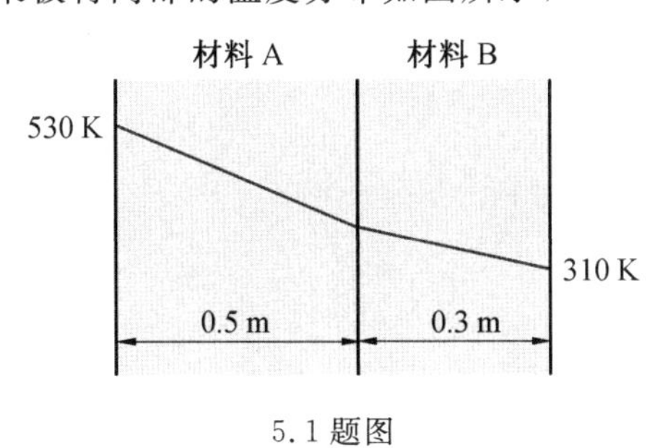

5.1 题图

已知材料 A 的热导率为 $52\ \mathrm{W\cdot m^{-1}\cdot K^{-1}}$，热量扩散通量为 $12.6\times10^3\ \mathrm{W\cdot m^{-2}}$，试求出材料 B 的热导率。

5.2 继续讨论例 5.2.1，若导线表面为第三类边界条件，并假设对流换热系数为常数，给出导线内部的温度场分布解析解。

5.3 某厚度为$2L$的平板在初始温度T_0置于温度为T_∞的热处理炉中加热，假设加

热过程中平板材料无相变，且热导率、对流换热系数等物理性质为常数，请写出加热过程中的能量守恒方程，并给出温度分布的初始条件和边界条件。

5.4 基于3.3节圆管内的层流，假设热导率等物理性质为常数，给出稳态流动时圆管内部流体的能量守恒方程。

5.5 基于例5.2.1，若电热丝表面温度未知，且已知环境温度 T_∞ 及电热丝表面的对流换热系数 h，请给出电热丝内部温度分布的表达式。

5.6 某液态金属在长方形管道内以稳态层流流动，如图所示，在 $z=0$ 处液态金属的温度为 T_0，管道的两个壁面为绝热条件，另外两个壁面温度恒定为 T_w（$T_w > T_0$），假设热导率等物理性质为常数，且忽略入口处层流发展段的影响，请写出液态金属内部温度场分布的能量守恒方程及其边界条件。

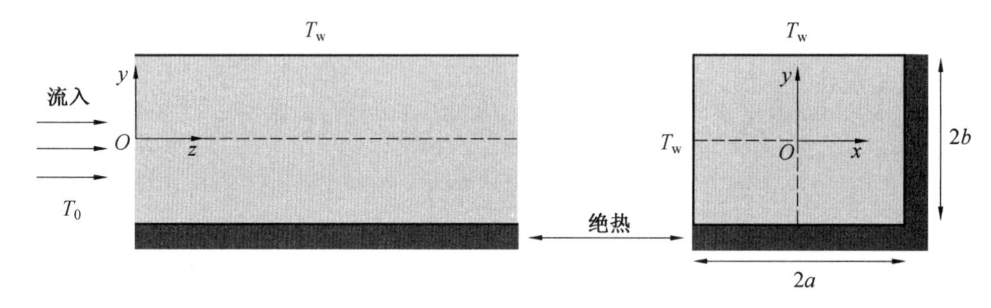

5.6题图

第 6 章　稳态导热

6.1　一维稳态导热

稳态导热指的是温度不随时间发生变化，即

$$\frac{\partial T}{\partial t}=0 \tag{6.1.1}$$

温度场为空间坐标的函数，且与时间无关，即

$$T=T(x,y,z) \tag{6.1.2}$$

在很多工程实践问题中，例如平板形、圆柱形、筒形件的稳态导热，其温度场分布具有特殊性：温度梯度只在一个坐标轴（假设为 x 轴）方向不为零，在其他两个坐标轴（假设为 y、z 轴）方向为零（即温度不随 y、z 坐标变化），即温度场只为单一坐标轴的函数，

$$T=T(x) \tag{6.1.3}$$

把这种导热称为一维稳态导热。在第 5 章中，已经接触到一维稳态导热的 3 个案例（例 5.1.1、例 5.2.1、例 5.3.1），解决此类问题的思路就是根据能量守恒方程及其两个边界条件求解温度场分布。本节将继续深入一维稳态导热的温度场分布及热量的扩散通量，并通过引入“热阻”的概念导出一维稳态导热过程的“等效电路模型”。

首先以平壁的稳态导热为例。试验表明，长度与宽度为厚度的 10 倍以上时，平壁边缘的影响可以忽略不计。这样的平壁导热可简化为一维导热。如图 6.1.1(a) 所示，面积为 A、厚度为 L 的无限大平壁左侧是温度为 $T_{\infty,1}$ 的高温流体，右侧是温度为 $T_{\infty,2}$ 的低温流体。热量首先以对流的形式从左侧的高温流体传输至平板左侧表面（温度为 $T_{s,1}$），再以导热的形式通过平板内部，最后又以对流的形式从平板右侧表面（温度为 $T_{s,2}$）传输至右侧流体。

平板内的温度场分布可以根据能量守恒方程及其边界条件求得。在一维稳态条件下的能量守恒方程为

$$-\frac{\mathrm{d}}{\mathrm{d}x}\left[-k\frac{\mathrm{d}T}{\mathrm{d}x}\right]=0 \tag{6.1.4}$$

可以看出，热量的扩散通量不随 x 变化，即为常数 C_1，

$$J_x=-k\frac{\mathrm{d}T}{\mathrm{d}x}=C_1 \tag{6.1.5}$$

假设热导率 k 与温度无关，根据上式得温度场分布的一般解为

$$T(x)=-\frac{C_1}{k}x+C_2 \tag{6.1.6}$$

其中，C_2 为常数。

为了得出 C_1 和 C_2 的具体值，需要结合两个边界条件，即

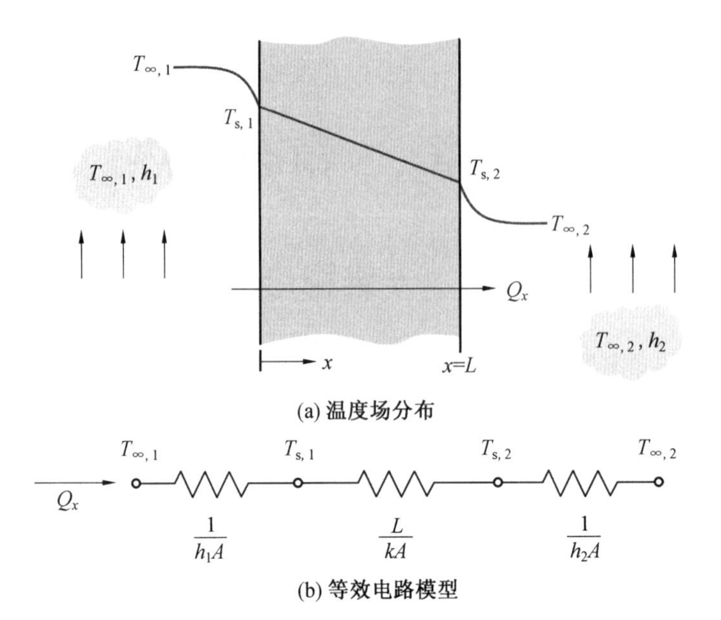

图 6.1.1　平板内的一维稳态导热

$$\begin{cases} T(0)=T_{s,1}, x=0 \\ T(L)=T_{s,2}, x=L \end{cases} \tag{6.1.7}$$

把 $x=0$ 处的边界条件代入式(6.1.6),解得

$$T_{s,1}=C_2 \tag{6.1.8}$$

类似地,根据 $x=L$ 处的边界条件,解得

$$-k\frac{T_{s,2}-T_{s,1}}{L}=C_1 \tag{6.1.9}$$

把式(6.1.8)、式(6.1.9)代入式(6.1.6),得出温度场分布,

$$T(x)=(T_{s,2}-T_{s,1})\frac{x}{L}+T_{s,1} \tag{6.1.10}$$

即为直线分布。需要注意的是,上式的使用条件除了一维稳态导热外,还需满足热导率为常数,且无热源的要求。根据上式求得热量的扩散通量为

$$J_x=-k\frac{T_{s,2}-T_{s,1}}{L} \tag{6.1.11}$$

假设平板的面积为 A,则根据热量的扩散通量可得热量的流量,即单位时间传导的热量,简称为热流,即

$$Q_x \equiv J_xA=\frac{T_{s,1}-T_{s,2}}{\dfrac{L}{kA}} \tag{6.1.12}$$

其单位是 $J\cdot s^{-1}$ 或 W。

观察式(6.1.12)不难发现:热流与温差的关系可以类比电流和电压的关系。如表6.1.1所示,热流的驱动力是温度差,而电流的驱动力是电压差;由式(6.1.12)可以看出,热流的大小正比于温度差的大小,由欧姆定律得出,电流的大小正比于电压差的大小;驱

动力与流通量之比为阻力，电流的阻力为电阻，而热流的阻力可定义为热阻，由式(6.1.12)可定义导热热阻为

$$R_k \equiv \frac{T_{s,1}-T_{s,2}}{Q_x}=\frac{L}{kA} \tag{6.1.13}$$

其单位是 $K \cdot W^{-1}$。类似地，用热阻表示左右两侧的对流换热边界条件，

$$Q_x=-Ak\left.\frac{\partial T}{\partial x}\right|_{x=0}=Ah_1(T_{\infty,1}-T_{s,1})=\frac{T_{\infty,1}-T_{s,1}}{\dfrac{1}{Ah_1}} \tag{6.1.14}$$

$$Q_x=-Ak\left.\frac{\partial T}{\partial x}\right|_{x=L}=Ah_2(T_{s,2}-T_{\infty,2})=\frac{T_{s,2}-T_{\infty,2}}{\dfrac{1}{Ah_2}} \tag{6.1.15}$$

表 6.1.1 热流与电流的类比

流量	驱动力	阻力 = 驱动力 / 流量
热流 Q	温度差 (T_1-T_2)	热阻 $R_k=\dfrac{T_1-T_2}{Q}$
电流 I	电压差 (U_1-U_2)	电阻 $R_e=\dfrac{U_1-U_2}{I}$

可见，两侧对流换热热阻为

$$R_{h,1}=\frac{1}{Ah_1} \tag{6.1.16}$$

$$R_{h,2}=\frac{1}{Ah_2} \tag{6.1.17}$$

根据等比定理，将式(6.1.12)、式(6.1.14)、式(6.1.15)联立得

$$Q_x=\frac{T_{\infty,1}-T_{s,1}}{R_{h,1}}=\frac{T_{s,1}-T_{s,2}}{R_k}=\frac{T_{s,2}-T_{\infty,2}}{R_{h,2}}=\frac{T_{\infty,1}-T_{\infty,2}}{R_{h,1}+R_k+R_{h,2}} \tag{6.1.18}$$

可以看出，$R_{h,1}$、R_k、$R_{h,2}$ 是串联关系，总热阻为

$$R_{tot}=R_{h,1}+R_k+R_{h,2}=\frac{1}{Ah_1}+\frac{L}{kA}+\frac{1}{Ah_2} \tag{6.1.19}$$

式(6.1.19)就是该平板一维稳态导热的“等效电路模型”，其示意图如图6.1.1(b)所示。有了等效电路模型，可以不必求解导热方程，直接根据热阻求解热流和界面温度。这为我们提供了另外一种分析导热过程的方法。

根据等效电路模型，可以直观上判断温度分布的规律。比如，在热阻较大的部分，其温差较大；相反，热阻较小的部分温差较小。把导热热阻与对流换热热阻之比称为毕渥数，即

$$Bi \equiv \frac{R_k}{R_h}=\frac{hL}{k} \tag{6.1.20}$$

Bi 是一个无量纲数。其数值越小，代表构件表面对流换热越困难，而内部导热越容易。根据式(6.1.18)可知平板内的温差与表面处的温差之比为

$$\frac{T_{s,1}-T_{s,2}}{T_{\infty,1}-T_{s,1}}=\frac{R_k}{R_{h,1}}=Bi \tag{6.1.21}$$

由上式可知，当 $Bi \to 0$ 时，温差主要集中在平板表面，而平板内的温差相对趋于零。可见，当毕渥数趋于零时，可以认为构件内部的温度场均匀分布。这一结论在非稳态导热的情况下依然成立，将在第 8 章中详细介绍。

从上面的分析可知，毕渥数的定义存在主观性。也就是说，工件内部的任意一个部分都可用来表示导热热阻，而工件单侧表面或双侧表面均可计为对流换热热阻。一般情况下，毕渥数的定义为

$$Bi = \frac{hL_c}{k} \tag{6.1.22}$$

其中，L_c 为工件的特征长度，其定义取决于导热热阻内温度场的对称性。

对于对称式分布的温度场，L_c 定义为

$$L_c \equiv \frac{V}{A_s} \tag{6.1.23}$$

其中，V 是工件的体积；A_s 是构件的总表面积。因此，对于无限大平板，特征长度为平板厚度的 1/2；对于无限长圆柱，特征长度为圆柱半径的 1/2；对于球体，特征长度为球体半径的 1/3。

对于非对称式温度场，L_c 定义为涵盖最大温差的最小尺度。例如，对于无限大平板，特征长度为平板厚度。

毕渥数在传热学的角度上定义了工件的厚度，因此也称为“厚度准数”。经验上，

$$Bi < 0.1 \tag{6.1.24}$$

的工件为薄件，可认为构件内的温度场均匀分布。

$$Bi > 10 \tag{6.1.25}$$

的工件为厚件，可忽略构件表面温差，即对流换热第三类边界条件可近似为表面温度恒定的第一类边界条件。

6.2 稳态导热等效电路模型的应用

等效电路模型可以用于分析更为复杂的一维稳态导热。如图 6.2.1 所示的三层平壁的稳态导热，已知平板面积为 A，各层厚度为 L_1、L_2、L_3，热导率为 k_1、k_2、k_3，左右两侧为对流换热环境，则根据对流换热的环境温度 $T_{\infty,1}$、$T_{\infty,2}$，可直接给出稳态导热的热流为

$$Q_x = \frac{T_{\infty,1} - T_{\infty,2}}{\dfrac{1}{h_1 A} + \dfrac{L_1}{k_1 A} + \dfrac{L_2}{k_2 A} + \dfrac{L_3}{k_3 A} + \dfrac{1}{h_2 A}} = \frac{T_{\infty,1} - T_{\infty,2}}{R_{h,1} + R_{k,1} + R_{k,2} + R_{k,3} + R_{h,2}} \tag{6.2.1}$$

总热阻为

$$R_{tot} = R_{h,1} + R_{k,1} + R_{k,2} + R_{k,3} + R_{h,2} = \frac{1}{h_1 A} + \frac{L_1}{k_1 A} + \frac{L_2}{k_2 A} + \frac{L_3}{k_3 A} + \frac{1}{h_2 A} \tag{6.2.2}$$

由热流 Q_x 及各层热阻可求得界面温度，即

$$\begin{cases} T_{s,1} = T_{\infty,1} - Q_x R_{h,1} \\ T_2 = T_{s,1} - Q_x R_{k,1} \\ T_3 = T_2 - Q_x R_{k,2} \\ T_{s,4} = T_3 - Q_x R_{k,3} \end{cases} \tag{6.2.3}$$

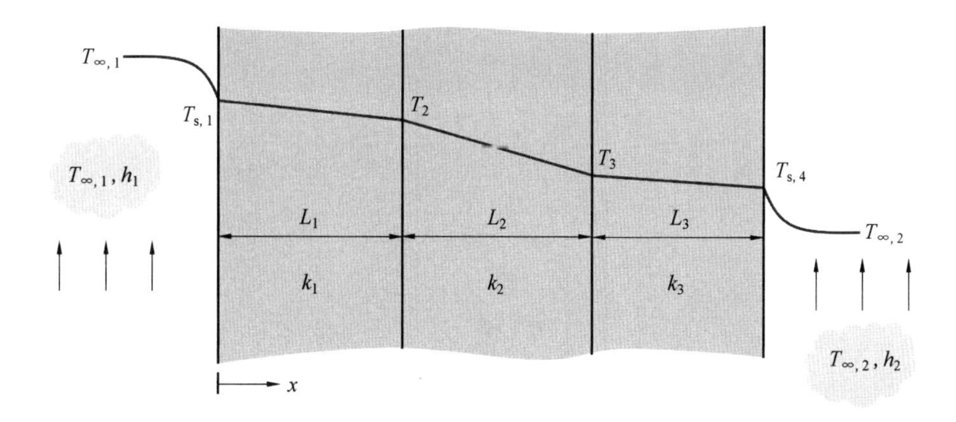

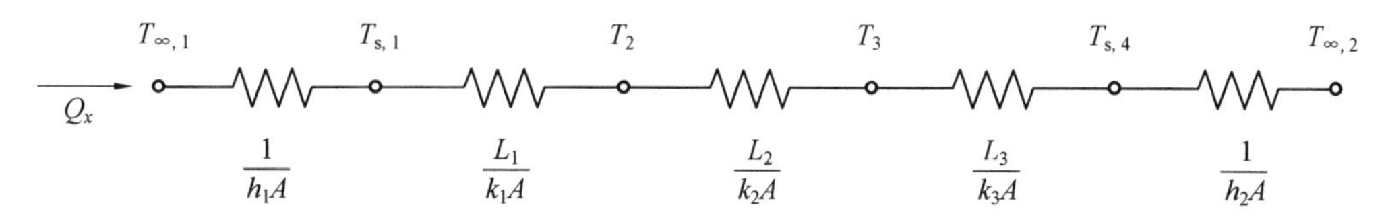

图 6.2.1 三层平壁稳态导热温度场分布与等效电路模型

一般情况下,若平壁由 n 层材料构成,稳态导热时的热流为

$$Q_x = \frac{T_{\infty,1} - T_{\infty,2}}{\dfrac{1}{h_1 A} + \displaystyle\sum_{i=1}^{n} \frac{L_i}{k_i A} + \dfrac{1}{h_2 A}} = \frac{T_{\infty,1} - T_{\infty,2}}{R_{h,1} + \displaystyle\sum_{i=1}^{n} R_{k,i} + R_{h,2}} \tag{6.2.4}$$

界面温度为

$$\begin{cases} T_{s,1} = T_{\infty,1} - Q_x R_{h,1} \\ T_2 = T_{s,1} - Q_x R_{k,1} \\ \vdots \\ T_i = T_{i-1} - Q_x R_{k,i-1} \\ \vdots \\ T_{s,n+1} = T_n - Q_x R_{k,n} \end{cases} \tag{6.2.5}$$

例 6.2.1 已知平壁炉墙由 115 mm 厚的轻质黏土砖与 230 mm 厚的硅藻土砖组成。黏土砖与硅藻土砖的热导率分别为

$$k_1 = 0.29 + 0.256 \times 10^{-3} \times T \quad (\mathrm{W \cdot m^{-1} \cdot K^{-1}})$$

$$k_2 = 0.105 + 0.23 \times 10^{-3} \times T \quad (\mathrm{W \cdot m^{-1} \cdot K^{-1}})$$

式中,T 为摄氏温度。若炉墙内壁温度为 950 ℃,外壁温度为 50 ℃,求 1 $\mathrm{m^2}$ 炉墙面积上的热流损失及界面温度。

解 根据题意给出黏土砖与硅藻土砖两层平板内的温度场示意图和等效电路图,如图 6.2.2 所示。

需要注意的是,热导率随温度变化。工程上,通常用平板两侧界面的平均温度估算平板的平均热导率。因此,需要先假设黏土砖与硅藻土砖的界面温度 T_2。假设 $T_2 =$ 720 ℃,得出黏土砖和硅藻土砖的平均热导率分别为

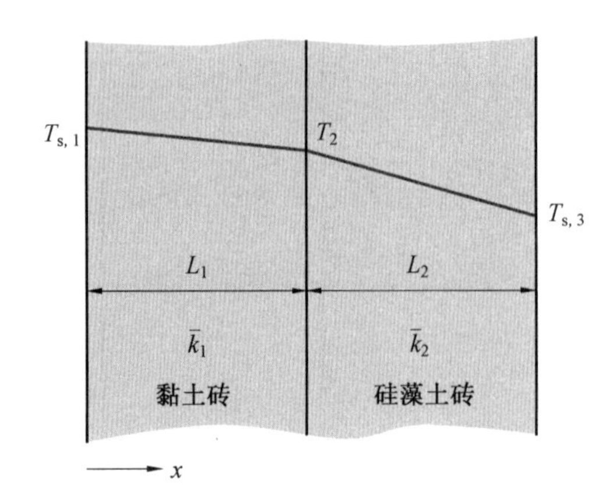

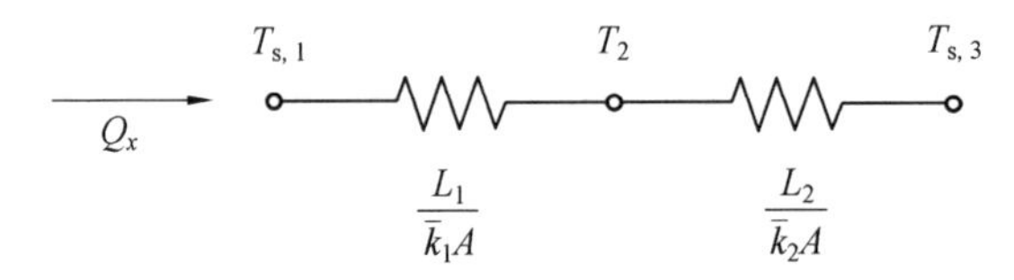

图 6.2.2　例 6.2.1 题图 1

$$\bar{k}_1 = 0.29 + 0.256 \times 10^{-3} \times \frac{950 + 720}{2} = 0.504\ (\mathrm{W \cdot m^{-1} \cdot K^{-1}})$$

$$\bar{k}_2 = 0.105 + 0.23 \times 10^{-3} \times \frac{720 + 50}{2} = 0.194\ (\mathrm{W \cdot m^{-1} \cdot K^{-1}})$$

计算热流为

$$Q_x = \frac{T_{s,1} - T_{s,3}}{R_{k,1} + R_{k,2}} = \frac{T_{s,1} - T_{s,3}}{\frac{L_1}{\bar{k}_1 A} + \frac{L_1}{\bar{k}_2 A}} = \frac{950 - 50}{\frac{0.115}{0.504} + \frac{0.230}{0.194}} = 637\ (\mathrm{W \cdot m^{-2}})$$

根据上式计算界面温度为

$$T_2 = T_{s,1} - Q_x R_{k,1} = 950 - 637 \times \frac{0.115}{0.504} = 804.7\ (℃)$$

检验 T_2 的相对误差，得

$$\left| \frac{805 - 870}{805} \right| \times 100\% = 10.5\% > 5\%$$

误差较大，需要重新假设界面温度，假设 $T_2 = 805$ ℃，重新计算得

$$\bar{k}_1 = 0.29 + 0.256 \times 10^{-3} \times \frac{950 + 805}{2} = 0.515\ (\mathrm{W \cdot m^{-1} \cdot K^{-1}})$$

$$\bar{k}_2 = 0.105 + 0.23 \times 10^{-3} \times \frac{805 + 50}{2} = 0.203\ (\mathrm{W \cdot m^{-1} \cdot K^{-1}})$$

$$Q_x = \frac{T_{s,1} - T_{s,3}}{R_{k,1} + R_{k,2}} = \frac{T_{s,1} - T_{s,3}}{\frac{L_1}{\bar{k}_1 A} + \frac{L_1}{\bar{k}_2 A}} = \frac{950 - 50}{\frac{0.115}{0.515} + \frac{0.230}{0.203}} = 664\ (\mathrm{W \cdot m^{-2}})$$

$$T_2 = T_{s,1} - Q_x R_{k,1} = 950 - 664 \times \frac{0.115}{0.515} = 802\ (℃)$$

检验 T_2 的相对误差，得

$$\left|\frac{802-805}{802}\right|\times 100\%=0.37\%<5\%$$

满足精度要求，最终得到热流损失为 664 W·m^{-2}，界面温度为 802 ℃。

上述计算采用了反复迭代等效电路的方法。若一直迭代下去，T_2 的相对误差将越来越小。该方法可以推广至 n 层平板的稳态导热计算，其流程如图 6.2.3 所示。

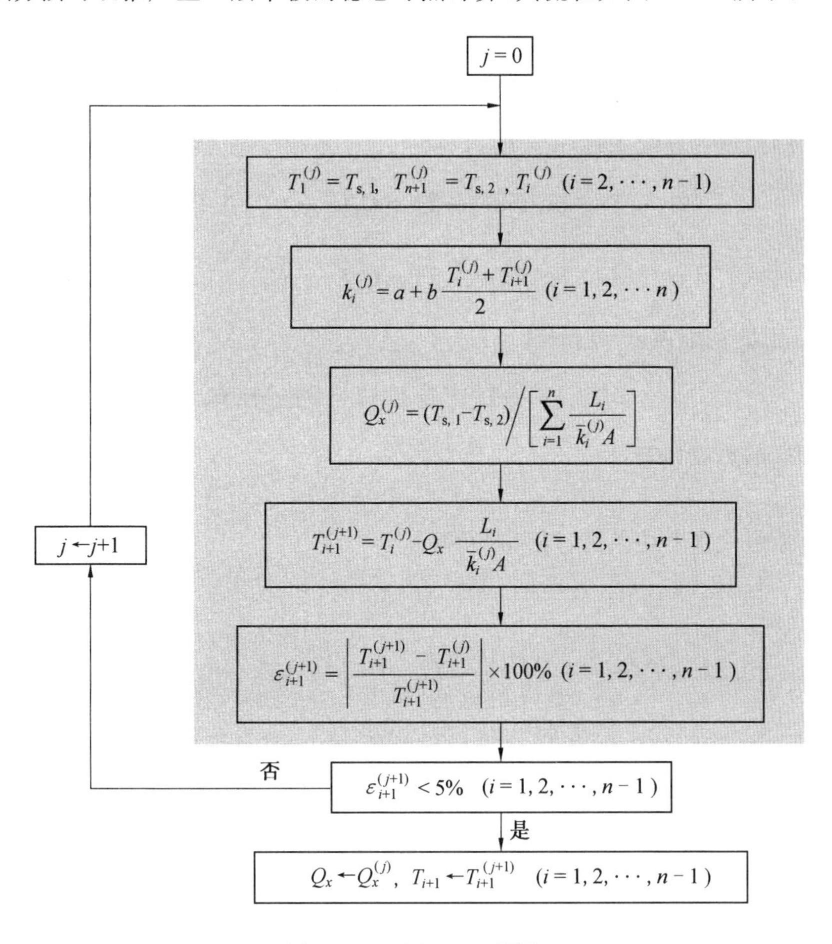

图 6.2.3 例 6.2.1 题图 2

需要注意的是，由于上述过程采用平均热导率计算界面温度，其结果仍然为近似解。为了验证近似解的精度，不妨把近似解与精确解做一下比较。此例中的温度场分布是可以精确求解的。根据热导率与温度的线性关系，

$$k=a+bT$$

由式(6.1.4)可得黏土砖的导热方程为

$$-\frac{\mathrm{d}}{\mathrm{d}x}\left[-(a_1+b_1T)\frac{\mathrm{d}T}{\mathrm{d}x}\right]=0$$

其一般解为

$$a_1 T + \frac{b_1}{2} T^2 = C_1 x + C_2$$

类似地，可得硅藻土砖内部的温度分布为

$$a_2 T + \frac{b_2}{2} T^2 = C_3 x + C_4$$

其中，C_1，C_2，C_3，C_4 为常数。温度分布满足以下条件：

左侧壁面边界条件（$x=0$）：

$$a_1 T_{s,1} + \frac{b_1}{2} T_{s,1}^2 = C_2$$

中间界面温度的连续条件（$x=L_1$）：

$$\begin{cases} a_1 T_2 + \frac{b_1}{2} T_2^2 = C_1 L_1 + C_2 \\ a_2 T_2 + \frac{b_2}{2} T_2^2 = C_3 L_1 + C_4 \end{cases}$$

右侧壁面边界条件（$x=L_1+L_2$）：

$$a_2 T_{s,2} + \frac{b_2}{2} T_{s,2}{}^2 = C_3 (L_1 + L_2) + C_4$$

左右两层的热流相等：

$$C_1 = C_3$$

把具体数值代入上述条件，得到方程组

$$\begin{cases} 0.29 \times 950 + \frac{0.256 \times 10^{-3}}{2} \times 950^2 = C_2 & (1) \\ 0.29 \times T_2 + \frac{0.256 \times 10^{-3}}{2} T_2^2 = C_1 \times 0.115 + C_2 & (2) \\ 0.105 \times T_2 + \frac{0.23 \times 10^{-3}}{2} T_2^2 = C_3 \times 0.115 + C_4 & (3) \\ 0.105 \times 50 + \frac{0.23 \times 10^{-3}}{2} \times 50^2 = C_3 (0.115 + 0.230) + C_4 & (4) \\ C_1 = C_3 & (5) \end{cases}$$

由式(1) 可得 $C_2 = 391\ \mathrm{W \cdot m^{-1}}$；由式(5) 及式(3)－(2) 可知

$$C_4 = 391 - 0.185 \times T_2 - \frac{0.026 \times 10^{-3}}{2} T_2^2$$

由式(2)－(1) 得

$$C_1 = C_3 = 2.522 \times T_2 + 1.113 \times 10^{-3} \times T_2^2 - 3\ 400$$

将 C_3、C_4 代入式(4) 中，

$$3.71 \times 10^{-4} \times T_2^2 + 0.685 \times T_2 - 787.54 = 0$$

解得

$$T_2 = \frac{-0.685 + \sqrt{0.685^2 + 4 \times 3.71 \times 10^{-4} \times 787.54}}{2 \times 3.71 \times 10^{-4}} = 802\ (℃)$$

与近似解一致，这验证了近似解的准确性。根据 T_2 的数值，得出

$$C_4 = 391 - 0.185 \times 802 - \frac{0.026 \times 10^{-3}}{2} \times 802^2 = 234\ (\mathrm{W \cdot m^{-1}})$$

热流为

$$Q_x = -C_1 = -C_3 = 3\,400 - 2.522 \times T_2 - 1.113 \times 10^{-3} \times T_2^2 = 661\ (\mathrm{W \cdot m^{-2}})$$

与近似解 664 $\mathrm{W \cdot m^{-2}}$ 很接近，相对误差为0.5%，满足精度要求。根据求解的 C_1、C_2、C_3、C_4 的数值，得出温度场分布的精确解为

$$\begin{cases} 0.29T + \dfrac{0.256 \times 10^{-3}}{2}T^2 = -661x + 391, & 0\ \mathrm{m} \leqslant x \leqslant 0.115\ \mathrm{m} \\ 0.105T + \dfrac{0.23 \times 10^{-3}}{2}T^2 = -661x + 234, & 0.115\ \mathrm{m} \leqslant x \leqslant 0.345\ \mathrm{m} \end{cases}$$

图 6.2.4 给出了等效电路模型的近似解与精确解的对比。可以看出，在硅藻土砖内部的温度分布有较大的差别。通过改进等效电路模型，可以减小这一差别。例如，可以把硅藻土砖分为 2 层，引入一个新的"界面"，等效电路由 3 个导热热阻串联而成，可以计算获得 2 个界面温度；若把硅藻土砖分为 n 层，则引入了$(n-1)$个"界面"，等效电路由$(n+1)$个导热热阻串联而成，可以计算获得 n 个界面温度，会更加贴近精确解。读者可自行尝试。

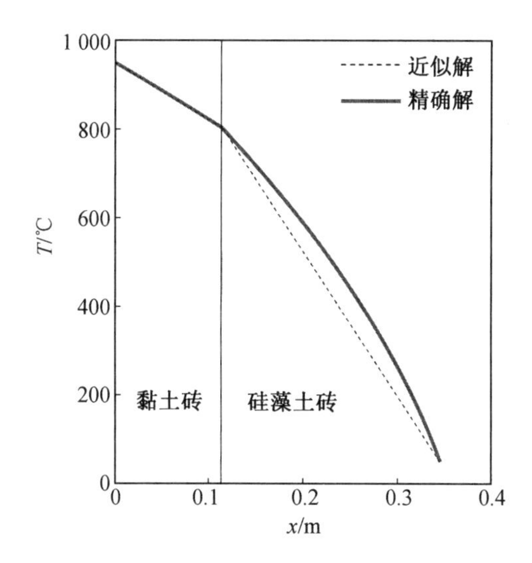

图 6.2.4 等效电路模型的近似解与精确解的对比

在多层平壁中，除了有导热热阻和对流热阻之外，还有界面接触热阻。当两个界面接触时，由于界面的粗糙度、界面之间的介质、接触压力等因素的作用，会产生界面接触热阻。一般而言，对于耐火材料组成的多层平壁而言，由于导热热阻很大，可以忽略界面接触热阻；而对于金属材料组成的多层平壁而言，需要考虑界面热阻的影响。但这并不绝对，需要根据具体情况做试验验证。

圆柱形或筒形件的稳态导热也可采用热阻及其等效电路的方法研究。若采用柱坐标(r,θ,z)，由式(5.2.5)、式(1.4.4)、式(1.4.8)得其稳态导热方程为

$$\frac{1}{r}\frac{\mathrm{d}}{\mathrm{d}r}\left(rk\frac{\mathrm{d}T}{\mathrm{d}r}\right) + \frac{1}{r^2}\frac{\partial^2 T}{\partial \theta^2} + \frac{\partial^2 T}{\partial z^2} = 0 \tag{6.2.6}$$

如图6.2.5所示，在内径为r_1、外径为r_2、长度为L的筒形件内外两侧为对流换热，并且导热只在径向上进行，得其一维稳态导热方程为

$$\frac{1}{r}\frac{\mathrm{d}}{\mathrm{d}r}\left(rk\frac{\mathrm{d}T}{\mathrm{d}r}\right)=0 \tag{6.2.7}$$

若热导率k为常数，根据内壁温度$T_{s,1}$和外壁温度$T_{s,2}$的边界条件，得其温度场分布为

$$T(r)=(T_{s,1}-T_{s,2})\frac{\ln(r/r_2)}{\ln(r_1/r_2)}+T_{s,2} \tag{6.2.8}$$

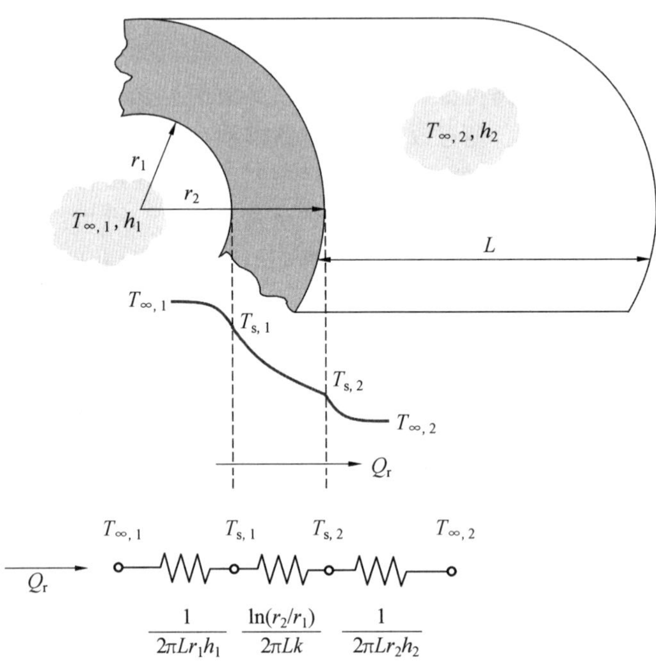

图6.2.5 筒形板内的一维稳态导热温度场分布与等效电路模型

由此可知径向上的热流为

$$Q_r=2\pi rL\left(-k\frac{\partial T}{\partial r}\right)=\frac{T_{s,1}-T_{s,2}}{\frac{\ln(r_2/r_1)}{2\pi Lk}} \tag{6.2.9}$$

从而得导热热阻、内壁和外壁的对流热阻，分别为

$$R_k=\frac{\ln(r_2/r_1)}{2\pi Lk} \tag{6.2.10}$$

$$R_{h,1}=\frac{1}{2\pi Lr_1h_1} \tag{6.2.11}$$

$$R_{h,2}=\frac{1}{2\pi Lr_2h_2} \tag{6.2.12}$$

如图6.2.5所示，其总热阻的等效电路模型为

$$R_{\text{tot}}=R_{h,1}+R_k+R_{h,2} \tag{6.2.13}$$

热流可由内壁和外壁的对流环境温差表示为

$$Q_r = \frac{T_{s,1} - T_{s,2}}{\dfrac{1}{2\pi L r_1 h_1} + \dfrac{\ln(r_2/r_1)}{2\pi L k} + \dfrac{1}{2\pi L r_2 h_2}} \tag{6.2.14}$$

观察上式可知，当增大 r_2 时，厚度增加使导热热阻升高，而外壁表面积增加使外壁的对流热阻降低。因此，存在一个特征半径 r_c：当 $r_2 < r_c$ 时，总热阻随 r_2 增加而降低；当 $r_2 > r_c$ 时，总热阻随 r_2 增加而升高；当 $r_2 = r_c$ 时，总热阻最小，此时，

$$\left.\frac{dQ_r}{dr_2}\right|_{r_2=r_c} = \frac{-2\pi L(T_{s,1} - T_{s,2})}{\left(\dfrac{1}{r_1 h_1} + \dfrac{\ln(r_2/r_1)}{k} + \dfrac{1}{r_2 h_2}\right)^2}\left(\frac{1}{kr_2} - \frac{1}{h_2 r_2^2}\right) = 0 \tag{6.2.15}$$

由上式求得

$$r_c = \frac{k}{h_2} \tag{6.2.16}$$

式(6.2.16)可用于导线绝缘层、换热器管束、热电偶保护套管、电热元件辐射管等优化设计，降低热阻，提升加热、冷却效率。式(6.2.16)对于管式炉炉壁的设计也有指导意义。例如，空气的自然对流换热系数为 $h_2 \approx 10\ \mathrm{W \cdot m^{-2} \cdot K^{-1}}$，炉壁保温材料的热导率要求 $k < 0.25\ \mathrm{W \cdot m^{-1} \cdot K^{-1}}$，由此可知特征半径 $r_c < 2.5\ \mathrm{cm}$。这一数值相对于管式炉的尺寸而言可以忽略不计。因此，炉墙越厚，热流损失就越小。但是，炉墙太厚势必增加炉墙的蓄热，导致升温过程中的热损失增加，降低热处理炉的加热效率。

6.3 二维稳态导热

当稳态导热的温度场 $T(x, y, z)$ 只在两个坐标维度上变化，而在另一个坐标维度上不发生变化时，即为二维稳态导热。以半无限大平板的二维稳态导热为例，如图 6.3.1 所示，平板厚度为 L，宽度为 W，且 $W \gg L$，长度为无穷大；平板左侧与恒温热源接触(温度恒定为 T_1)，其余表面与外界进行快速对流换热，温度恒定为 T_0($T_0 < T_1$)。可见，热量通过 $y=0$ 面进入平板，在平板内扩散，最终在其余表面处流入周围环境；由于 $W \gg L$，可以忽略 $z=0$、$z=W$ 面的对流换热，假设 $\partial T/\partial z = 0$，温度场可表示为 $T(x, y)$。

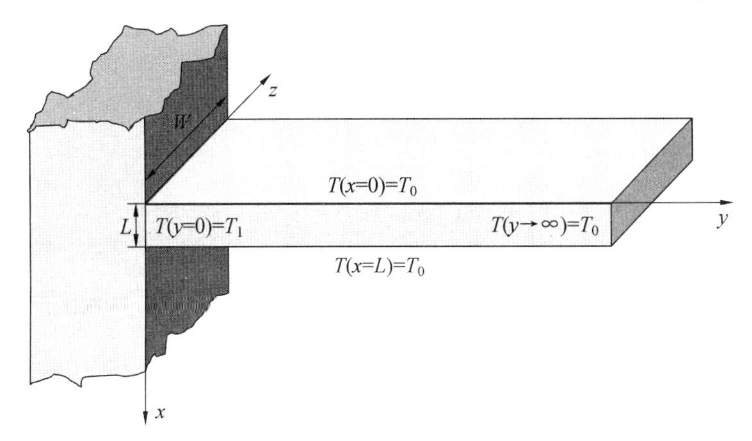

图 6.3.1 半无限大平板的二维稳态导热边界条件示意图

假设平板的热导率为常数，根据式(5.2.13)得导热方程为

$$\frac{\partial^2 T}{\partial x^2}+\frac{\partial^2 T}{\partial y^2}=0 \tag{6.3.1}$$

边界条件为

$$\begin{cases} T(x,y=0)=T_1 \\ T(x,y=\infty)=T_0 \\ T(x=0,y)=T_0 \\ T(x=L,y)=T_0 \end{cases} \tag{6.3.2}$$

定义温度准数为

$$\theta \equiv \frac{T(x,y)-T_0}{T_1-T_0} \tag{6.3.3}$$

则式(6.3.1)、式(6.3.2)可用θ表示为

$$\frac{\partial^2 \theta}{\partial x^2}+\frac{\partial^2 \theta}{\partial y^2}=0 \tag{6.3.4}$$

$$\begin{cases} \theta(x,y=0)=1 \\ \theta(x,y=\infty)=0 \\ \theta(x=0,y)=0 \\ \theta(x=L,y)=0 \end{cases} \tag{6.3.5}$$

可用“分离变量法”对其求解，令

$$\theta(x,y)=X(x)Y(y) \tag{6.3.6}$$

代入式(6.3.4)可得

$$Y\frac{\mathrm{d}^2 X}{\mathrm{d}x^2}+X\frac{\mathrm{d}^2 Y}{\mathrm{d}y^2}=0 \tag{6.3.7}$$

分离变量得

$$\frac{1}{Y}\frac{\mathrm{d}^2 Y}{\mathrm{d}y^2}=-\frac{1}{X}\frac{\mathrm{d}^2 X}{\mathrm{d}x^2} \tag{6.3.8}$$

上式左端与x无关，右端与y无关，因此必是常数，假设此常数为λ^2，则有

$$\frac{\mathrm{d}^2 X}{\mathrm{d}x^2}+\lambda^2 X=0 \tag{6.3.9}$$

$$\frac{\mathrm{d}^2 Y}{\mathrm{d}y^2}-\lambda^2 Y=0 \tag{6.3.10}$$

通解为

$$X(x)=C_1\cos(\lambda x)+C_2\sin(\lambda x) \tag{6.3.11}$$

$$Y(y)=C_3\exp(\lambda y)+C_4\exp(-\lambda y) \tag{6.3.12}$$

根据边界条件$\theta(x=0,y)=0$和$\theta(x=L,y)=0$得

$$X(0)=C_1\cos(0)+C_2\sin(0)=C_1=0 \tag{6.3.13}$$

$$X(L)=C_1\cos(\lambda L)+C_2\sin(\lambda L)=C_2\sin(\lambda L)=0 \tag{6.3.14}$$

由式(6.3.14)可见，C_2不应为零，只能是$\sin(\lambda L)=0$，即

$$\lambda=\frac{n\pi}{L}\quad (n=1,2,\cdots,\infty) \tag{6.3.15}$$

即有

$$X(x)=C_2\sin\left(n\pi\frac{x}{L}\right) \tag{6.3.16}$$

根据边界条件 $\theta(x,y\to\infty)=0$ 得

$$Y(\infty)=C_3\exp\left(n\pi\frac{\infty}{L}\right)+C_4\exp\left(-n\pi\frac{\infty}{L}\right)=C_3\exp\left(n\pi\frac{\infty}{L}\right)=0 \tag{6.3.17}$$

因此可知

$$C_3=0 \tag{6.3.18}$$

即有

$$Y(y)=C_4\exp\left(-n\pi\frac{y}{L}\right) \tag{6.3.19}$$

可见，随着 λ 的取值变化，可以有无穷多组 θ 解满足上述 3 个边界条件，即

$$\theta_n=C_2C_4\exp\left(-n\pi\frac{y}{L}\right)\sin\left(n\pi\frac{x}{L}\right) \tag{6.3.20}$$

因此，θ_n 的线性组合也满足以上 3 个边界条件，

$$\theta=\sum_{n=1}^{\infty}C_n\exp\left(-n\pi\frac{y}{L}\right)\sin\left(n\pi\frac{x}{L}\right) \tag{6.3.21}$$

根据边界条件 $\theta(x,y=0)=1$ 得

$$\theta(x,0)=\sum_{n=1}^{\infty}C_n\sin\left(n\pi\frac{x}{L}\right)=1 \tag{6.3.22}$$

系数 C_n 可以根据傅立叶变换公式求得，即

$$C_n=\frac{\int_0^L\sin(n\pi x/L)\cdot 1\mathrm{d}x}{\int_0^L\sin^2(n\pi x/L)\,\mathrm{d}x}=\frac{2[1-(-1)^n]}{n\pi} \tag{6.3.23}$$

最终得出

$$\theta(x,y)=\sum_{n=1}^{\infty}\frac{2[1-(-1)^n]}{n\pi}\exp\left(-n\pi\frac{y}{L}\right)\sin\left(n\pi\frac{x}{L}\right) \tag{6.3.24}$$

上式即为温度场的级数解。结合图 6.3.2 给出的温度场分布(取级数解前 1 000 项绘制而成)可以看出，当 $y/L\gg1$ 时，$\theta(x,y)$ 趋于 0，此时的温度场可由式(6.3.24) 中的第一项($n=1$) 近似求解，

$$\theta(x,y)\approx\frac{4}{\pi}\exp\left(-\pi\frac{y}{L}\right)\sin\left(\pi\frac{x}{L}\right) \tag{6.3.25}$$

然而，当 $y/L\leqslant1$ 时，必须考虑式(6.3.24) 中 $n>1$ 项的贡献。根据温度场分布的级数解，或许可以计算出 $y=0$ 壁面上的热量扩散通量，

$$J_y=-k(T_1-T_0)\left.\frac{\partial\theta}{\partial y}\right|_{y=0}=k\frac{(T_1-T_0)}{L}\sum_{n=1}^{\infty}2[1-(-1)^n]\sin\left(n\pi\frac{x}{L}\right) \tag{6.3.26}$$

不幸的是，上式并不收敛。如图 6.3.3 所示，在不同厚度处求得的热量的扩散通量随级数项数量 N 的增加并没有收敛，且出现周期震荡。

一般而言，级数解不能保证其在边界上的梯度收敛。如何才能准确计算出热量的扩

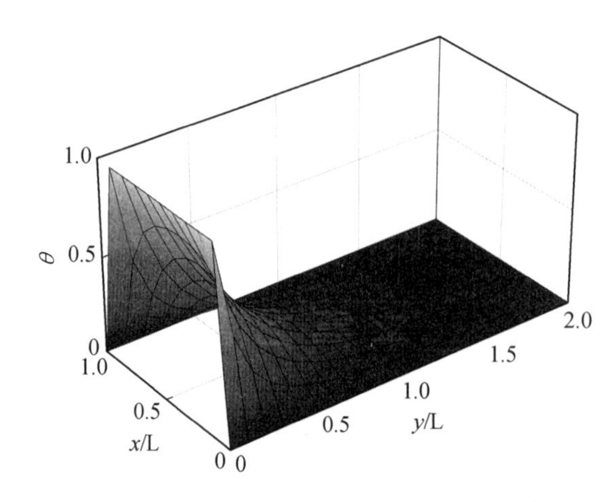

图 6.3.2 半无限大平板的二维稳态导热温度场分布

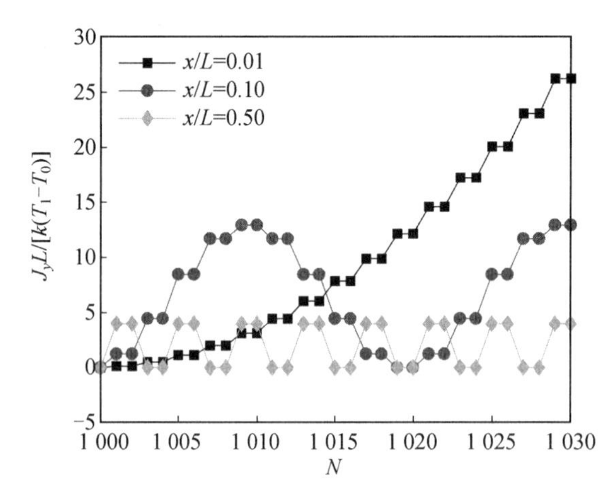

图 6.3.3 由温度场级数解求得 $y=0$ 边界上热量扩散通量随级数项数量的变化

散通量呢？我们希望能得到解析解。观察式(6.3.24)，并应用欧拉公式，不难发现其加和项可表示为

$$\exp\left(-n\pi\frac{y}{L}\right)\sin\left(n\pi\frac{x}{L}\right)=\mathrm{Im}\left\{\exp\left[\mathrm{i}\frac{n\pi}{L}(x+\mathrm{i}y)\right]\right\} \tag{6.3.27}$$

定义

$$\omega\equiv\exp\left[\mathrm{i}\frac{\pi}{L}(x+\mathrm{i}y)\right] \tag{6.3.28}$$

式(6.3.27)可以表示为

$$\exp\left(-n\pi\frac{y}{L}\right)\sin\left(n\pi\frac{x}{L}\right)=\mathrm{Im}\{\omega^n\} \tag{6.3.29}$$

代入式(6.3.24)可得

$$\theta(\omega)=\frac{2}{\pi}\mathrm{Im}\left\{\sum_{n=1}^{\infty}\frac{1}{n}\omega^n+\sum_{n=1}^{\infty}\frac{(-1)^{n+1}}{n}\omega^n\right\} \tag{6.3.30}$$

上式级数和的解析表达式为

$$\theta(\omega)=\frac{2}{\pi}\operatorname{Im}\left\{\ln\left(\frac{1+\omega}{1-\omega}\right)\right\}=\frac{2}{\pi}\arg\left\{\frac{1+\omega}{1-\omega}\right\}=\frac{2}{\pi}\arctan\frac{\operatorname{Im}\left\{\frac{1+\omega}{1-\omega}\right\}}{\operatorname{Re}\left\{\frac{1+\omega}{1-\omega}\right\}}\tag{6.3.31}$$

最终整理得

$$\theta(x,y)=\frac{2}{\pi}\arctan\left[\frac{2\exp(-\pi y/L)\sin(\pi x/L)}{1-\exp(-2\pi y/L)}\right]\tag{6.3.32}$$

可以验证，上式满足边界条件(6.3.5)。例如，当 $y=0$ 时，上式为

$$\theta(x,0)=\frac{2}{\pi}\arctan[\infty]=1\tag{6.3.33}$$

根据式(6.3.32)可计算 $y=0$ 边界上的热量扩散流量为

$$J_y=-k(T_1-T_0)\left.\frac{\partial\theta}{\partial y}\right|_{y=0}=k\frac{(T_1-T_0)}{L}\frac{2}{\sin(\pi x/L)}\tag{6.3.34}$$

其图像如图 6.3.4 所示。

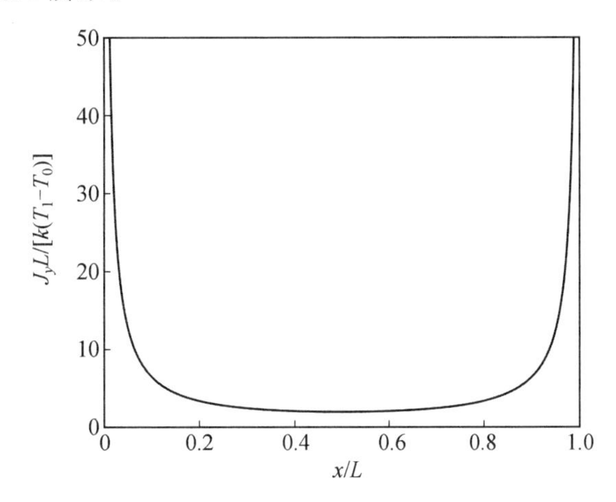

图 6.3.4 由温度场解析解求得的 $y=0$ 边界上热量扩散通量的分布

可以看出，在 $x=0$ 和 $x=L$ 边界处，热量的扩散通量趋于无穷大。这是由于在(0,0)、(L,0)处的边界条件没有合理定义所致。也就是说，根据边界条件，这两点的温度既为 T_1 又为 T_0。这在实际情况中是不可能的。通过在平板上下表面施加第三类边界条件可以解决这一问题，读者可自行尝试。

本章习题

6.1 平壁炉墙由三层耐火材料组成，表示为炉内—A层—B层—C层—炉外，已知A层、B层、C层的厚度分别为 0.30 m、0.15 m、0.15 m，A层和C层的热导率分别为 20 $\mathrm{W\cdot m^{-1}\cdot K^{-1}}$、50 $\mathrm{W\cdot m^{-1}\cdot K^{-1}}$。在稳态导热时，测量炉外壁面温度为 20 ℃，炉内气氛温度为 600 ℃，炉壁内侧的对流换热系数为 25 $\mathrm{W\cdot m^{-2}\cdot K^{-1}}$，试求出稳态导热的等效电路模型及B层的热导率。

6.2 已知电阻炉的炉墙采用硅藻土耐火砖砌成，炉墙厚度为 134 mm，已知炉墙内

表面的温度为 1 073 K，炉墙外表面的温度为 300 K，硅藻土耐火砖的热导率与温度的变化关系如图所示，试给出等效电路模型，并计算炉墙内部的温度分布和单位时间通过单位面积炉墙表面损失的热量。

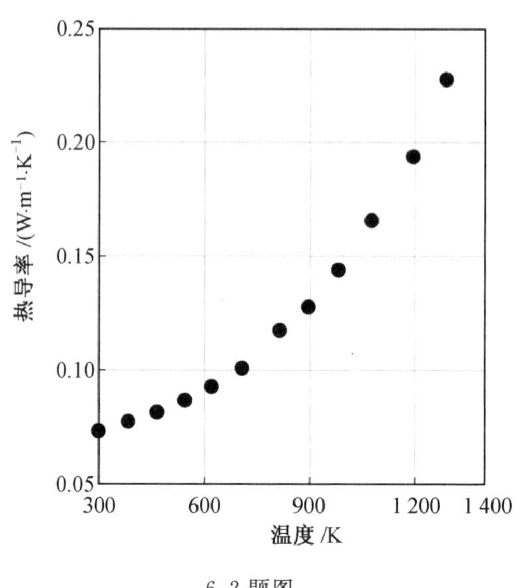

6.2 题图

6.3 已知芯片与铝基体之间通过环氧树脂胶连组成一个无限大平板，如图所示，平板上下表面与空气进行对流换热。已知对流换热系数为 100 $W \cdot m^{-2} \cdot K^{-1}$，环氧树脂和铝的热导率分别为 2.2 $W \cdot m^{-1} \cdot K^{-1}$、239 $W \cdot m^{-1} \cdot K^{-1}$。假设芯片的热导率很大，可以忽略它的导热热阻，且以 10^4 $W \cdot m^{-2}$ 的功率放热，给出稳态导热过程的等效电路模型，并验证芯片温度是否超过 85 ℃ 最高耐受温度。

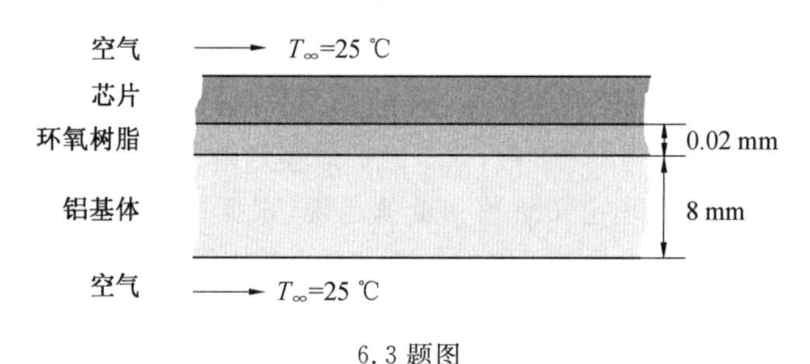

6.3 题图

6.4 散热片的几何形状如图所示，厚度为 L，长度为 δ，宽度为 $W \to \infty$，散热片左侧与恒温热源接触(温度为 T_1)，上下表面暴露在空气(温度为 T_∞)中，对流换热系数恒定为 h，右侧表面为绝热边界条件。请解答以下问题：

(1) 写出稳态导热时的导热方程及其边界条件。

(2) 应用分离变量法给出温度场分布的级数解。

(3) 检验级数解在左侧边界及上表面处的热量扩散流量的收敛性。

(4) 求单位时间内恒温热源向单位宽度散热片传导的热量。

6.5 金属带材以一定的速度 V 经过热挤压模具，厚度变为 L，且在模具出口处($x =$

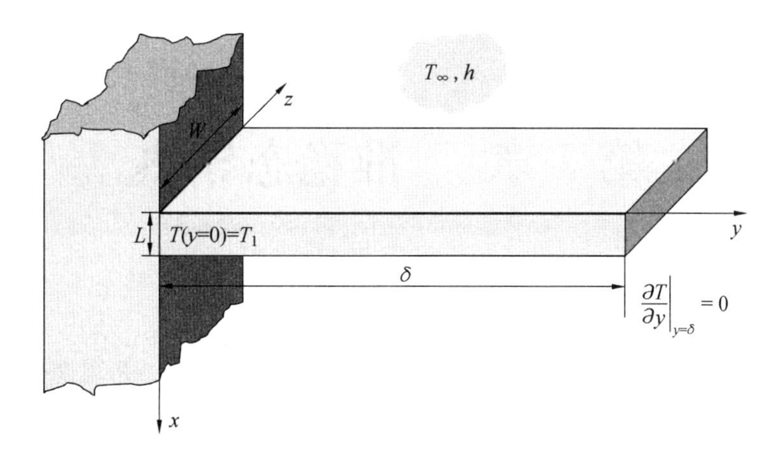

6.4 题图

0）的温度恒定为 T_1，之后在空气环境中（空气温度为 T_0）经过很长的距离（$x \to \infty$）达到卷轴。已知带材热导率恒定为 k，与空气的对流换热系数恒定为 h，回答以下问题：

（1）稳态导热时，若温度在长度方向和厚度方向上都有变化，写出导热方程及其边界条件。

（2）稳态导热时，若温度只在长度方向上有变化，写出导热方程及其边界条件。

（3）基于（2）的导热方程及边界条件，给出带材一维稳态导热的温度分布。

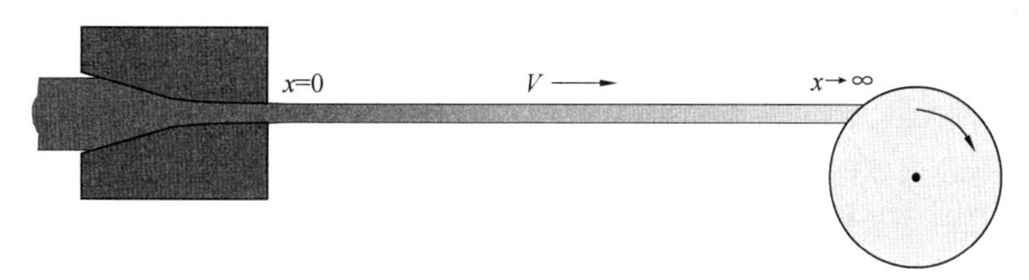

6.5 题图

6.6　热处理炉炉衬设计为球形可以最大限度减小散热面积，继而提升热效率。如图所示，炉衬内径为 r_1，外径为 r_2，热导率和对流换热系数为常数。稳态导热时，假设温度只在径向上变化，请写出一维稳态导热方程，并给出导热热阻的表达式。

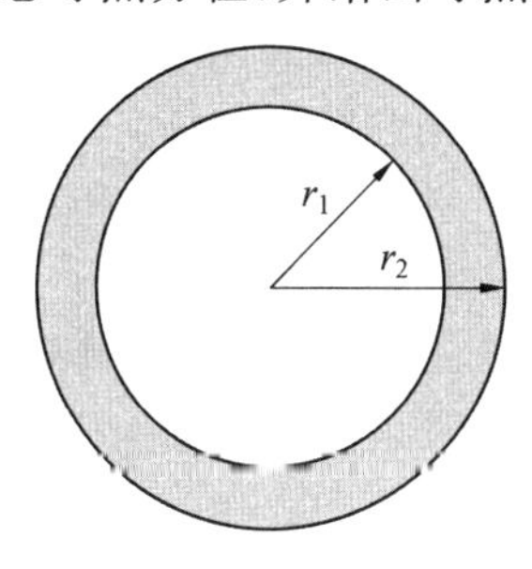

6.6 题图

第7章　准稳态导热

7.1　一维准稳态导热

对于一维稳态导热，可以借助热阻的概念及等效电路模型来分析温度分布和热流，从而避免了求解较为复杂的导热微分方程。然而，在很多实际问题中，并没有达到稳态导热，而是接近稳态导热。例如，在热处理炉升温或降温过程中，炉壁内侧表面的温度随程序控温而缓慢变化，但是炉壁内的导热过程相对较快，因此其内部温度呈线性分布（与稳态导热相同）；在铸造过程中，靠紧模具壁面的金属先凝固，其固液界面缓慢向金属熔体内推移，由于金属导热速度较快，因此固态金属内部的温度呈线性分布（与稳态导热相同）。这两个例子有一个共同特点，即在整体导热时间段内为非稳态导热，而在各个瞬间的温度场达到了稳态分布。在材料热加工过程中，诸如此类的例子还有很多。如果应用非稳态导热方程分析此类问题，势必会增加不必要的难度。实践证明，可以通过"准稳态导热"的概念来分析此类问题。

基于一维稳态导热（6.1节）引出"准稳态导热"的概念。如图7.1.1(a)所示，面积为A、厚度为L的无限大平壁左侧是温度为$T_{\infty,1}$的高温流体，右侧是温度为$T_{\infty,2}$的低温流体。热量首先以对流的形式从左侧的高温流体传输至平板左侧表面（温度为$T_{s,1}$），再以导热的形式通过平板内部，最后又以对流的形式从平板右侧表面（温度为$T_{s,2}$）传输至右侧流体。与一维稳态导热（图6.1）不同的是，平壁左侧高温流体的温度随时间发生变化，即$T_{\infty,1}=T_{\infty,1}(t)$。由此导致平壁表面温度和热流均随时间发生变化。

若$T_{\infty,1}(t)$在整个导热过程中的变化幅度为δT，则温度变化速率可近似为

$$v_p=\frac{\delta T}{\tau_p} \tag{7.1.1}$$

τ_p定义为"过程时间"，它表示$T_{\infty,1}(t)$变化δT所需要的时间。若通过导热使平壁内部的温度变化δT，则温度变化速率v_d和"导热时间"τ_d可根据导热方程估算为

$$\frac{\partial T}{\partial t}=\alpha\frac{d^2T}{dx^2} \quad\Rightarrow\quad v_d=\frac{\delta T}{\tau_d}\sim\alpha\frac{\delta T}{L_c^2} \quad\Rightarrow\quad \tau_d=\frac{L_c^2}{\alpha} \tag{7.1.2}$$

式中"～"表示其左右两侧参数的数量级相等。L_c为特征长度，其定义见6.1节。对于本案例中的平板件，其内部温度场分布不具有对称性，因此

$$L_c=L \tag{7.1.3}$$

"准稳态导热"即为过程时间远远大于导热时间（$\tau_p>10\tau_d$）的过程，或者外界温度变化率远远小于内部导热速率（$v_p<v_d/10$）的过程。也就是相比于外界温度的变化，内部导热速率极快，可以在很短时间内达到稳态，因此在导热瞬间可以近似为稳态导热。其导热方程和边界条件为

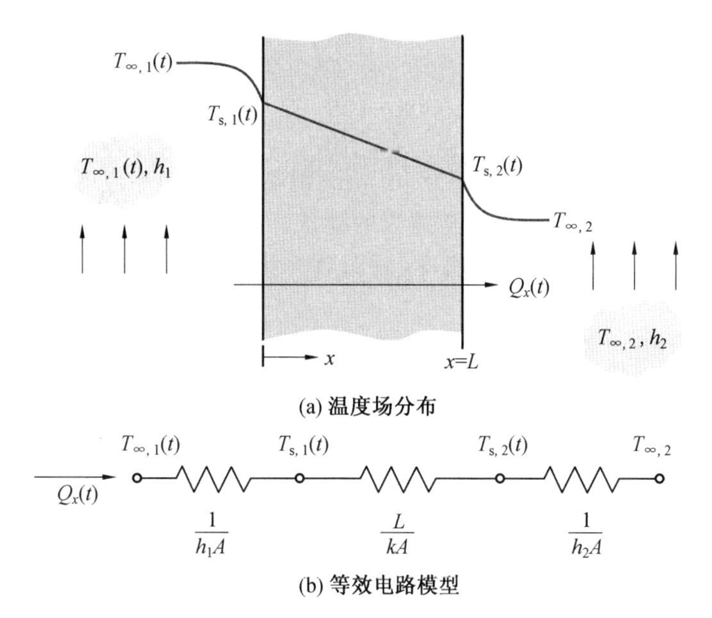

(a) 温度场分布

(b) 等效电路模型

图 7.1.1　平板内的一维准稳态导热

$$\begin{cases} \dfrac{d^2T}{dx^2}=0 \\ -k\left.\dfrac{\partial T}{\partial x}\right|_{x=0}=h_1\left[T_{\infty,1}(t)-T_{s,1}\right] \\ -k\left.\dfrac{\partial T}{\partial x}\right|_{x=L}=h_2\left[T_{s,2}-T_{\infty,2}\right] \end{cases} \tag{7.1.4}$$

上式计算热流与式(6.1.18)中稳态导热解的形式一致，可沿用等效电路模型(图7.1.1(b))计算热流，不同之处在于 $T_{\infty,1}$ 随时间发生变化，

$$Q_x(t)=\frac{T_{\infty,1}(t)-T_{\infty,2}}{\dfrac{1}{Ah_1}+\dfrac{L}{kA}+\dfrac{1}{Ah_2}} \tag{7.1.5}$$

由此可计算界面温度为

$$\begin{cases} T_{s,1}(t)=T_{\infty,1}(t)-Q_x(t)\dfrac{1}{Ah_1} \\ T_{s,2}(t)=Q_x(t)\dfrac{1}{Ah_2}-T_{\infty,2} \end{cases} \tag{7.1.6}$$

例 7.1.1　厚度为100 mm的某轧制态合金钢板需在燃料炉中进行680 ℃×48 h退火处理。已知钢板的导温系数为 $7\times10^{-6}\ \mathrm{m^2\cdot s^{-1}}$。为了保证组织均匀性，尽量减小升温过程中钢板内部的温度差异，请合理设计燃料炉的升温速率。

解　在升温过程中，钢板内部为准稳态导热时，温度分布最均匀。计算钢板的导热时间为

$$\tau_d=\frac{L_c{}^2}{\alpha}=\frac{0.05^2}{7\times10^{-6}}=357\ (\mathrm{s})$$

因此可得，过程时间至少为

$$\tau_p > 10\tau_d = 3\ 570\ \text{s}$$

由此可知升温速率为

$$v_p = \frac{\delta T}{\tau_p} < \frac{(680-25)\ ℃}{3\ 570\ \text{s}} = 0.18\ ℃/\text{s}$$

若对该钢的试样加热，假设厚度为 10 mm，则温度变化速率应低于 18 ℃/s。这一速率可以满足一般的等温热处理，甚至淬火的要求。然而，对于更厚的工件（如 200 mm 厚），常采用分段加热来提升加热速度，通过在中间温度处等温一段时间来缓解内外温差。

例 7.1.2　如图 7.1.2 所示，厚度为 L 的无限大平壁左右两侧表面温度恒定为 T_0。当达到稳态导热时，左侧表面温度随时间发生变化，

$$T(x=0,t) = T_0 + \delta T\sin(\omega t)$$

其中，T_0、δT 为常数。假设平壁的热导率等物理性质为常数，试求平壁内部的温度分布。

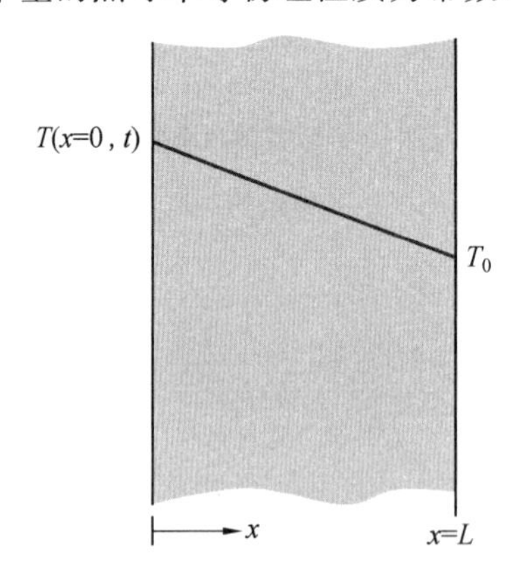

图 7.1.2　例 7.1.2 题图 1

解　由于左侧边界处为周期振荡，可想而知，平壁内的温度亦为相同周期的振荡。温度分布与初始条件无关。根据题意列出导热方程及其边界条件如下：

$$\begin{cases} \dfrac{\partial T}{\partial t} = \alpha \dfrac{\partial^2 T}{\partial x^2} \\ T(x=0,t) = T_0 + \delta T\sin(\omega t) \\ T(x=L,t) = T_0 \end{cases}$$

首先定义温度准数为

$$\theta(x,t) \equiv \frac{T(x,t) - T_0}{\delta T}$$

则有

$$\begin{cases} \dfrac{\partial \theta}{\partial t} = \alpha \dfrac{\partial^2 \theta}{\partial x^2} \\ \theta(x=0,t) = \sin(\omega t) \\ \theta(x=L,t) = 0 \end{cases}$$

令

$$\theta(x,t) \equiv \text{Im}\{\Theta(x,t)\}$$

则有

$$\begin{cases} \dfrac{\partial \Theta}{\partial t} = \alpha \dfrac{\partial^2 \Theta}{\partial x^2} \\ \Theta(x=0,t) = \exp(\mathrm{i}\omega t) \\ \Theta(x=L,t) = 0 \end{cases}$$

由于 Θ 与边界条件振荡频率相同，假设

$$\Theta(x,t) = \hat{\Theta}(x)\exp(\mathrm{i}\omega t)$$

其中，$\hat{\Theta}(x)$ 为待定函数。代入传热方程可知

$$\mathrm{i}\omega\hat{\Theta} = \alpha \frac{\partial^2 \hat{\Theta}}{\partial x^2}$$

上式的一般解为

$$\hat{\Theta} = C_1 \exp\left(\sqrt{\frac{\mathrm{i}\omega L^2}{\alpha}}\,\frac{x}{L}\right) + C_2 \exp\left(-\sqrt{\frac{\mathrm{i}\omega L^2}{\alpha}}\,\frac{x}{L}\right)$$

根据边界条件求得

$$\hat{\Theta}(x) = \frac{\exp\left(\sqrt{\mathrm{i}\omega L^2/\alpha}\,\dfrac{x}{L}\right) - \exp\left(2\sqrt{\mathrm{i}\omega L^2/\alpha}\,\dfrac{x}{L} - \sqrt{\mathrm{i}\omega L^2/\alpha}\,\dfrac{x}{L}\right)}{1 - \exp\left(2\sqrt{\mathrm{i}\omega L^2/\alpha}\right)}$$

观察上式可发现 $\omega L^2/\alpha$ 实际上就是导热时间与过程时间之比，即

$$\tau_{\mathrm{d}} = L^2/\alpha$$

$$\tau_{\mathrm{p}} = \frac{1}{\omega}$$

$$\frac{\omega L^2}{\alpha} = \frac{\tau_{\mathrm{d}}}{\tau_{\mathrm{p}}}$$

若为准稳态导热($\tau_{\mathrm{p}} \gg \tau_{\mathrm{d}}$)，则 $\omega L^2/\alpha \to 0$。根据泰勒公式，

$$\exp\left(\sqrt{\mathrm{i}\omega L^2/\alpha}\right) \approx 1 + \sqrt{\mathrm{i}\omega L^2/\alpha}$$

则 $\hat{\Theta}(x)$ 可近似为

$$\hat{\Theta}(x) = \frac{\exp\left(\sqrt{\mathrm{i}\omega L^2/\alpha}\,\dfrac{x}{L}\right) - \exp\left(2\sqrt{\mathrm{i}\omega L^2/\alpha}\,\dfrac{x}{L} - \sqrt{\mathrm{i}\omega L^2/\alpha}\,\dfrac{x}{L}\right)}{1 - \exp\left(2\sqrt{\mathrm{i}\omega L^2/\alpha}\right)} \approx 1 - \frac{x}{L}$$

由此可知

$$\theta(x,t) \approx \left(1 - \frac{x}{L}\right)\sin(\omega t)$$

温度场即

$$T(x,t) \approx T_0 + \delta T\left(1 - \frac{x}{L}\right)\sin(\omega t)$$

可见，准稳态导热时，每一瞬间的温度场均为线性分布，与稳态导热一致。

为了与准稳态导热形成对比，不妨讨论另一个极端情况：左侧边界的温度变化非常快，平壁内的导热来不及响应边界条件的变化，即 $\tau_{\mathrm{p}} \ll \tau_{\mathrm{d}}$，$\omega L^2/\alpha \to \infty$。则有

$$\hat{\Theta}(x) \approx \exp\left(-\sqrt{\mathrm{i}\omega L^2/\alpha}\,\frac{x}{L}\right)$$

由此可知

$$\theta(x,t) \approx \exp\left(-\frac{\sqrt{2}}{2}\sqrt{\omega L^2/\alpha}\,\frac{x}{L}\right)\sin\left(\omega t-\frac{\sqrt{2}}{2}\sqrt{\omega L^2/\alpha}\,\frac{x}{L}\right)$$

温度场即

$$T(x,t) \approx T_0+\delta T\exp\left(-\frac{x}{\sqrt{2\alpha/\omega}}\right)\sin\left(\omega t-\frac{x}{\sqrt{2\alpha/\omega}}\right)$$

观察上式不难看出，温度变化的幅值随 x 增加呈指数衰减的规律。其中，$\sqrt{\alpha/\omega}$ 的量纲应为距离，代表导热深度，定义为

$$\delta \equiv \sqrt{\frac{\alpha}{\omega}}$$

频率 ω 越大，导热深度 δ 越小。如图 7.1.3 所示，可以直接根据导热方程给出导热深度，即

$$\frac{\partial T}{\partial t}=\alpha\frac{\mathrm{d}^2 T}{\mathrm{d}x^2} \quad\Rightarrow\quad \frac{\delta T}{\tau_{\mathrm{p}}}=\frac{\delta T}{1/\omega}\sim\alpha\frac{\delta T}{\delta^2} \quad\Rightarrow\quad \delta=\sqrt{\frac{\alpha}{\omega}}$$

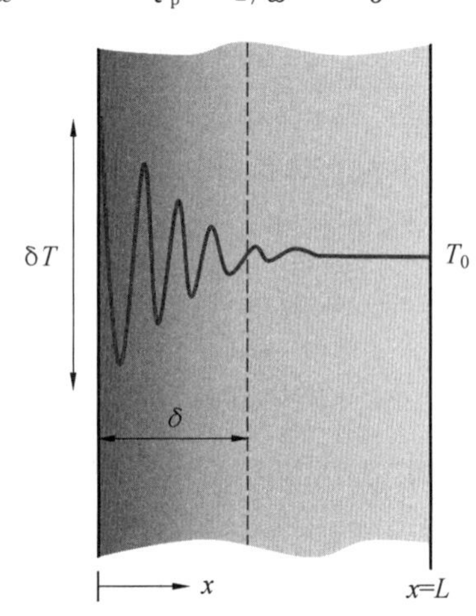

图 7.1.3 例 7.1.2 题图 2

这一现象在动量传输、质量传输等其他传输过程中普遍存在，称为“趋肤效应”。感应淬火就是利用交流电的趋肤效应实现金属的表层加热，从而减轻对基体组织的影响，减小热处理变形，并降低能耗。

7.2 薄壁件的准稳态导热

薄壁件指的是厚度远远小于其他两个维度尺寸的一类工件，广泛用于机械、运载、化工、冶金与材料工程等领域。舱体、舱段、气道就是典型的薄壁件，其形状具有壁薄、肋多、复杂的特点。该类工件广泛采用合金钢、钛合金、铝合金等金属材料，经过多级热加工工艺制造成形。例如，高强铝合金已广泛用于航天关键件制造，此类合金大型薄壁复杂构件的成形经历铸造、固溶淬火、机械加工、约束时效等复杂的冷热加工工序。构件的最终力学性能特别是形状尺寸控制，是薄壁件制造的关键。

薄壁件在加热和冷却过程中的温度场分布不均匀，一方面会在工件内部产生热应力，另一方面导致热处理组织不均匀，最终导致热处理变形。如图 7.2.1 所示，直径为 1 400 mm 的铝合金舱段在淬火过程中，其薄壁区域和厚壁区域的冷却速度存在显著差别，薄壁区域冷却速度快，而厚壁区域冷却速度慢，其最大温差可达到 400 ℃，导致淬火变形。

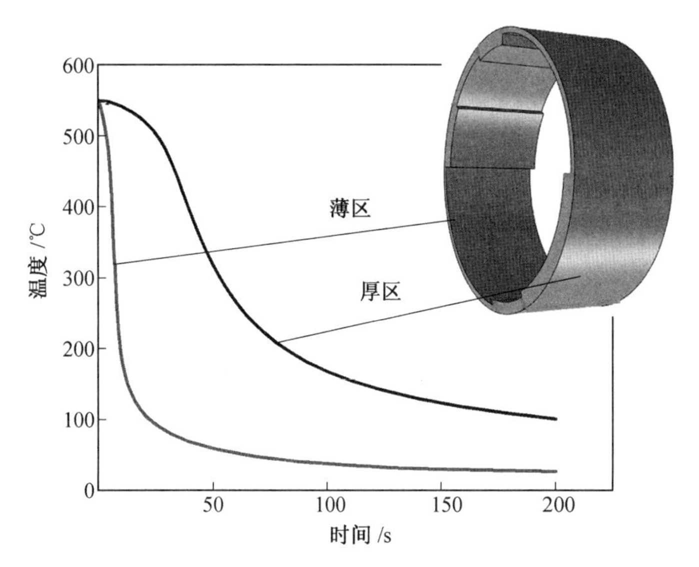

图 7.2.1 铝合金舱段在淬火过程中的冷却曲线

因此，掌握薄壁件内的温度场分布特点对于控制热处理变形与组织均匀性是很有意义的。如图 7.2.2 所示的薄壁件，其厚度为 $2L$、宽度为 $2W$、长度为 $2H$，且 $L \ll W, L \ll H$。

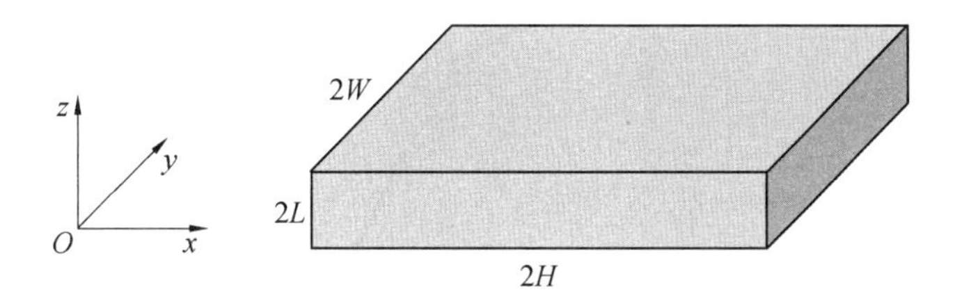

图 7.2.2 薄壁件示意图（$L \ll W, L \ll H$）

在薄壁件加热或冷却过程中，若不考虑热量源项，其导热方程根据式(5.2.10)展开为

$$\frac{\partial T}{\partial t} = \alpha\left(\frac{\partial^2 T}{\partial x^2} + \frac{\partial^2 T}{\partial y^2} + \frac{\partial^2 T}{\partial z^2}\right) \tag{7.2.1}$$

由此可以得出厚度方向的导热时间为

$$\frac{\partial T}{\partial t} = \alpha \frac{\mathrm{d}^2 T}{\mathrm{d}x^2} \quad \Rightarrow \quad \frac{\delta T}{\tau_{\mathrm{d},L}} \sim \alpha \frac{\delta T}{L^2} \quad \Rightarrow \quad \tau_{\mathrm{d},L} = \frac{L^2}{\alpha} \tag{7.2.2}$$

同理，宽度方向和长度方向的导热时间分别为

$$\tau_{\mathrm{d},W} = \frac{W^2}{\alpha}, \quad \tau_{\mathrm{d},H} = \frac{H^2}{\alpha} \tag{7.2.3}$$

由于 $L \ll W, L \ll H$,可知

$$\tau_{d,L} \ll \tau_{d,W}, \quad \tau_{d,L} \ll \tau_{d,H} \tag{7.2.4}$$

也就是说,厚度方向上的导热远远快于其他两个维度方向的导热。而过程时间至少应为宽度方向和长度方向的导热时间这两者中的最大值。由此可知,在厚度方向上的导热为"准稳态导热"。根据这一特点,可以合理设计工件表面修饰层,实现工件整体上达到准同步加热或冷却的效果。

如图 7.2.3 所示,在工件某局部位置选取单位表面积的半厚度区域,由于厚度方向上为准稳态导热,其心部温度 T_c、界面温度 T_δ、表面温度 T_s 由外界温度 T_∞ 决定,根据等效电路模型计算其热量通量为

$$J = \frac{T_c - T_\infty}{\dfrac{L}{k} + \dfrac{\delta}{k_\delta} + \dfrac{1}{h}} \tag{7.2.5}$$

上式右侧分母的意义为单位面积热阻。可以看出,若使工件心部温度在工件各个位置处(各个宽度坐标和长度坐标处)达到准同步加热或冷却的效果,则必须使工件各个位置处的单位面积热阻相同。若进一步要求工件各个位置处的毕渥数相同,则可实现其他厚度坐标处的温度在工件各个位置处(各个宽度坐标和长度坐标处)的准同步变化。也就是说,"等毕渥数分布"可以最大限度地降低加热或冷却过程中工件内部的温度差异,进而降低热处理变形。这一理论是由哈尔滨工业大学闫牧夫教授提出的,为大型薄壁件的热处理变形控制提供了一个新的思路和方法。

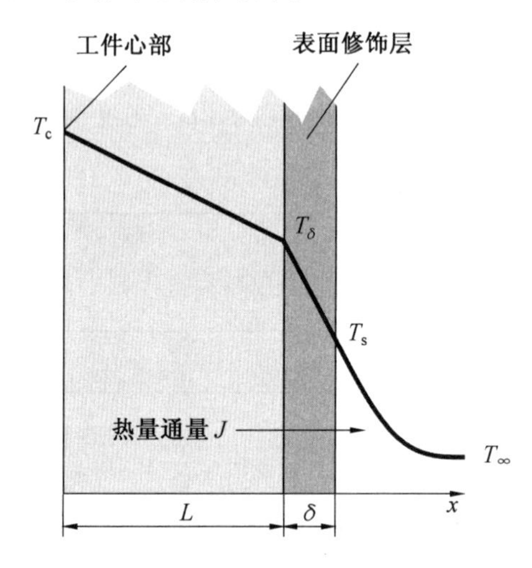

图 7.2.3 薄壁件某局部位置从心部到表面的准稳态温度场分布

在等毕渥数分布的约束下,单位面积热阻可以表示为毕渥数的函数,记为

$$\frac{L}{k} + \frac{\delta}{k_\delta} + \frac{1}{h} = f(Bi) \tag{7.2.6}$$

对于差异壁厚工件,毕渥数定义为

$$Bi \equiv \frac{L/k + \delta/k_\delta}{1/h} \tag{7.2.7}$$

代入式(7.2.6)可得

$$\frac{L}{k}+\frac{\delta}{k_\delta}+\frac{1}{h}=f(Bi)=\frac{1}{h}(Bi+1) \tag{7.2.8}$$

即

$$\frac{\delta}{k_\delta}-\frac{1}{h}Bi-\frac{L}{k} \tag{7.2.9}$$

可以看出，在厚度较薄（L 较小）的区域涂覆热阻较高的修饰层，使其加热或冷却速度与厚度较大的区域一致。式（7.2.9）给出了差异壁厚情况下表面修饰层的量化设计方法。

对于表面对流换热不均匀的差异对流工件，毕渥数定义为

$$Bi\equiv\frac{L/k}{\delta/k_\delta+1/h} \tag{7.2.10}$$

代入式（7.2.6）可得

$$\frac{L}{k}+\frac{\delta}{k_\delta}+\frac{1}{h}=f(Bi)=\frac{L}{k}\left(\frac{1}{Bi}+1\right) \tag{7.2.11}$$

即

$$\frac{\delta}{k_\delta}=\frac{L}{k}\frac{1}{Bi}-\frac{1}{h} \tag{7.2.12}$$

可以看出，在对流换热较快（h 较大）的区域涂覆热阻较高的修饰层，使其加热或冷却速度与对流换热较慢的区域一致。式（7.2.12）给出了差异对流情况下表面修饰层的量化设计方法。

对于存在热量源项（相变潜热或外加热源）的准稳态导热，其导热方程根据式（5.2.10）展开为

$$k\frac{\partial^2 T}{\partial x^2}+s=0 \tag{7.2.13}$$

求解其心表温差为

$$T_c-T_\infty=Ls\left(\frac{L}{2k}+\frac{\delta}{k_\delta}+\frac{1}{h}\right) \tag{7.2.14}$$

可以看出，等热阻分布在此情况下并不能使心部温度同步变化。若心表温差视为毕渥数的函数，则在等毕渥数分布条件下，可实现准同步加热或冷却，即

$$Ls\left(\frac{L}{2k}+\frac{\delta}{k_\delta}+\frac{1}{h}\right)=f(Bi) \tag{7.2.15}$$

即

$$\frac{\delta}{k_\delta}=\frac{f(Bi)}{Ls}-\frac{L}{2k}-\frac{1}{h} \tag{7.2.16}$$

可以看出，在内部产热较快（s 较大）的区域涂覆热阻较小的修饰层，使其加热或冷却速度与内部产热较慢的区域一致。式（7.2.16）给出了内热源不为零的情况下，表面修饰层的量化设计方法。

7.3 金属凝固的准稳态导热

大多数金属零件的生产，包括使用粉末冶金技术生产的物品，都涉及凝固。铸件的生

产显然要经过凝固过程；锻件和锻造产品都是经过热加工的铸件，其性能在很多情况下取决于凝固方法。特别地，金属的凝固速度是一个极其重要的参数，它直接关系到枝晶组织的尺度，从而控制微观偏析的程度以及第二相、夹杂物等分布。另外，凝固过程中的温度梯度也是一个重要的参数，直接关系到金属铸件的宏观偏析和孔隙率。因此，掌握金属凝固过程中的温度场分布特征具有重要的意义。

如图 7.3.1 所示，金属在凝固过程中的固液界面逐渐向液态金属一侧推移。一方面，温度场的分布依赖于固液界面的位置；另一方面，固液界面的移动速度(即凝固速度)又取决于温度场分布。所以，这并不是一个稳态导热过程。然而，由于金属具有较高的热导率，因此可以认为固液界面移动的速度远远小于固态金属内的导热速度。也就是说，可以把凝固过程视为准稳态导热过程。因此，在固态金属内的温度场呈线性分布。考虑较为简单的情形，即液态金属的温度恰为熔点 T_m(即过冷度为零)。且模具经过充分水冷，其温度恒定为 T_0。模具与固态金属界面处通过对流换热进行热量传递，其对流换热系数为 h。若得知固液界面随时间的变化规律 $L(t)$，即可获得固态金属内的温度分布。

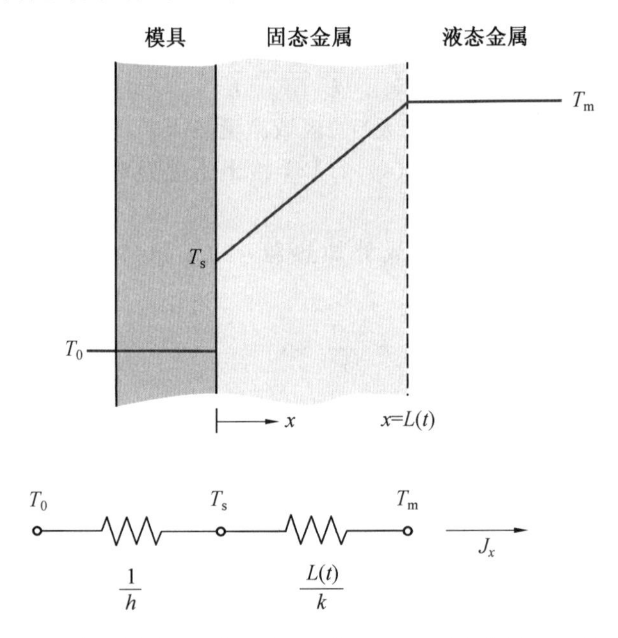

图 7.3.1 金属凝固过程中，在模具、固态金属、液态金属内的温度分布

根据准稳态导热近似，应用等效电路模型可以计算热量通量为

$$J_x = \frac{T_0 - T_m}{1/h + L/k} \tag{7.3.1}$$

可见，J 的数值小于零，这是由于选择了向右为 x 轴正向。

在固液界面处，液态金属凝固时释放相变潜热。由于液态金属内的温度恒定，相变潜热只能向固态金属内传导，其通量与式(7.3.1)绝对值相等、方向相反，即

$$-J_x = \rho_s H_s \frac{dL}{dt} \tag{7.3.2}$$

式中，ρ_s 为固态金属的密度($kg \cdot m^{-3}$)；H_s 为固态金属的熔化焓($J \cdot kg^{-1}$)。

联立式(7.3.1)和式(7.3.2),并根据初始条件 $L(t=0)=0$ 解得

$$t=\frac{\rho_s H_s}{h(T_m-T_0)}L(t)+\frac{\rho_s H_s}{2k(T_m-T_0)}L^2(t) \tag{7.3.3}$$

根据等效电路模型,可计算模具与固态金属界面的温度为

$$T_s=T_0-\frac{1}{h}J_x=T_0+\frac{\rho_s H_s}{h}\frac{dL}{dt} \tag{7.3.4}$$

观察式(7.3.3)可知,对流换热系数对固液界面的增厚规律有显著影响:

当 $h\to 0$ 时,

$$t=\frac{\rho_s H_s}{h(T_m-T_0)}L(t) \tag{7.3.5}$$

即固液界面随时间线性增厚。由式(7.3.4)可知 $T_s=T_m$。即固液之间没有温差,而模具与固态金属界面处的对流换热成为主导凝固速度的主要因素;

当 $h\to\infty$ 时,

$$t=\frac{\rho_s H_s}{2k(T_m-T_0)}L^2(t) \tag{7.3.6}$$

即固液界面 $L\propto\sqrt{t}$。由式(7.3.4)可知 $T_s=T_0$。即模具与固态金属之间没有温差,而固态金属内部的导热成为主导凝固速度的主要因素;

另外,时间尺度对固液界面的增厚规律也有类似的影响。也就是说,当 $t\to 0$ 时,由于 $L^2\ll L$,固液界面的增厚符合式(7.3.5)的直线规律;当 $t\to\infty$ 时,$L^2\gg L$,固液界面的增厚符合式(7.3.6)的抛物线规律。

例 7.3.1 某金属带材的连铸连轧过程如图 7.3.2 所示,液态金属经过水冷金属模具时,在与模具接触的外表面凝固形成一个固态金属薄层(6～18 mm),随后经历喷淋处理完全凝固,最后经过压延成形。水冷模具出口处的凝固层厚度与表面温度对随后的热处理和压延成形至关重要,并直接决定了模具内部的液冷设计。

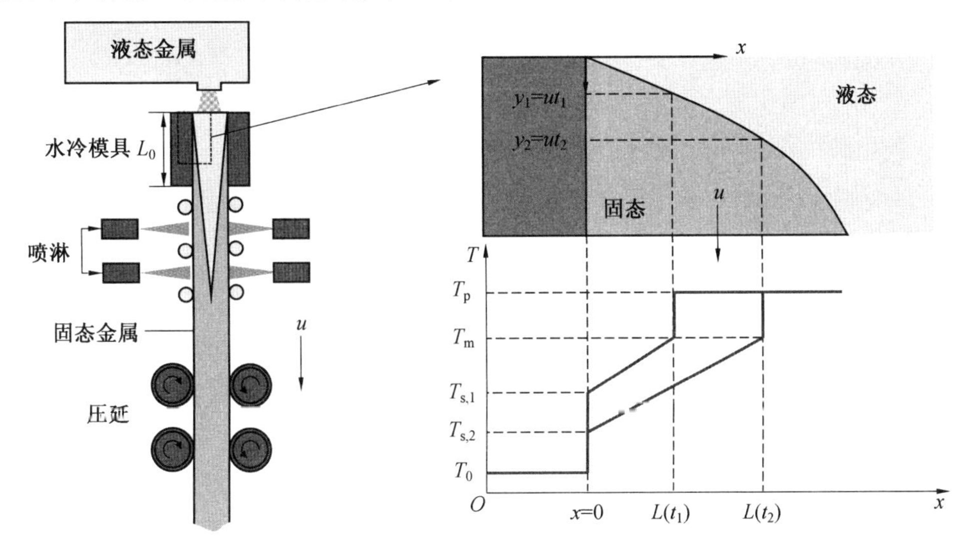

图 7.3.2 例 7.3.1 题图 1

已知拉坯速度为 u，水冷模具温度恒定为 T_0，液态金属温度恒定为 T_p，且高于熔点 T_m。请给出水冷模具内部的凝固层厚度与表面温度随位置的变化关系。

解　根据题意，绘制水冷模具内部的温度场分布的示意图如图 7.3.2 所示。由于凝固层较薄，故忽略 y 轴方向的导热，并假设在 x 轴方向的导热为准稳态导热。可以直接应用式(7.3.3) 进行计算。时间 t 可由 y 轴坐标和牵引速度 u 表示，即

$$t=\frac{y}{u}$$

由图 7.3.2 所示，不同 y 轴坐标处的温度场代表着式(7.3.3) 中不同时刻的温度场。由于金属液的温度高于其熔点，所以在固液界面处的金属凝固释放的热量为熔化焓与过热量之和，即

$$H=H_s+c_{p,l}(T_p-T_m)$$

所以，式(7.3.3) 改写为

$$\frac{y}{u}=\frac{\rho_s H}{h(T_m-T_0)}L+\frac{\rho_s H}{2k(T_m-T_0)}L^2$$

为了更具一般意义，可以把上式写为无量纲的形式，即

$$\frac{h^2 y}{u\rho_s c_{p,l}k}=\frac{H}{c_{p,l}(T_m-T_0)}\left[\frac{hL}{k}+\frac{1}{2}\left(\frac{hL}{k}\right)^2\right]$$

定义厚度准数(毕渥数) 为

$$Bi=\frac{hL}{k}$$

定义位置准数为

$$\tilde{y}=\frac{h^2 y}{u\rho_s c_{p,l}k}$$

定义热量准数为

$$\tilde{H}=\frac{H}{c_{p,l}(T_m-T_0)}$$

则有

$$\tilde{y}=\tilde{H}\left(Bi+\frac{1}{2}Bi^2\right)$$

即

$$Bi=\sqrt{1+2\frac{\tilde{y}}{\tilde{H}}}-1$$

图 7.3.3 给出了不同热量准数下的厚度准数随位置准数的变化规律。可以看出，凝固层厚度随模具内的位置增加而增厚。热量准数越大则凝固层厚度越薄，即凝固越慢。这是因为热量准数越大，则金属凝固需要释放的热量就越多。因此，当模具的冷却能力一定时，凝固速度降低。

由式(7.3.4) 解得表面温度为

$$T_s-T_0=\frac{\rho_s H}{h}\frac{\mathrm{d}L}{\mathrm{d}t}=(T_m-T_0)\tilde{H}\frac{\mathrm{d}Bi}{\mathrm{d}\tilde{y}}$$

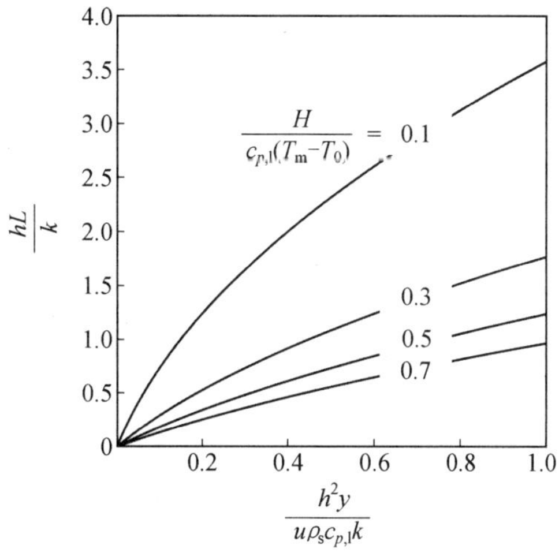

图 7.3.3 例 7.3.1 题图 2

定义表面温度准数为

$$\theta_s = \frac{T_s - T_0}{T_m - T_0}$$

则有

$$\theta_s = \widetilde{H}\,\frac{\mathrm{d}Bi}{\mathrm{d}\widetilde{y}} = \frac{1}{\sqrt{1 + 2\widetilde{y}/\widetilde{H}}}$$

图 7.3.4 给出了不同热量准数下的温度准数随位置准数的变化规律。可以看出，表面温度随模具内的位置增加而降低。热量准数越大则表面温度越高。

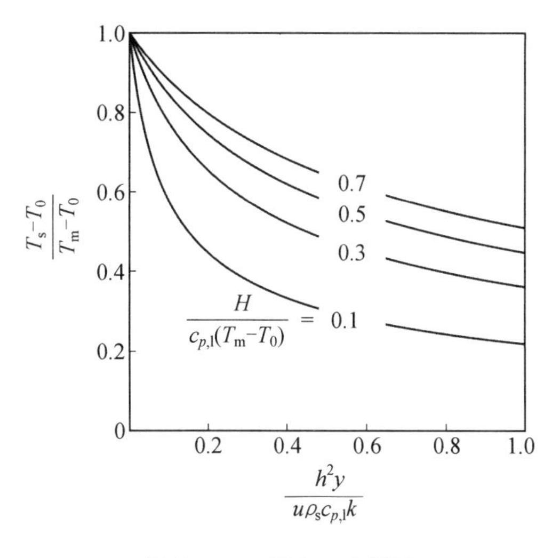

图 7.3.4 例 7.3.1 题图 3

本章习题

7.1 某合金钢试样在 850 ℃ 保温使其充分奥氏体化，随后以一定的冷却速度冷却至室温，使其转变为马氏体。为了避免在冷却过程中形成珠光体或贝氏体等其他组织，冷却速度应保持在 10 ℃/s 以上。已知合金钢的导温系数为 $7\times10^{-6}\ \mathrm{m^2\cdot s^{-1}}$。为了保证试样淬火组织的均匀性，尽量减小淬火过程中试样内部的温度差异，请合理设计试样尺寸。

7.2 如图所示，厚度为 L 的无限大平壁，其左侧是温度为 T_∞ 的流体，

$$T_\infty = T_0 + \delta T\sin(\omega t)$$

T_0，δT 为常数。右侧是温度恒定为 T_0 的流体。假设平壁的热导率等物理性质为常数，试给出在 $\omega\rightarrow0$ 的条件下平壁内部的温度分布。

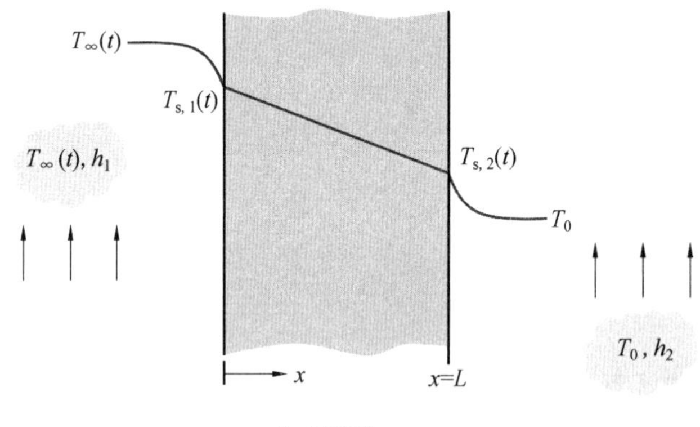

7.2 题图

7.3 已知某厚度为 2 mm、热导率为 $16\ \mathrm{W\cdot m^{-1}\cdot K^{-1}}$ 的金属板从 900 ℃ 淬火冷却至室温的过程中，由于其表面的对流换热系数分布不均匀(如图所示，区域 1 ～ 5 的对流换热系数近似为 $197\ \mathrm{W\cdot m^{-2}\cdot K^{-1}}$、$50\ \mathrm{W\cdot m^{-2}\cdot K^{-1}}$、$28\ \mathrm{W\cdot m^{-2}\cdot K^{-1}}$、$16\ \mathrm{W\cdot m^{-2}\cdot K^{-1}}$、$7\ \mathrm{W\cdot m^{-2}\cdot K^{-1}}$)，因此发生变形。为了抑制热处理变形，在金属板上涂覆不同厚度的低热导率($0.03\ \mathrm{W\cdot m^{-1}\cdot K^{-1}}$) 涂料。请设计各个区域的涂层厚度。

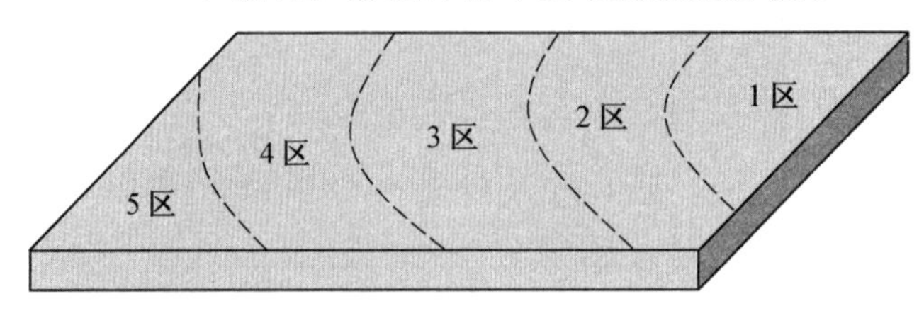

7.3 题图

7.4 如图所示，某楔形金属工件需要淬火强化处理，为了抑制热处理变形，请给出表面涂层设计依据和方法。

7.5 已知某合金钢的熔点为 1 770 K，熔化焓为 $2.67\times10^5\ \mathrm{J\cdot kg^{-1}}$，密度为 $7\ 690\ \mathrm{kg\cdot m^{-3}}$，液态热容为 $596\ \mathrm{J\cdot kg^{-1}\cdot K^{-1}}$，固态热导率为 $60\ \mathrm{W\cdot m^{-1}\cdot K^{-1}}$。利用其铸造成形宽度为 610 mm、厚度为 75 mm 的带材。在水冷模具出口端的凝固层厚度要求为

7.4 题图

13 mm。已知拉坯速度为 50 mm · s^{-1}，水冷模具与固态金属界面的对流换热系数为 2 000 W · m^{-2} · K^{-1}，水冷模具内的冷却水温升不超过 6 K。请计算水冷模具的长度及冷却水的流量。

7.6 氧化铝熔体进入金属钼模具后恰好完全凝固为直径为 0.2 mm 的丝材。已知氧化铝熔体温度恰为其熔点 1 790 K，氧化铝熔体的热容为 670 J · kg^{-1} · K^{-1}，固态氧化铝的热导率为 35 W · m^{-1} · K^{-1}，密度为 7 690 kg · m^{-3}，熔化焓为 2.79×10^5 J · kg^{-1}。模具在冷却水的作用下温度恒定为 350 K，与氧化铝界面的对流换热系数为 4 000 W · m^{-2} · K^{-1}。请给出模具的长度与拉坯速度的对应关系。

第 8 章　非稳态导热

8.1　一维非稳态导热

截至目前，我们只考虑了稳态导热和准稳态导热。虽然准稳态导热的温度场也随时间发生变化，但是本质上只取决于随时间缓慢变化的边界条件。因此，这两种导热并没有实质性地考虑时间对导热过程的影响。大型工件在加热和冷却过程中，工件内部的温度场随时间发生显著变化，并且变化速度并不同步。例如，某工件需要在 900 ℃ 保温 1 h 后淬火。为了执行这个热处理工艺，是否可以将工件放入 900 ℃ 的热处理炉中 1 h 后，取出放入淬火液中冷却？这并不规范。

以一维无限大平板的加热为例进行讨论。如图 8.1.1 所示，厚度为 $2L$ 的一维无限大平板初始温度为 T_0，放入温度为 T_∞ 的热处理炉中进行加热，炉内环境与平板两侧表面之间的换热系数为 h，假设平板热导率等物理性质为常数。随着时间的延长，其表面温度 T_s 与心部温度 T_c 的变化规律如图 8.1.1(a) 所示，即心部温度滞后于表面温度。在加热过程中，表面温度由初始温度达到设定温度的时间称为升温时间 $\tau_{升}$；表面到温后，心部尚未到温。需要温度均匀化才能使工件整体上达到设定温度。把表面到温之后心部温度达到设定温度的时间称为均温时间 $\tau_{均}$；之后的时间段称为保温时间 $\tau_{保}$，也叫工艺时间(1 h)。工件的加热时间为

$$\tau_{加} = \tau_{升} + \tau_{均} + \tau_{保} \tag{8.1.1}$$

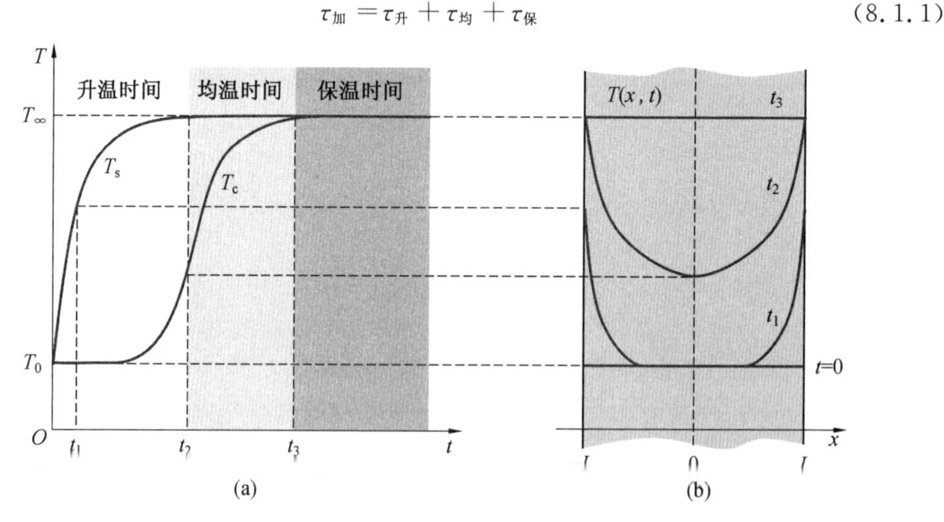

图 8.1.1　一维无限大平板在加热过程中的温度场分布示意图

可以看出，若将工件放入 900 ℃ 的热处理炉中 1 h 后取出，放入淬火液中冷却，势必会导致工件心部的保温不足 1 h。正确的执行方式应该把工件的升温时间和均温时间也

考虑在内。这就涉及材料的加热时间计算，其前提在工件内部的温度场的分布。如图8.1.1(b)所示，将不同时刻处的心表温度投射到工件上，就可以画出温度场分布 $T(x,t)$ 示意图。需要通过建立非稳态导热的数学模型来求解 $T(x,t)$ 的具体表达式。

如图8.1.1(b)所示，以平板的中心位置为坐标原点定义 x 轴，由于平板内的温度分布具有对称性，只需计算原点至 $x=L$ 范围内的温度场即可。导热方程为

$$\frac{\partial T}{\partial t}=\alpha\frac{\partial^2 T}{\partial x^2} \tag{8.1.2}$$

初始条件为

$$T(x,0)=T_0 \tag{8.1.3}$$

边界条件为

$$\left.\frac{\partial T}{\partial x}\right|_{x=0}=0 \tag{8.1.4}$$

$$-k\left.\frac{\partial T}{\partial x}\right|_{x=L}=h[T(L,t)-T_\infty] \tag{8.1.5}$$

定义温度准数为

$$\theta=\frac{T(x,t)-T_\infty}{T_0-T_\infty} \tag{8.1.6}$$

可见，无论是加热过程($T_0<T_\infty$)还是冷却过程($T_0>T_\infty$)，温度准数随时间的变化都由1逐渐变化至0。温度准数表征了加热或冷却过程所进行的程度。将其代入导热方程、初始条件及边界条件得

$$\frac{\partial \theta}{\partial t}=\alpha\frac{\partial^2 \theta}{\partial x^2} \tag{8.1.7}$$

$$\theta(x,0)=1 \tag{8.1.8}$$

$$\left.\frac{\partial \theta}{\partial x}\right|_{x=0}=0 \tag{8.1.9}$$

$$-k\left.\frac{\partial \theta}{\partial x}\right|_{x=L}=h\theta(L,t) \tag{8.1.10}$$

采用分离变量法求解 θ。令 $\theta=\Phi(x)\Gamma(t)$，代入式(8.1.7)得

$$\frac{1}{\alpha\Gamma}\frac{\partial \Gamma}{\partial t}=\frac{1}{\Phi}\frac{\partial^2 \Phi}{\partial x^2}=-\lambda^2 \tag{8.1.11}$$

其中，λ 为待定常数。即

$$\frac{\partial^2 \Phi}{\partial x^2}+\lambda^2\Phi=0 \tag{8.1.12}$$

$$\frac{\partial \Gamma}{\partial t}+\lambda^2\alpha\Gamma=0 \tag{8.1.13}$$

式(8.1.12)的通解为

$$\Phi(x)=C_1\sin(\lambda x)+C_2\cos(\lambda x) \tag{8.1.14}$$

代入边界条件(8.1.9)和(8.1.10)得

$$C_1=0,\quad C_2\lambda k\sin(\lambda L)=C_2 h\cos(\lambda L) \tag{8.1.15}$$

由于 C_2 不能为零，所以有

$$\lambda L\tan(\lambda L)=\frac{hL}{k} \tag{8.1.16}$$

定义厚度准数(毕渥数)为

$$Bi\equiv\frac{hL}{k} \tag{8.1.17}$$

并定义 $\mu\equiv\lambda L$,则有

$$\mu\tan\mu=Bi \tag{8.1.18}$$

如图 8.1.2 所示,式(8.1.18)的解只与毕渥数 Bi 有关,且有无穷多个解 $\mu_i(i=1,2,\cdots,\infty)$。

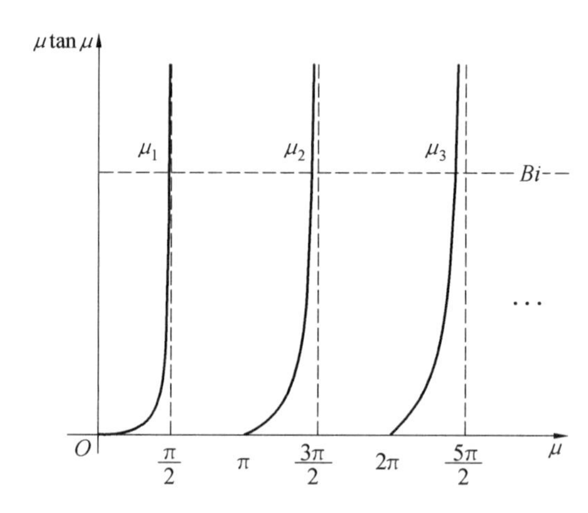

图 8.1.2 式 $\mu\tan\mu=Bi$ 解的示意图

因此,$\Phi(x)$ 也有无穷多个解,即

$$\Phi_i(x)=C_2\cos\left(\mu_i\frac{x}{L}\right) \tag{8.1.19}$$

把 $\mu_i=\lambda_i L$ 代入式(8.1.13)可得

$$\Gamma_i(t)=\exp\left(-\mu_i^2\frac{\alpha t}{L^2}\right) \tag{8.1.20}$$

定义时间准数(傅立叶数)为

$$F_0\equiv\frac{\alpha t}{L^2} \tag{8.1.21}$$

它代表实际时间与导热时间之比。式(8.1.20)为

$$\Gamma_i(t)=\exp(-\mu_i^2F_0) \tag{8.1.22}$$

由此可知

$$\theta(x,t)=\sum_{i=1}^{\infty}C_i\cos\left(\mu_i\frac{x}{L}\right)\exp(-\mu_i^2F_0) \tag{8.1.23}$$

由初始条件(8.1.8)可知

$$\theta(x,0)=\sum_{i=1}^{\infty}C_i\cos\left(\mu_i\frac{x}{L}\right)=1 \tag{8.1.24}$$

根据傅立叶变换求得

$$C_i = \frac{\int_0^L \cos\left(\mu_i \frac{x}{L}\right)\theta(x,0)\,\mathrm{d}x}{\int_0^L \cos^2\left(\mu_i \frac{x}{L}\right)\mathrm{d}x} = \frac{2\sin\mu_i}{\mu_i + \sin\mu_i \cos\mu_i} \tag{8.1.25}$$

代入式(8.1.23)得

$$\theta(x,t) = \sum_{i=1}^{\infty} \frac{2\sin\mu_i}{\mu_i + \sin\mu_i\cos\mu_i}\cos\left(\mu_i \frac{x}{L}\right)\exp(-\mu_i^2 F_0) \tag{8.1.26}$$

上式虽然形式复杂,但不难看出,温度准数可以表达为厚度准数、时间准数和相对位置的函数,即

$$\theta = \theta\left(Bi, F_0, \frac{x}{L}\right) \tag{8.1.27}$$

对于材料加热时间的计算,得出表面温度与心部温度的变化规律至关重要。由式(8.1.27)可分别给出表面温度准数 θ_s 与心部温度准数 θ_c 为

$$\theta_s = \theta(Bi, F_0, 1)$$

$$\theta_c = \theta(Bi, F_0, 0)$$

图 8.1.3 和图 8.1.4 分别给出了不同厚度准数下,表面温度准数与心部温度准数随时间准数的变化规律。

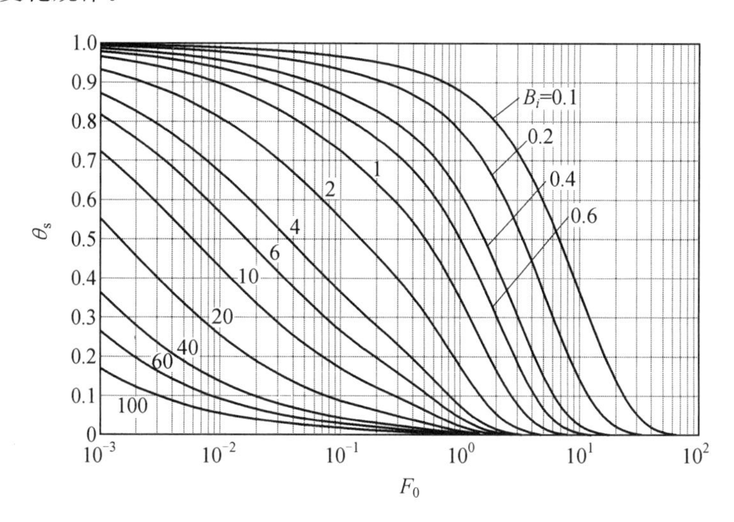

图 8.1.3 不同厚度准数的一维无限大平板在加热或冷却过程中表面温度准数随时间准数的变化规律

可以看出,表面温度准数 θ_s 与心部温度准数 θ_c 随着时间准数 F_0 的增加,由 1 逐渐下降至 0。若已知厚度准数,则可根据表面温度准数或心部温度准数从图中直接读出时间准数。

例 8.1.1 共析钢(含碳量为 0.77% 的铁碳合金)的连续冷却转变图(continuous cooling transformation diagram,CCT 图)如图 8.1.5 所示。

已知厚度为 $2L$ 的共析钢钢板在共析温度($A_1 = 727$ ℃)以上的 $T_0 = 810$ ℃ 保温使其显微组织完全转化为奥氏体(A)后,在温度恒定为室温 $T_\infty = 25$ ℃ 的冷却介质中快速冷却,使其显微组织由奥氏体全部转化为马氏体(M),从而达到相变强化的作用。然而,当

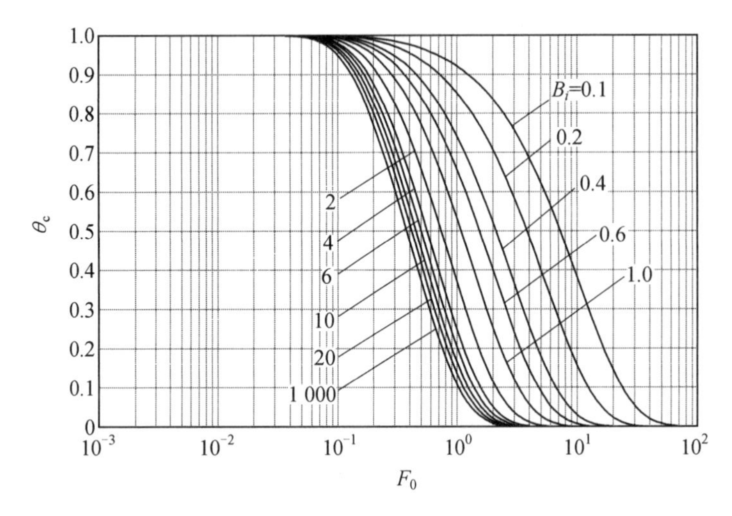

图 8.1.4 不同厚度准数的一维无限大平板在加热或冷却过程中心部温度准数随时间准数的变化规律

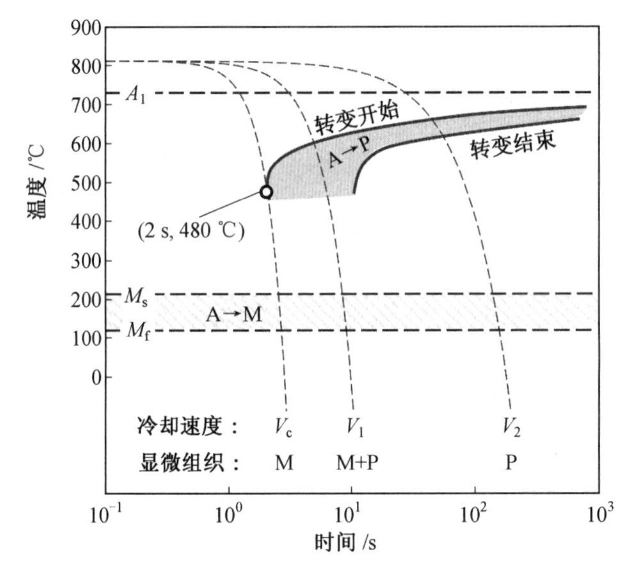

图 8.1.5 例 8.1.1 题图 1

冷却速度较低时(V_1)，在冷却过程中会有部分 A 转变为珠光体(P)，其余的 A 转变为 M；当缓慢冷却时，全部的 A 转变为 P。把 A 全部转化为 M 所需的最小冷却速度称为临界冷却速度(V_c)。在临界冷却速度下，刚好避开珠光体转变区的“鼻尖”位置(2 s，480 ℃)。在随后的冷却过程中，马氏体转变的起始温度(M_s)为 217 ℃，转变结束温度(M_f)为 123 ℃。已知奥氏体共析钢的密度为 7 850 kg·m^{-3}，热容为 603 J·kg^{-1}·K^{-1}，热导率为 38 W·m^{-1}·K^{-1}，冷却介质与钢板之间的对流换热系数为 6 800 W·m^{-2}·K^{-1}。计算钢板的最大厚度，使其冷却后的显微组织全部转变为 M。

解 在冷却过程中，钢板心部的冷却最慢。因此，钢板的最大厚度对应于其心部的冷却刚好避开珠光体转变区的“鼻尖”位置(2 s，480 ℃)。根据题意可知钢板心部冷却至

"鼻尖"处的温度准数为

$$\theta_c=\frac{T-T_0}{T_\infty-T_0}=\frac{480-25}{810-25}=0.58$$

由图 8.1.4 可知，当 $\theta_c=0.58$ 时，不同厚度准数下所对应的时间准数见表 8.1.1。

表 8.1.1　例 8.1.1 题表

Bi	0.1	0.2	0.4	0.6	1	2	4	6	10	20	1 000
F_0	5.8	3.1	1.7	1.2	0.9	0.6	0.47	0.42	0.38	0.35	0.33

根据厚度准数和时间准数的定义，

$$Bi(L)=\frac{hL}{k}=\frac{6\ 800\ \mathrm{W\cdot m^{-2}\cdot K^{-1}}}{38\ \mathrm{W\cdot m^{-1}\cdot K^{-1}}}L=\frac{L}{5.6\times10^{-3}\ \mathrm{m}}$$

$$F_0(L)=\frac{\alpha t}{L^2}=\frac{kt}{\rho c_p L^2}=\frac{38\ \mathrm{W\cdot m^{-1}\cdot K^{-1}}\times 2\ \mathrm{s}}{7\ 850\ \mathrm{kg\cdot m^{-3}}\times 603\ \mathrm{J\cdot kg^{-1}\cdot K^{-1}}\times L^2}=\frac{1.61\times10^{-5}\mathrm{m}^2}{L^2}$$

由此可以计算不同 L 值对应的 Bi 和 F_0，并把计算所得的 Bi 和 F_0 绘制成曲线，与上表中的数据曲线对比，如图 8.1.6 所示。

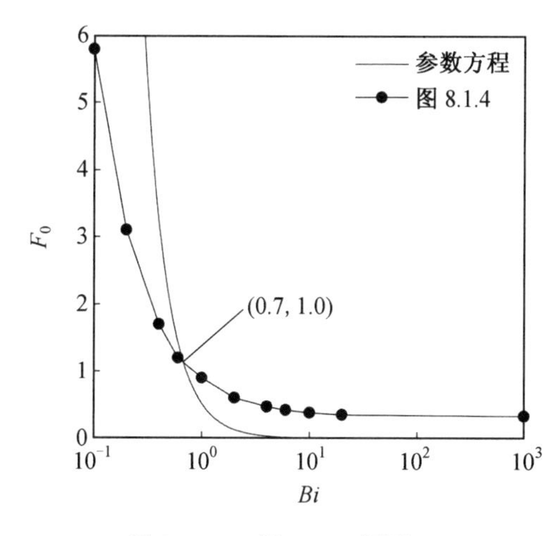

图 8.1.6　例 8.1.1 题图 2

可以估计这两条曲线的交点为 $Bi=0.7, F_0=1.0$。由此可解得所对应的 $L=5.6\times10^{-3}\ \mathrm{m}\times Bi=3.9\times10^{-3}\ \mathrm{m}$。即共析钢钢板的最大厚度为 7.8 mm。

在极限厚度准数下的温度场分布具有显著特点。如图 8.1.7 所示，当厚度准数较小时($Bi\ll0.1$)，导热热阻远远小于对流换热热阻，传热过程整体由对流换热控制，也就是说平板的热导率对传热过程几乎没有影响，所以平板内部的温度场均匀分布，与 6.1 节中的稳态导热具有相同的结论；当厚度准数较大时($Bi\gg10$)，导热热阻远远大于对流换热热阻，传热过程整体由导热控制，即对流换热系数对传热过程几乎没有影响，所以表面处的温度准数近似为 0，即 $T_s=T_\infty$，即第三类边界条件转变至第一类边界条件；当厚度准数 $0.1\leqslant Bi\leqslant10$ 时，传热过程整体由导热和对流换热共同控制，心部温度和表面温度都随着时间变化，但是表面温度在初期的变化速度较快，后期与心部温度同步变化。

理论上，若已知式(8.1.27)中(θ　Bi　F_0　x/L)的 3 个参数值，便可计算另一个参

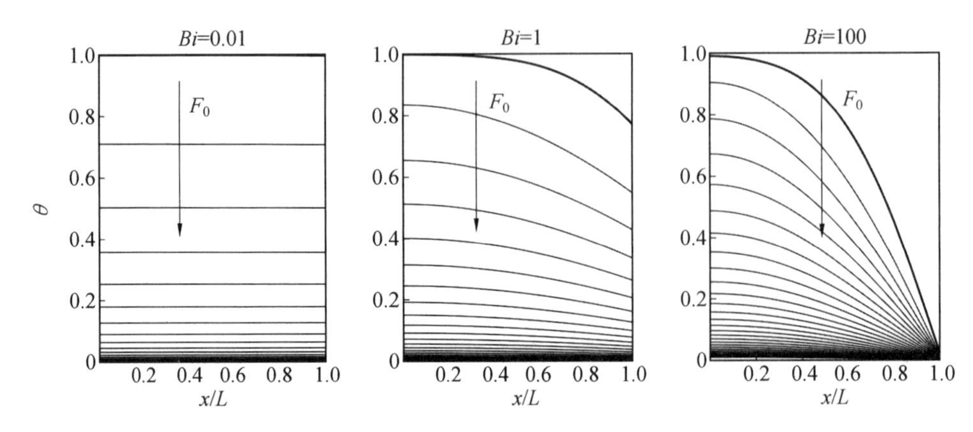

图 8.1.7 一维无限大平板内的温度场在不同厚度准数与时间准数时的分布($Bi=0.01$ 时，$F_0=0.0625 \rightarrow 10^3$ 的 30 等分；$Bi=1$ 时，$F_0=0.0625 \rightarrow 10$ 的 30 等分；$Bi=100$ 时，$F_0=0.0625 \rightarrow 2$ 的 30 等分)

数值。然而，由于温度场解析解是无穷级数和的形式，根据 θ 反向计算 F_0 较为复杂。为了使温度场解析解更具实用价值，工程技术领域中常用的几种计算时间准数的简化方法如图 8.1.8 所示。

当 $Bi \leqslant 0.1$ 时(Ⅰ区)为对流换热控制下的导热，可以忽略内部温度梯度，可以用集总参数法计算时间准数；

当 $Bi > 0.1$，且 $F_0 \geqslant 0.2$ 时(Ⅱ区)，属于长时间导热，用诺莫图法计算时间准数；

当 $Bi > 0.1$，且 $F_0 \leqslant 0.0625$ 时(Ⅲ区)，属于短时间导热，温度场只在工件表层演变，用温度场的误差函数解计算时间准数。

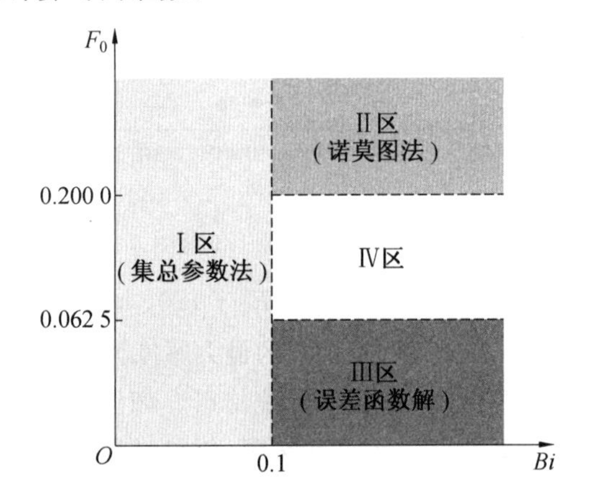

图 8.1.8 材料的加热 / 冷却时间在不同厚度准数和时间准数区域的计算方法

其他条件(Ⅳ区)的时间准数计算既不能忽略空间的影响也不能简化时间的影响。

8.2 集总参数法及其应用

继续以厚度为 $2L$ 的一维无限大平板的加热为例，如图 8.2.1 所示，当厚度准数 $Bi \ll 0.1$ 时，传热机制为表面对流换热，材料内部的温度均匀分布。导热方程为

$$\frac{\partial T}{\partial t}=\alpha \frac{\partial^2 T}{\partial x^2} \tag{8.2.1}$$

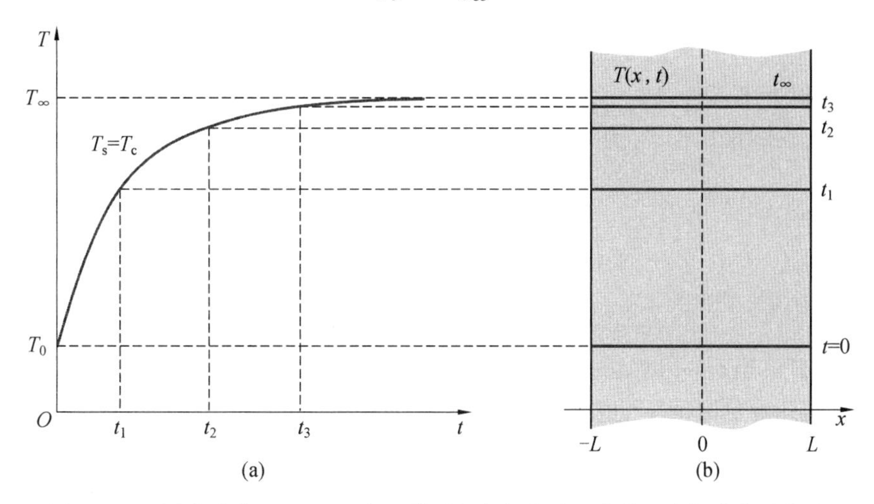

图 8.2.1 厚度准数 $Bi \ll 0.1$ 的一维平板在加热过程中的温度场分布示意图

假设平板的体积为 V，总表面积为 A（两侧表面积之和）。由于温度均匀分布，可直接给出平板内的总热量 H 随时间的变化率为

$$\frac{\mathrm{d}H}{\mathrm{d}t}=\frac{\mathrm{d}}{\mathrm{d}t}\int_0^L \rho c_p T A\,\mathrm{d}x=\int_0^L \rho c_p \frac{\mathrm{d}T}{\mathrm{d}t}A\,\mathrm{d}x=\rho c_p V\frac{\mathrm{d}T}{\mathrm{d}t} \tag{8.2.2}$$

根据导热方程(8.2.1)可知

$$\int_0^L \rho c_p \frac{\mathrm{d}T}{\mathrm{d}t}A\,\mathrm{d}x=\int_0^L k\frac{\partial^2 T}{\partial x^2}A\mathrm{d}x=Ak\left(\left.\frac{\partial T}{\partial x}\right|_{x=L}-\left.\frac{\partial T}{\partial x}\right|_{x=0}\right) \tag{8.2.3}$$

根据边界条件

$$\begin{cases}-k\left.\dfrac{\partial T}{\partial x}\right|_{x=L}=h(T-T_\infty)\\ -k\left.\dfrac{\partial T}{\partial x}\right|_{x=0}=0\end{cases} \tag{8.2.4}$$

可得

$$Ak\left(\left.\frac{\partial T}{\partial x}\right|_{x=L}-\left.\frac{\partial T}{\partial x}\right|_{x=0}\right)=Ah(T_\infty-T) \tag{8.2.5}$$

代入式(8.2.2)可知

$$\frac{\mathrm{d}H}{\mathrm{d}t}=\rho c_p V\frac{\mathrm{d}T}{\mathrm{d}t}=Ah(T_\infty-T) \tag{8.2.6}$$

因此，温度随时间的变化满足

$$\rho c_p V \frac{\mathrm{d}T}{\mathrm{d}t} = Ah(T_\infty - T) \tag{8.2.7}$$

由初始条件 $T(0)=T_0$ 解得温度场解析解为

$$\theta = \frac{T - T_\infty}{T_0 - T_\infty} = \exp\left(-\frac{Aht}{\rho c_p V}\right) \tag{8.2.8}$$

从上面的分析可以看出，只要满足对流换热控制($Bi \to 0$)的要求，温度场解析解(8.2.8)具有一般性，适用于所有形状的工件。定义特征长度为

$$L_c \equiv \frac{V}{A} \tag{8.2.9}$$

对于无限大平板件，$L_c = L$；对于半径为 r 的无限长圆柱，$L_c = r/2$；对于半径为 r 的球体，$L_c = r/3$。式(8.2.8)写为

$$\theta = \exp\left(-\frac{ht}{\rho c_p L_c}\right) \tag{8.2.10}$$

定义

$$\tau_r \equiv \frac{\rho c_p L_c}{h} \tag{8.2.11}$$

为“弛豫时间”。当 $t=\tau_r$ 时，$\theta=0.37$；当 $t=5\tau_r$ 时，$\theta=0.01$。至此，接触到了关于传热的3个特征时间，即导热时间 τ_d、过程时间 τ_p、弛豫时间 τ_r。与 τ_d、τ_p 不同的是，τ_r 是对流换热热阻与平板热容两部分复合组成的特征时间。为了进一步了解弛豫时间的物理含义，加热过程可以与电容器的充电过程进行类比。如图8.2.2所示，式(8.2.7)的形式与一个RC串联电路的充电方程类似，

$$I = C\frac{\mathrm{d}V}{\mathrm{d}t} = \frac{V_\infty - T}{R} \tag{8.2.12}$$

其中，I 为电流，相当于热流；C 为电容，相当于 $\rho c_p V$；R 为电阻，相当于 $1/Ah$。可以看出，

$$\tau_r = RC \tag{8.2.13}$$

即为RC串联电路的充放电特征时间。

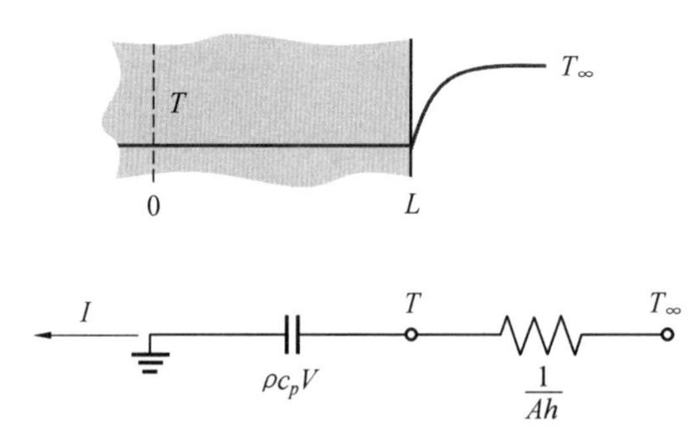

图8.2.2 厚度准数 $Bi \to 0$ 的一维平板在加热过程中的等效电路图

需要注意的是，式(8.2.8)中的 t/τ_r 并不代表时间准数，而是厚度准数与时间准数的乘积，

$$\frac{t}{\tau_r} = \frac{ht}{\rho c_p L_c} = \frac{hL_c}{k}\frac{k}{\rho c_p}\frac{t}{L_c^2} = \frac{hL_c}{k}\frac{\alpha t}{L_c^2} = BiF_0 \tag{8.2.14}$$

因此,式(8.2.8)为

$$\theta = \exp(-BiF_0) \tag{8.2.15}$$

式(8.2.15)也可由8.1节中的式(8.1.26)直接简化得到。过程如下:

当 $Bi \to 0$ 时,根据式(8.1.18)可知

$$\mu_1 = \sqrt{Bi}, \quad \mu_i = (i-1)\pi \quad (i = 2, 3, \cdots, \infty) \tag{8.2.16}$$

代入式(8.1.26)可知,其右侧求和项只有首项不为零,即

$$\theta = \frac{2\sin(\sqrt{Bi})}{\sqrt{Bi} + \sin(\sqrt{Bi})\cos(\sqrt{Bi})} \cos\left(\sqrt{Bi}\,\frac{x}{L}\right) \exp(-BiF_0) \tag{8.2.17}$$

利用泰勒公式

$$\sin(\sqrt{Bi}) \to \sqrt{Bi}, \quad \cos(\sqrt{Bi}) \to 1, \quad \cos\left(\sqrt{Bi}\,\frac{x}{L}\right) \to 1 \quad (Bi \to 0) \tag{8.2.18}$$

就可以得到式(8.2.15)。

例 8.2.1 热电偶是一个由两种不同金属导线在一端连接、另一端与电压表相连组成的电路,通过测量电压来间接测量高温端温度。如图8.2.3所示,已知热电偶的高温端接点可近似为半径 r 的球体。球体表面与炉内气氛之间的对流换热系数为 $h = 400\ \text{W} \cdot \text{m}^{-2} \cdot \text{K}^{-1}$,球体热导率为 $k = 20\ \text{W} \cdot \text{m}^{-1} \cdot \text{K}^{-1}$,热容为 $c_p = 400\ \text{J} \cdot \text{kg}^{-1} \cdot \text{K}^{-1}$,密度为 $\rho = 8\ 500\ \text{kg} \cdot \text{m}^{-3}$。若要求热电偶弛豫时间为 $\tau_r = 1\ \text{s}$,则连接端球体半径应为多少?若热电偶由室温 $T_0 = 25\ ℃$ 置于温度为 $T_\infty = 200\ ℃$ 的热处理炉中,那么球体温度升至199 ℃需要多长时间?

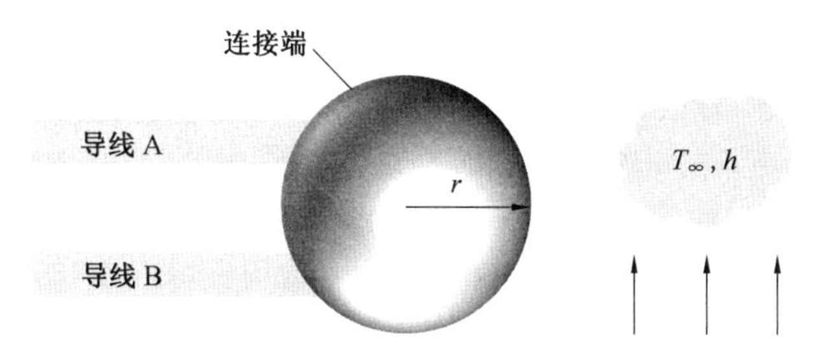

图 8.2.3 例 8.2.1 题图

解 球体体积和表面积分别为

$$V = \frac{4}{3}\pi r^3, \quad A = 4\pi r^2$$

假设连接端与导线之间的传热可忽略不计,并且连接端内的温度分布均匀,那么可以直接应用式(8.2.11)和式(6.1.23)计算连接端球体半径,

$$\tau_r \equiv \frac{\rho c_p L_c}{h} = \frac{\rho c_p V}{hA} = \frac{\rho c_p r}{3h}$$

则有

$$r = \frac{3h\tau_r}{\rho c_p} = \frac{3 \times 400\ \text{W} \cdot \text{m}^{-2} \cdot \text{K}^{-1} \times 1\ \text{s}}{8\ 500\ \text{kg} \cdot \text{m}^{-3} \times 400\ \text{J} \cdot \text{kg}^{-1} \cdot \text{K}^{-1}} = 3.53 \times 10^{-4}\ \text{m}$$

注意这一结果是基于球体内的温度均匀分布(即对流换热控制)这一假设得来的,需要基于计算结果计算厚度准数验证假设的合理性,

$$Bi=\frac{hL_{\mathrm{c}}}{k}=\frac{hV}{kA}=\frac{hr}{3k}=\frac{400\ \mathrm{W\cdot m^{-2}\cdot K^{-1}}\times 3.53\times 10^{-4}\ \mathrm{m}}{3\times 20\ \mathrm{W\cdot m^{-1}\cdot K^{-1}}}=2.35\times 10^{-3}$$

满足 $Bi\ll 0.1$ 的要求，因此计算结果可靠。

若热电偶由室温 $T_0=25$ ℃ 置于温度为 $T_\infty=200$ ℃ 的热处理炉中，升至 199 ℃ 的温度准数为

$$\theta=\frac{T-T_\infty}{T_0-T_\infty}=\frac{199-200}{25-200}=5.71\times 10^{-3}$$

代入式(8.2.15)中，可得时间准数为

$$F_0=-\frac{\ln\theta}{Bi}=-\frac{\ln 5.71\times 10^{-3}}{2.35\times 10^{-3}}=2.20\times 10^{3}$$

根据式(8.2.14)中的时间准数定义，可知实际升温时间为

$$\begin{aligned}t&=\frac{\rho c_p L_{\mathrm{c}}^2 F_0}{k}\\&=\frac{8\ 500\ \mathrm{kg\cdot m^{-3}}\times 400\ \mathrm{J\cdot kg^{-1}\cdot K^{-1}}\times(3.53\times 10^{-4}\ \mathrm{m}/3)^2\times 2.20\times 10^3}{20\ \mathrm{W\cdot m^{-1}\cdot K^{-1}}}=5.2\ \mathrm{s}\end{aligned}$$

由此可见，使用热电偶准确测温需要一段时间。若加热或冷却过程的过程时间 $\tau_{\mathrm{p}}\gg\tau_{\mathrm{r}}$，则热电偶可以准确跟踪炉内温度的变化；反之，则不能准确测温。这与用水银温度计测量体温一样，一般情况下需要保持 5 min 左右才能准确测量出体温；若保温时间不够，则测量结果不可靠。弛豫时间对于温度传感器及其他传感器来说，都是一个重要的技术参数，决定了传感器的灵敏度。

例 8.2.2 将一个尺寸为 6 mm×300 mm×300 mm 的铝合金板在 810 K 固溶后放入 365 K 的水中淬火。经试验测定，铝合金表面与水之间的对流换热系数为

$$h=\begin{cases}510\ \mathrm{W\cdot m^{-2}\cdot K^{-1}} & (530\ \mathrm{K}\leqslant T\leqslant 810\ \mathrm{K})\\2\ 550\ \mathrm{W\cdot m^{-2}\cdot K^{-1}} & (365\ \mathrm{K}\leqslant T\leqslant 530\ \mathrm{K})\end{cases}$$

已知铝合金热导率为 $k=78\ \mathrm{W\cdot m^{-1}\cdot K^{-1}}$，热容为 $c_p=1\ 000\ \mathrm{J\cdot kg^{-1}\cdot K^{-1}}$，密度为 $\rho=2\ 880\ \mathrm{kg\cdot m^{-3}}$。请计算铝合金板冷却至 590 K 和 420 K 时的冷却速度，以及冷却至 390 K 时所需的时间。

解 对于该铝合金板，其特征长度为平板的半厚度，

$$L_{\mathrm{c}}=\frac{V}{A}\approx 0.003\ \mathrm{m}$$

计算厚度准数为

$$Bi=\begin{cases}\dfrac{hL_{\mathrm{c}}}{k}=\dfrac{510\ \mathrm{W\cdot m^{-2}\cdot K^{-1}}\times 0.003\ \mathrm{m}}{78\ \mathrm{W\cdot m^{-1}\cdot K^{-1}}}=0.02 & (530\ \mathrm{K}\leqslant T\leqslant 810\ \mathrm{K})\\[2ex]\dfrac{hL_{\mathrm{c}}}{k}=\dfrac{2\ 550\ \mathrm{W\cdot m^{-2}\cdot K^{-1}}\times 0.003\ \mathrm{m}}{78\ \mathrm{W\cdot m^{-1}\cdot K^{-1}}}=0.10 & (365\ \mathrm{K}\leqslant T\leqslant 530\ \mathrm{K})\end{cases}$$

属于对流换热控制，根据式(8.2.7)给出温度随时间的变化率为

$$\frac{\mathrm{d}T}{\mathrm{d}t}=\frac{h}{\rho c_p}\frac{A}{V}(T_\infty-T)$$

计算冷却速度为

$$\left.\frac{\mathrm{d}T}{\mathrm{d}t}\right|_{T=590\ \mathrm{K}}=\frac{510\ \mathrm{W\cdot m^{-2}\cdot K^{-1}}}{2\ 880\ \mathrm{kg\cdot m^{-3}}\times 1\ 000\ \mathrm{J\cdot kg^{-1}\cdot K^{-1}}}\frac{1}{0.003\ \mathrm{m}}(365\ \mathrm{K}-590\ \mathrm{K})=-13.3\ \mathrm{K\cdot s^{-1}}$$

$$\left.\frac{\mathrm{d}T}{\mathrm{d}t}\right|_{T=420\ \mathrm{K}}=\frac{2\ 550\ \mathrm{W\cdot m^{-2}\cdot K^{-1}}}{2\ 880\ \mathrm{kg\cdot m^{-3}}\times 1\ 000\ \mathrm{J\cdot kg^{-1}\cdot K^{-1}}}\frac{1}{0.003\ \mathrm{m}}(365\ \mathrm{K}-420\ \mathrm{K})=-16.4\ \mathrm{K\cdot s^{-1}}$$

由于两阶段的对流换热系数不同，所以需要分阶段计算冷却时间。首先计算由810 K冷却至530 K的时间。由式(8.2.15)可知

$$F_0=-\frac{1}{Bi}\ln\theta=-\frac{1}{0.02}\ln\frac{530-365}{810-365}=49.6$$

即

$$t_1=\frac{\rho c_p L_c^2 F_0}{k}=\frac{2\ 880\ \mathrm{kg\cdot m^{-3}}\times 1\ 000\ \mathrm{J\cdot kg^{-1}\cdot K^{-1}}\times(0.003\ \mathrm{m})^2\times 49.6}{78\ \mathrm{W\cdot m^{-1}\cdot K^{-1}}}=16.5\ \mathrm{s}$$

然后计算由530 K冷却至390 K的时间，

$$F_0=-\frac{1}{Bi}\ln\theta=-\frac{1}{0.10}\ln\frac{390-365}{530-365}=18.9$$

即

$$t_2=\frac{\rho c_p L_c^2 F_0}{k}=\frac{2\ 880\ \mathrm{kg\cdot m^{-3}}\times 1\ 000\ \mathrm{J\cdot kg^{-1}\cdot K^{-1}}\times(0.003\ \mathrm{m})^2\times 18.9}{78\ \mathrm{W\cdot m^{-1}\cdot K^{-1}}}=6.3\ \mathrm{s}$$

所以，总冷却时间为

$$t=t_1+t_2=16.5\ \mathrm{s}+6.3\ \mathrm{s}=22.8\ \mathrm{s}$$

需要注意的是，本例中的厚度准数刚好满足对流传热机制($Bi\ll 0.1$)的要求。如果平板的厚度大于6 mm，那么就不能忽略平板内温度分布的不均匀性，也就不能应用式(8.2.15)计算冷却时间。

8.3 诺莫图法及其应用

当厚度准数 $Bi>0.1$ 时，工件内部的温度场具有明显的非均匀分布的特征。在这种情况下，集总参数法不再适用。观察式(8.1.26)可以看出，其右侧的无穷级数项中的指数项随着时间准数 F_0 的增加显著降低，且 μ_i 的数值越大，其下降的速度越大。为了简化计算的难度，能否只考虑无穷级数的首项($i=1$)，忽略其他的所有项($i=2,3,\cdots,\infty$)呢？答案是肯定的！当时间准数 $F_0\geqslant 0.2$ 时，可以只用无穷级数的首项计算温度场，

$$\theta(x,t)=\frac{2\sin(\mu_1)}{\mu_1+\sin(\mu_1)\cos(\mu_1)}\cos\left(\mu_1\frac{x}{L}\right)\exp(-\mu_1^2F_0) \tag{8.3.1}$$

如图8.3.1所示，用式(8.3.1)计算的表面温度准数和心部温度准数与其精确解基本一致。然而当 $F_0<0.2$ 时出现明显偏差。

根据式(8.3.1)得出心部温度准数表达式为

$$\theta_m=\theta(x=0,t)=\frac{2\sin\mu_1}{\mu_1+\sin\mu_1\cos\mu_1}\exp(-\mu_1^2F_0) \tag{8.3.2}$$

则有

$$\frac{\theta}{\theta_m}=\cos\left(\mu_1\frac{x}{L}\right) \tag{8.3.3}$$

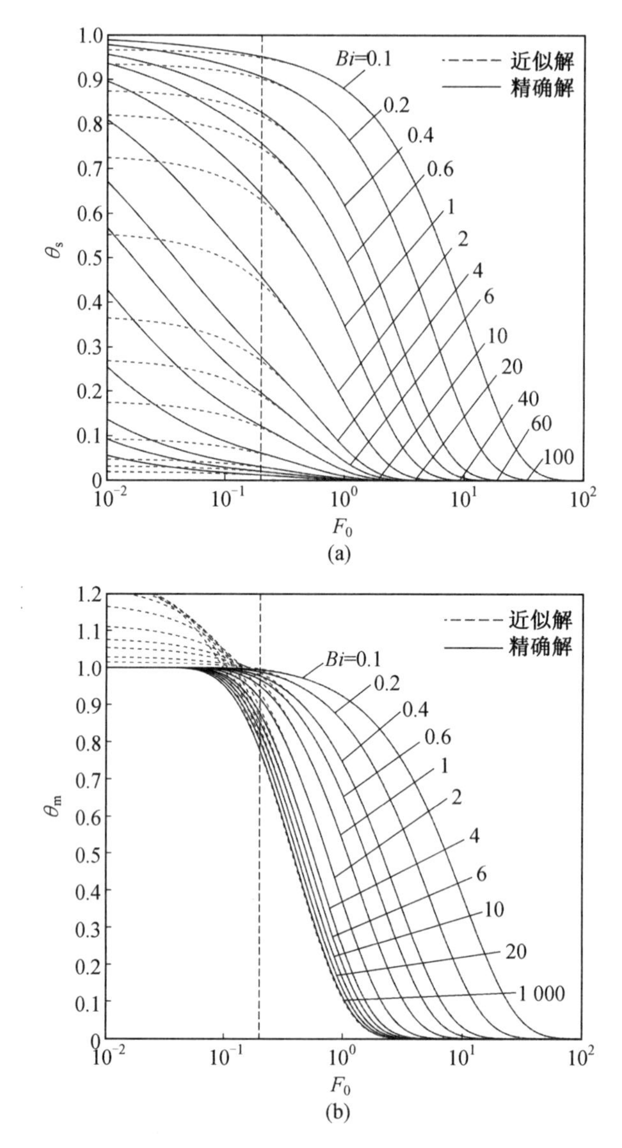

图 8.3.1 采用式(8.3.1)近似计算的表面温度准数和心部温度准数与精确解的对比

根据式(8.1.18)可知

$$\mu_1 \tan \mu_1 = Bi \quad \left(0 \leqslant \mu_1 \leqslant \frac{\pi}{2}\right) \tag{8.3.4}$$

可以看出，θ/θ_m 只与厚度准数 Bi 相关而与时间准数 F_0 无关；因此，θ 可以被拆分为 θ/θ_m 和 θ_m 两项的乘积，

$$\theta(x,t) = \frac{\theta}{\theta_m}\theta_m \tag{8.3.5}$$

这样处理就可以用图形法计算时间准数。例如，当需要计算 x 位置处温度准数为 $\theta(x/L,t)$ 时所需要的时间 t 时，可以根据平板厚度、热导率、对流换热系数首先计算相对位置 x/L 和 $1/Bi$；利用图 8.3.2，根据位置 x/L 和 $1/Bi$ 直接读出 θ/θ_m 的数值；再根据要求

的 θ 值计算得出 θ_m；然后利用图 8.3.3，根据 $1/Bi$ 和 θ_m 直接读出时间准数 F_0。该方法即为诺莫图法，它无须繁杂的计算（主要源于 μ_1 的求解），直接利用图 8.3.2 和图 8.3.3 两张图计算时间准数，在工程实践中取得了广泛应用。

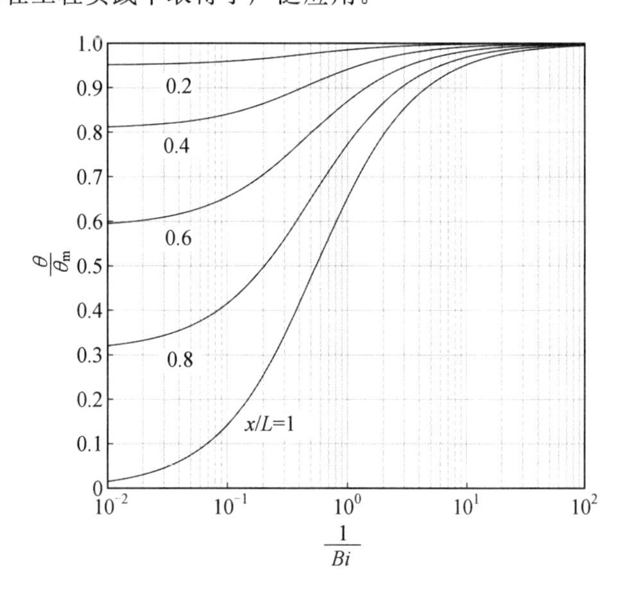

图 8.3.2 无限大平板的 θ/θ_m 曲线

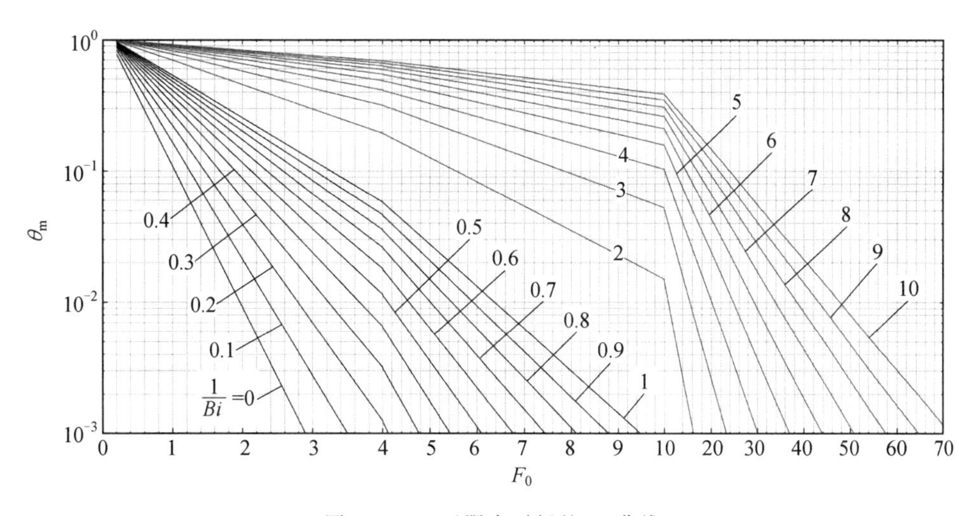

图 8.3.3 无限大平板的 θ_m 曲线

例 8.3.1 初始温度 $T_0=20$ ℃，厚度为 400 mm 的钢板，置于温度 $T_\infty=900$ ℃ 的热处理炉内加热。已知对流换热系数为 $h=174\ \mathrm{W\cdot m^{-2}\cdot K^{-1}}$，热导率为 $k=34.8\ \mathrm{W\cdot m^{-1}\cdot K^{-1}}$，导温系数为 $\alpha=6.95\times10^{-6}\mathrm{m^2\cdot s^{-1}}$。求表面升温至 460 ℃ 所需的时间。

解 首先根据题意计算以下参数：

$$\frac{x}{L}=1$$

$$Bi=\frac{hL}{k}=\frac{174\ \mathrm{W\cdot m^{-2}\cdot K^{-1}}\times 0.2\ \mathrm{m}}{34.8\ \mathrm{W\cdot m^{-1}\cdot K^{-1}}}=1.0$$

$$\theta_s=\frac{T_s-T_\infty}{T_0-T_\infty}=\frac{460-900}{20-900}=0.50$$

利用图 8.3.2，根据位置 x/L 和 $1/Bi$ 直接读出 θ_s/θ_m 的数值，

$$\frac{\theta_s}{\theta_m}=0.65$$

根据 θ_s 的值计算得出 θ_m 为

$$\theta_m=\frac{0.50}{0.65}=0.78$$

然后利用图 8.3.3，根据 $1/Bi$ 和 θ_m 直接读出时间准数 F_0，

$$F_0=0.49$$

由于 $F_0>0.2$，所以诺莫图法适用。根据时间准数的定义求得升温时间为

$$\tau_{升}=\frac{L^2F_0}{\alpha}=\frac{0.04\ \mathrm{m^2}\times 0.49}{6.95\times 10^{-6}\mathrm{m^2\cdot s^{-1}}}=0.78\ \mathrm{h}$$

8.4 误差函数解及其应用

当厚度准数 $Bi>0.1$ 且 $F_0<0.2$ 时，温度场近似解(8.3.1)与精确解之间出现较大偏差，诺莫图法不再适用。特别是，当 $F_0\leqslant 0.0625$ 时(图 8.1.5)，温度场的变化只发生在表面附近，平板的厚度对温度场分布没有显著影响。如图 8.4.1(a)所示，平板内的导热过程可以近似为一维半无限厚导热问题。即平板心部的温度恒为初始温度 T_0，其表面温度随时间变化由 T_0 逐渐变化至 T_∞。在平板表层的温度场演变如图 8.4.1(b)所示，随着时间的延长，表面温度和导热深度逐渐增加，直到表面温度达到 T_∞ 后保持恒定，但是导热深度还在继续增加。

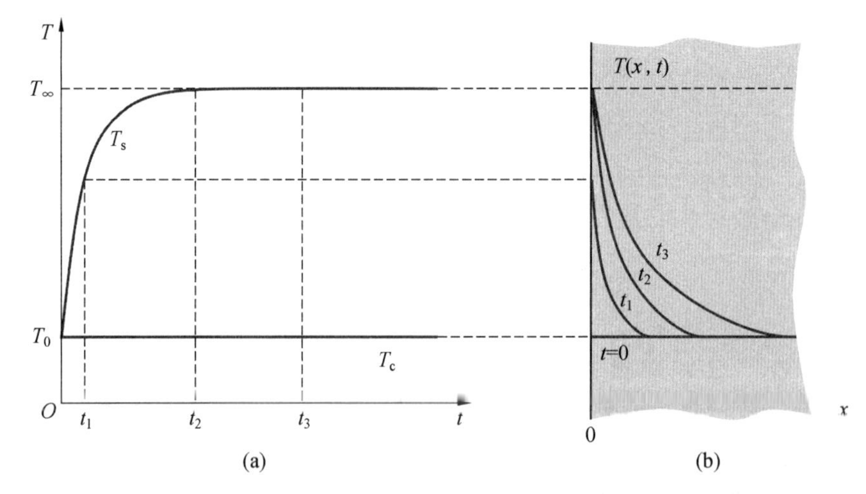

图 8.4.1 厚度准数 $Bi>0.1$ 且时间准数 $F_0\leqslant 0.0625$ 的一维平板在加热过程中的温度场分布示意图

根据上述分析，类似式(8.1.7)～(8.1.10)，列出该问题的导热方程及其初始条件和

边界条件为

$$\frac{\partial\theta}{\partial t}=\alpha\frac{\partial^2\theta}{\partial x^2} \tag{8.4.1}$$

$$\theta(x,0)=1 \tag{8.4.2}$$

$$-k\frac{\partial\theta}{\partial x}\bigg|_{x=0}=-h\theta(0,t) \tag{8.4.3}$$

$$-k\frac{\partial\theta}{\partial x}\bigg|_{x=\infty}=0 \tag{8.4.4}$$

采用拉普拉斯变换法求解上述方程组，具体过程如下。

首先在式(8.4.1)左右两边同时乘 $\exp(-pt)$，其中 p 为常数。并对时间进行积分，可得

$$\int_0^\infty \exp(-pt)\frac{\partial^2\theta}{\partial x^2}\mathrm{d}t=\frac{1}{\alpha}\int_0^\infty \exp(-pt)\frac{\partial\theta}{\partial t}\mathrm{d}t \tag{8.4.5}$$

调换积分和求导顺序，则式(8.4.5)左侧为

$$\int_0^\infty \exp(-pt)\frac{\partial^2\theta}{\partial x^2}\mathrm{d}t=\frac{\partial^2}{\partial x^2}\int_0^\infty \theta\exp(-pt)\mathrm{d}t \tag{8.4.6}$$

定义 $\bar{\theta}$ 为 θ 的拉普拉斯变换，

$$\bar{\theta}(x,p)\equiv\int_0^\infty \theta(x,t)\exp(-pt)\mathrm{d}t \tag{8.4.7}$$

则有逆变换为

$$\theta(x,t)=\frac{1}{2\pi\mathrm{i}}\int_{\sigma-\mathrm{i}\infty}^{\sigma+\mathrm{i}\infty}\bar{\theta}(x,p)\exp(pt)\mathrm{d}p\quad(\sigma\geqslant 0) \tag{8.4.8}$$

则式(8.4.6)可以表达为

$$\int_0^\infty \exp(-pt)\frac{\partial^2\theta}{\partial x^2}\mathrm{d}t=\frac{\mathrm{d}^2\bar{\theta}}{\mathrm{d}x^2} \tag{8.4.9}$$

然后把式(8.4.5)右侧积分进行分部积分可得

$$\int_0^\infty \exp(-pt)\frac{\partial\theta}{\partial t}\mathrm{d}t=[\theta\exp(-pt)]_0^\infty+p\int_0^\infty \exp(-pt)\theta\mathrm{d}t=p\bar{\theta}-1 \tag{8.4.10}$$

上式已经用到初始条件(8.4.2)。因此可得式(8.4.5)为

$$\frac{\mathrm{d}^2\bar{\theta}}{\mathrm{d}x^2}-\frac{p}{\alpha}\bar{\theta}=-\frac{1}{\alpha} \tag{8.4.11}$$

同理可得边界条件为

$$-k\frac{\partial\bar{\theta}}{\partial x}\bigg|_{x=0}=-h\bar{\theta}(0,p) \tag{8.4.12}$$

$$-k\frac{\partial\bar{\theta}}{\partial x}\bigg|_{x=\infty}=0 \tag{8.4.13}$$

这样，就把式(8.4.1)～(8.4.4)的偏微分方程组转化为式(8.4.11)～(8.4.13)的常微分方程组。式(8.4.11)为常系数线性非齐次微分方程，其通解为

$$\bar{\theta}(x,p)=C_1\exp\left(\sqrt{\frac{p}{\alpha}}x\right)+C_2\exp\left(-\sqrt{\frac{p}{\alpha}}x\right)+\frac{1}{p} \tag{8.4.14}$$

根据边界条件(8.4.13)可知，$C_1=0$；再根据边界条件(8.4.12)可知

$$\bar{\theta}(x,p)=\frac{1}{p}\left[1-\frac{h/k}{\sqrt{p/\alpha}+h/k}\exp\left(-\sqrt{\frac{p}{\alpha}}x\right)\right] \tag{8.4.15}$$

根据式(8.4.8)，计算 $\bar{\theta}(x,p)$ 的原函数为

$$\theta(x,t)=\mathrm{erf}\left(\frac{x}{2\sqrt{\alpha t}}\right)+\exp\left(\frac{hx}{k}+\frac{h^2\alpha t}{k^2}\right)\mathrm{erfc}\left[\frac{x}{2\sqrt{\alpha t}}+\frac{h\sqrt{\alpha t}}{k}\right] \tag{8.4.16}$$

用厚度准数和时间准数表示为

$$\theta(x,t)=\mathrm{erf}\left(\frac{x}{2\sqrt{F_0}L}\right)+\exp\left(Bi\frac{x}{L}+F_0Bi^2\right)\mathrm{erfc}\left(\frac{x}{2\sqrt{F_0}L}+\sqrt{F_0}Bi\right) \tag{8.4.17}$$

上式即为温度场分布的误差函数解。

若表面对流换热系数 $h\to\infty$，根据边界条件(8.4.3)则有 $\theta(0,t)=0$，即第三类边界条件退化为第一类边界条件，根据式(8.4.15)有

$$\bar{\theta}(x,p)=\frac{1}{p}\left[1-\exp\left(-\sqrt{\frac{p}{\alpha}}x\right)\right] \tag{8.4.18}$$

对应的温度场分布为

$$\theta(x,t)=\mathrm{erf}\left[\frac{x}{2\sqrt{\alpha t}}\right] \tag{8.4.19}$$

或为

$$\theta(x,t)=\mathrm{erf}\left[\frac{x}{2\sqrt{F_0}L}\right] \tag{8.4.20}$$

图8.4.2是利用误差函数解(8.4.17)计算的不同厚度准数下的无限大平板表面温度随时间准数的变化规律。可以看出，当 $F_0<0.2$ 时，误差函数解与精确解基本一致。这既弥补了诺莫图法在 $F_0<0.2$ 时计算误差较大的不足，又避免了精确解求无穷级数和的复杂计算。

然而，从图8.4.3所示的表层内部的温度场分布来看，时间准数需要满足 $F_0\leqslant 0.0625$ 才能保证计算的准确性。当 $F_0=0.0625$ 时，温度场的演变恰好由工件表面传递至工件心部。当 $F_0>0.0625$ 时，误差函数解与精确解之间出现较大偏差。值得注意的是，即便在 $F_0\leqslant 0.0625$ 时，误差函数解(8.4.17)也不一定适用。例如，当 $Bi=100$，$F_0=0.0625$ 时，θ 值只能计算到 $x/L=0.85$，之后就无法计算出结果。从计算科学的角度看，exp(18)的数值已经超出双精度浮点数的最大值。在没有算法的前提下，不能准确计算其数值。因此，当误差函数解(8.4.17)的指数项中的 $Bi\frac{x}{L}+F_0Bi^2>710$ 时就不能计算出有意义的结果。因此限定了式(8.4.17)的适用性。

例8.4.1 末端淬火(端淬)测试是评价钢铁材料淬透性的重要手段。如图8.4.4所示，将完全奥氏体化的圆棒试样迅速从炉中转移至试样支架上，用时不超过5 s，并在试样末端喷射一定流速的22 ℃冷却水($h\to\infty$)，持续10 min以上，之后浸入水中完全冷却，然后测量距离淬火端面不同距离处的硬度值，在半马氏体组织(50% 马氏体 + 50% 珠光

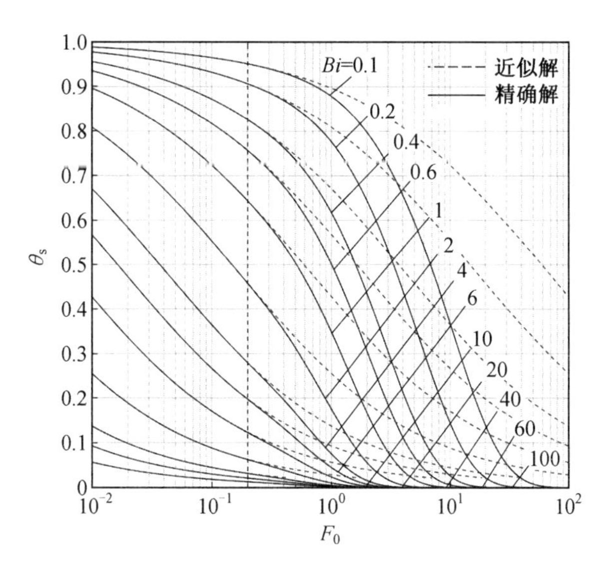

图 8.4.2 利用误差函数解(8.4.17)计算的一维无限大平板的表面温度准数与精确解的对比

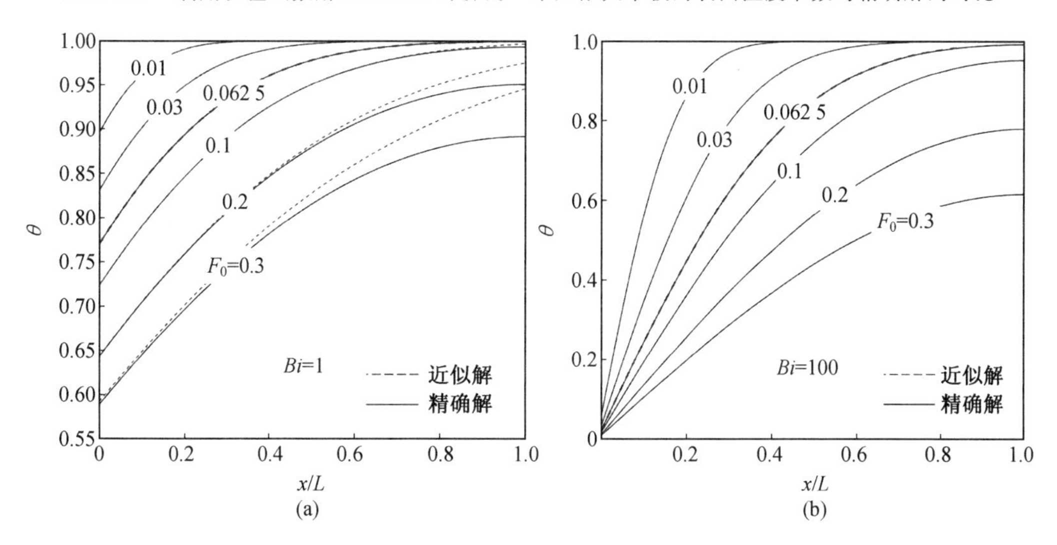

图 8.4.3 采用误差函数解(8.4.17)计算的 $Bi = 1$ 和 $Bi = 100$ 的一维无限大平板表层温度分布与精确解的对比($x/L = 0$ 为表面,$x/L = 1$ 为心部)

体)处的硬度值出现陡降,以此来衡量钢的淬硬层深度。

已知共析钢试样在 817 ℃ 完全奥氏体化进行端淬测试之后,半马氏体组织出现在距离淬火端面 9 mm 处。半马氏体组织的形成取决于冷却至 567 ℃ 所需的时间。根据共析钢的端淬试验结果,设计完全淬透的共析钢钢板的最大厚度为多少?已知淬火介质为盐溶液(对流换热系数为 $h=2\ 700\ \mathrm{W\cdot m^{-2}\cdot K^{-1}}$),热导率为 $k=38\ \mathrm{W\cdot m^{-1}\cdot K^{-1}}$,密度为 $\rho=7\ 850\ \mathrm{kg\cdot m^{-3}}$,热容为 $c_p=603\ \mathrm{J\cdot kg^{-1}\cdot K^{-1}}$。

解 根据式(8.4.19),计算 $x=9$ mm 处冷却至 567 ℃ 所需的时间,

$$\theta(x,t)=\frac{567-22}{817-22}=0.686=\mathrm{erf}\left[\frac{x}{2\sqrt{\alpha t}}\right]=\mathrm{erf}\left[\frac{9\ \mathrm{mm}}{2\sqrt{\dfrac{38\ \mathrm{W\cdot m^{-1}\cdot K^{-1}}}{7\ 850\ \mathrm{kg\cdot m^{-3}}\times 603\ \mathrm{J\cdot kg^{-1}\cdot K^{-1}}}t}}\right]$$

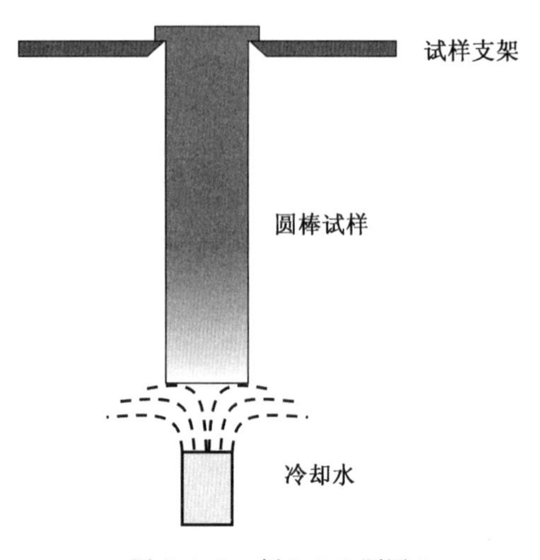

图 8.4.4 例 8.4.1 题图 1

即

$$\sqrt{\frac{2.52\ \text{s}}{t}}=\text{erf}^{-1}(0.686)=0.711\ 5$$

解得

$$t=\frac{2.52\ \text{s}}{0.711\ 5^2}=4.98\ \text{s}$$

基于上述结果，共析钢平板的最大厚度对应于其心部刚好形成半马氏体。借助图 8.3.3，可得出 $\theta_c=0.686$ 所对应的厚度准数和时间准数见表 8.4.1。

表 8.4.1 厚度准数和时间准数

$1/Bi$	0.1	0.2	0.4	0.6	1	2	4	6
F_0	0.299	0.342	0.427	0.507	0.660	1.046	1.804	2.559

根据厚度准数和时间准数的定义，

$$Bi(L)=\frac{hL}{k}=\frac{2\ 700\ \text{W}\cdot\text{m}^{-2}\cdot\text{K}^{-1}}{38\ \text{W}\cdot\text{m}^{-1}\cdot\text{K}^{-1}}L=\frac{L}{0.014\ \text{m}}$$

$$F_0(L)=\frac{\alpha t}{L^2}=\frac{kt}{\rho c_p L^2}=\frac{38\ \text{W}\cdot\text{m}^{-1}\cdot\text{K}^{-1}\times 4.98\ \text{s}}{7\ 850\ \text{kg}\cdot\text{m}^{-3}\times 603\ \text{J}\cdot\text{kg}^{-1}\cdot\text{K}^{-1}\times L^2}=\frac{4.00\times 10^{-5}\,\text{m}^2}{L^2}$$

由此可以计算不同 L 值对应的 Bi 和 F_0，并把计算所得的 Bi 和 F_0 绘制成一条曲线，与上表中的数据曲线对比，如图 8.4.5 所示。

可以估计这两条曲线的交点为 $Bi=0.4$，$F_0=1.3$。由此可解得所对应的 $L=0.014\ \text{m}\times Bi=5.6\times 10^{-3}\ \text{m}$。即共析钢钢板的最大厚度为 11.2 mm。

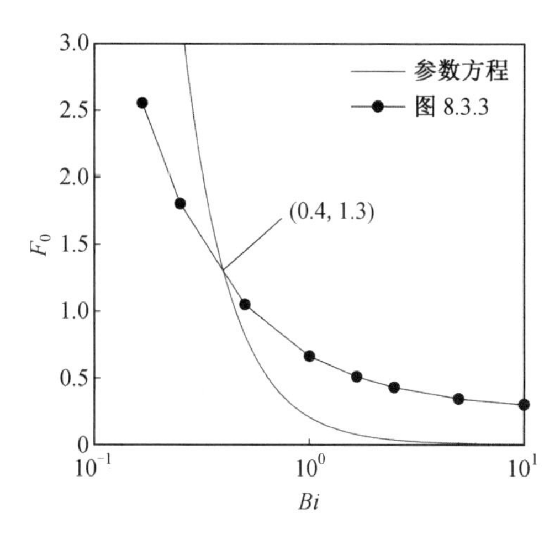

图 8.4.5 例 8.4.1 题图 2

8.5 仿型积分法及其应用

前面介绍的集总参数法、诺莫图法和误差函数法这 3 种方法都是为了便于计算时间准数而提出的。由于它们都是温度场的近似解，所以有各自的适用范围。它们的另一个共同点是不能直接给出时间准数。这无疑给热处理时间的设计计算带来障碍。有没有更加简洁的方法计算时间准数呢？有！仿型积分法。它的思想方法与前面所讲的方法大不相同。前面所讲的方法先通过严格求解导热方程再简化解析解；而仿型积分法先提出近似解的一般形式（不一定严格满足导热方程），再代入积分后的导热方程求出近似解。仿型积分法是 20 世纪 20 年代，冯·卡门在研究边界层流动时提出的。由于其方法简单、适用性广，在工程技术领域取得了广泛应用。本书作者闫牧夫教授在 20 世纪 80 年代提出了分析传热、扩散及其耦合过程的仿型积分法。

本节利用仿型积分法，以无限大平板的非稳态导热为例，给出温度场分布的仿型积分解和时间准数的计算方法。为了便于讨论，基于图 8.1.1 绘制图 8.5.1。根据前序章节的讨论可知，当时间准数 $F_0 \leqslant 0.0625$ 时，工件的厚度对导热没有影响，温度场只在工件的表层变化，当 $F_0 = 0.0625$ 时，热量刚好传递至工件心部。由于导热方程为抛物型偏微分方程，因此仿造偏微分方程的类型，假设平板内的温度场分布在心部温度开始变化之后 $(F_0 > 0.0625)$ 呈抛物线规律，

$$T(x,t) = T_m + (T_s + T_s^0 - T_m)\left(\frac{x}{L}\right)^2 \tag{8.5.1}$$

其中，T_s^0 为 $F_0 = 0.0625$ 时的表面温度，即

$$\theta_s^0 \equiv \frac{T_s^0 - T_\infty}{T_0 - T_\infty} = \exp(F_0\, Bi^2)\,\mathrm{erfc}(\sqrt{F_0}\, Bi) \tag{8.5.2}$$

显然，式(8.5.1) 满足 $x=0$ 处的边界条件(8.1.4)，$\partial T(x=0)/\partial x = 0$，且 $T(x=0) = T_m$；$T(x=L) = T_s + T_s^0$。其形状可以效仿图 8.5.1(b) 所示的温度场分布。

若给出 T_c 和 T_s 随时间的变化规律，就得到了温度场分布的具体表达式。因此，需要

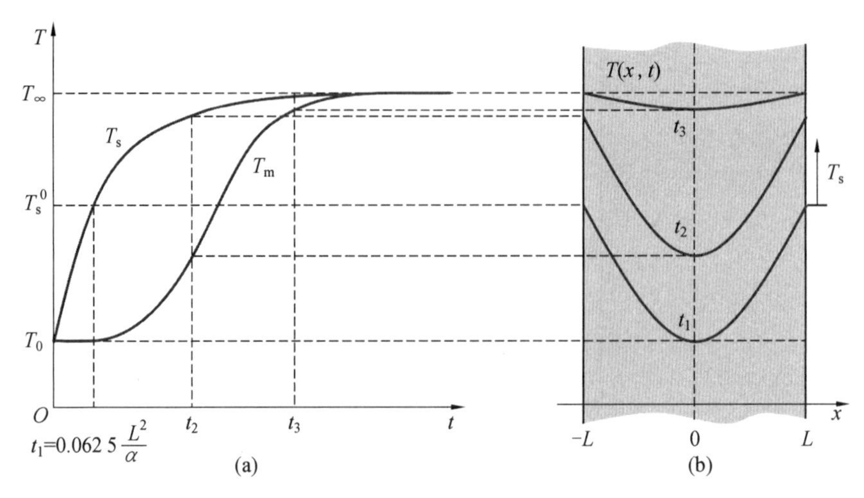

图 8.5.1　一维无限大平板在加热过程中的温度场分布示意图

一个含有时间的方程。对导热方程在厚度方向上积分,得

$$\int_0^L \frac{\partial T}{\partial t}\mathrm{d}x=\int_0^L \alpha\frac{\partial^2 T}{\partial x^2}\mathrm{d}x \tag{8.5.3}$$

根据式(8.5.1)可知

$$\begin{cases}\dfrac{\partial T}{\partial t}=\dfrac{\mathrm{d}T_m}{\mathrm{d}t}+\left[\dfrac{\mathrm{d}t_s}{\mathrm{d}t}-\dfrac{\mathrm{d}T_m}{\mathrm{d}t}\right]\left(\dfrac{x}{L}\right)^2\\ \dfrac{\partial T}{\partial x}=2\left[T_s+T_s^0-T_m\right]\dfrac{x}{L^2}\\ \dfrac{\partial^2 T}{\partial x^2}=2\left[T_s+T_s^0-T_m\right]\dfrac{1}{L^2}\end{cases} \tag{8.5.4}$$

把式(8.5.4)代入式(8.5.3)得

$$\frac{2}{3}\frac{\mathrm{d}T_m}{\mathrm{d}t}+\frac{1}{3}\frac{\mathrm{d}t_s}{\mathrm{d}t}=2\frac{\alpha}{L^2}(T_s+T_s^0-T_m) \tag{8.5.5}$$

若知道 T_m 和 T_s 的另一个关系式,则可解出它们的具体表达式。把式(8.5.4)代入 $x=L$ 处的对流换热边界条件(8.1.5)有

$$-2k\left[T_s+T_s^0-T_m\right]\frac{1}{L}=h\left[T_s+T_s^0-T_\infty\right] \tag{8.5.6}$$

把式(8.5.6)的 T_m 用 T_s 表示,代入式(8.5.5)可得

$$\frac{\mathrm{d}t_s}{\mathrm{d}t}=-\frac{9}{2Bi+7}\frac{\alpha}{L^2}Bi(T_s+T_s^0-T_\infty) \tag{8.5.7}$$

根据初始条件 $T_s(F_0=0.0625)=0$,解得表面温度与时间的关系为

$$t=\frac{L^2}{\alpha}\left(0.0625-\frac{2Bi+7}{9Bi}\ln\frac{T_s+T_s^0-T_\infty}{T_s^0-T_\infty}\right) \tag{8.5.8}$$

同理,把式(8.5.6)的 T_s 用 T_m 表示,代入式(8.5.5)可得

$$\frac{\mathrm{d}T_c}{\mathrm{d}t}=-2\frac{\alpha}{L^2}\frac{3Bi}{2Bi+6}(T_m-T_\infty) \tag{8.5.9}$$

根据初始条件 $T_m(F_0=0.0625)=T_0$,解得表面温度与时间的关系为

$$t=\frac{L^2}{\alpha}\left(0.0625-\frac{Bi+3}{3Bi}\ln\frac{T_m-T_\infty}{T_0-T_\infty}\right) \tag{8.5.10}$$

用温度准数、厚度准数和时间准数把式(8.5.8)和式(8.5.10)分别表示为无量纲的形式为

$$F_0=0.0625-\frac{2Bi+7}{9Bi}\ln\frac{\theta_s}{\theta_s^0} \tag{8.5.11}$$

$$F_0=0.0625-\frac{Bi+3}{3Bi}\ln\theta_m \tag{8.5.12}$$

应用式(8.5.8)、式(8.5.10)或其无量纲形式(8.5.11)和(8.5.12)，就可以直接计算热处理时间或温度准数。代入式(8.5.1)可得温度准数分布的仿型积分解为

$$\theta\left(\frac{x}{L},F_0,Bi\right)=\exp\left[-\frac{3Bi}{Bi+3}(F_0-0.0625)\right]+\left\{\theta_s^0\exp\left[-\frac{9Bi}{2Bi+7}(F_0-0.0625)\right]-\exp\left[-\frac{3Bi}{Bi+3}(F_0-0.0625)\right]\right\}\left(\frac{x}{L}\right)^2 \tag{8.5.13}$$

图8.5.2给出了式(8.5.11)和式(8.5.12)计算的表面温度准数和心部温度准数与精确解的对比结果。可见，温度场的仿型积分解与精确解的符合效果良好。由于仿型积分法直接给出了时间准数的计算公式，从而摆脱的基于图形法的反问题求解过程。因此，在误差允许范围内，仿型积分法更具有实用价值。

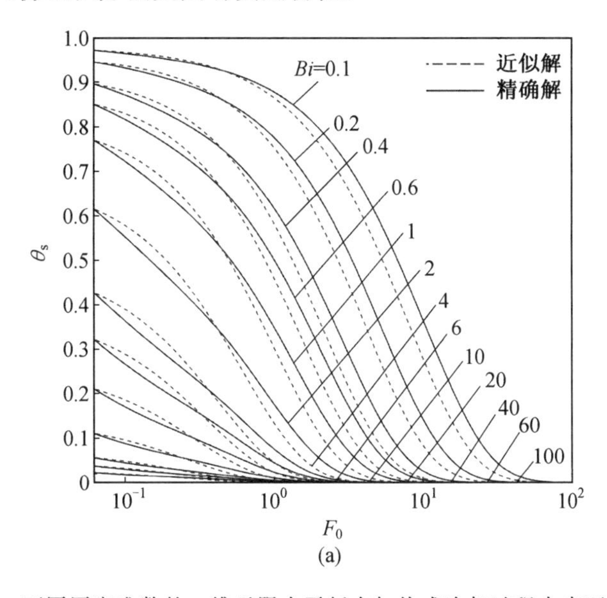

图8.5.2 不同厚度准数的一维无限大平板在加热或冷却过程中表面温度准数和心部温度准数随时间准数的变化规律

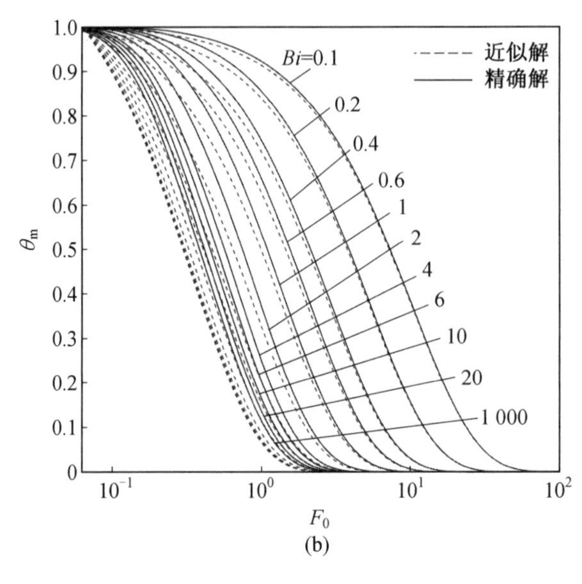

续图 8.5.2

例 8.5.1　继续讨论例 8.1.1，计算钢板的最大厚度，使其冷却后的显微组织全部转变为马氏体。

解　引用钢板心部冷却至 CCT 图“鼻尖”处的温度准数，

$$\theta_m=\frac{T-T_0}{T_\infty-T_0}=\frac{480-25}{810-25}=0.58$$

并引用厚度准数和时间准数的定义，

$$Bi(L)=\frac{hL}{k}=\frac{6\ 800\ \mathrm{W\cdot m^{-2}\cdot K^{-1}}}{38\ \mathrm{W\cdot m^{-1}\cdot K^{-1}}}L=\frac{L}{5.6\times10^{-3}\ \mathrm{m}}$$

$$F_0(L)=\frac{\alpha t}{L^2}=\frac{kt}{\rho c_p L^2}=\frac{38\ \mathrm{W\cdot m^{-1}\cdot K^{-1}}\times 2\ \mathrm{s}}{7\ 850\ \mathrm{kg\cdot m^{-3}}\times 603\ \mathrm{J\cdot kg^{-1}\cdot K^{-1}}\times L^2}=\frac{1.61\times10^{-5}\ \mathrm{m^2}}{L^2}$$

由式(8.5.12)可知

$$\frac{3Bi}{Bi+3}(F_0-0.062\ 5)=-\ln\theta_m=-\ln 0.58=0.54$$

代入数值，

$$\frac{\dfrac{3L}{5.6\times10^{-3}\ \mathrm{m}}}{\dfrac{L}{5.6\times10^{-3}\ \mathrm{m}}+3}\left(\frac{1.61\times10^{-5}\ \mathrm{m^2}}{L^2}-0.062\ 5\right)=0.54$$

即

$$0.727\ 5\times L^2+9.07\times10^{-3}\ \mathrm{m}\times L-4.83\times10^{-5}\mathrm{m^2}=0$$

解得

$$L=\frac{-9.07\times10^{-3}+\sqrt{(9.07\times10^{-3})^2+4\times0.727\ 5\times4.83\times10^{-5}}}{2\times0.727\ 5}=4.0\ (\mathrm{mm})$$

即共析钢钢板的最大厚度为 8.0 mm，这与例 8.1.1 采用图形法的计算结果 7.8 mm 无明显差别。

例 8.5.2 继续讨论例 8.3.1，试用仿型积分法计算表面升温至 460 ℃ 所需的时间。

解 首先根据题意计算以下参数：

$$\frac{x}{L}=1$$

$$Bi=\frac{hL}{k}=\frac{174\ \mathrm{W\cdot m^{-2}\cdot K^{-1}}\times 0.2\ \mathrm{m}}{34.8\ \mathrm{W\cdot m^{-1}\cdot K^{-1}}}=1.0$$

$$\theta_s=\frac{T_s-T_\infty}{T_0-T_\infty}=\frac{460-900}{20-900}=0.50$$

计算 $F_0=0.0625$ 时的表面温度准数，即

$$\theta_s^0=\exp(F_0\,Bi^2)\,\mathrm{erfc}(\sqrt{F_0}\,Bi)=\exp(0.0625)\,\mathrm{erfc}(\sqrt{0.0625})=0.77$$

利用式(8.5.11) 计算时间准数为

$$F_0=0.0625-\frac{2Bi+7}{9Bi}\ln\frac{\theta_s}{\theta_s^0}=0.0625-\frac{2+7}{9}\ln\frac{0.50}{0.77}=0.49$$

根据时间准数的定义求得升温时间为

$$\tau_{升}=\frac{L^2F_0}{\alpha}=\frac{0.04\ \mathrm{m^2}\times 0.49}{6.95\times 10^{-6}\ \mathrm{m^2 s^{-1}}}=0.78\ \mathrm{h}$$

巧合的是该结果与诺莫图法的结果一致。需要注意的是，诺莫图中读取的值很难精确到小数点后两位，因此具有一定的主观误差。而仿型积分法存在模型误差，但是不存在主观误差，且使用方便。值得一提的是，当热导率、对流换热系数等物理参数随温度变化，或边界条件随时间发生变化时，往往可以列出导热问题的控制方程及其初始条件和边界条件，但是难以获得解析解，甚至必须采用数值计算的方法来求解此类问题。然而，仿型积分法在这些条件下均可应用。这无疑为我们解决非线性传输问题提供了一个有力方法。

本章习题

8.1 根据一维无限大平板在加热过程中的温度场分布解析解(8.1.26) 推导出 $Bi\to\infty$ 时的温度场解析解，即

$$\theta(x,t)=\frac{4}{\pi}\sum_{n=0}^{\infty}\frac{(-1)^n}{2n+1}\cos\left(\frac{(2n+1)\pi}{2}\frac{x}{L}\right)\exp\left(-\frac{(2n+1)^2\pi^2}{4}F_0\right)$$

8.2 如图 8.1.1 所示，一维无限大平板在加热过程中，其表面温度恒定为炉温，且热导率等物理性质为常数，试用分离变量法导出温度场分布的解析解。

8.3 继续讨论例 8.2.1，已知热电偶弛豫时间为 1 s，并用于热处理炉炉温监测。在升温过程中，若其显示温度以恒定速率 5 ℃/s 由室温的 25 ℃ 升至 800 ℃，试给出炉内实际温度的变化曲线。

8.4 初始温度 $T_0=20$ ℃，厚度为 400 mm 的钢板，置于温度 $T_\infty=900$ ℃ 的热处理炉内加热。已知对流换热系数为 $h=174\ \mathrm{W\cdot m^{-2}\cdot K^{-1}}$，热导率为 $k=34.8\ \mathrm{W\cdot m^{-1}\cdot K^{-1}}$，导温系数为 $\alpha=6.95\times 10^{-6}\mathrm{m^2\cdot s^{-1}}$。求表面升温至 780 ℃ 所需的时间。

8.5 已知某厚度为 d 的大型薄壁舱体的初始温度为 T_0，其外表面温度瞬间升至

T_∞。若要求在τ时间内,其内表面温度不变且外表面向内的热量通量小于$h(T_\infty - T_0)$,请设计该舱体的密度、热容、热导率应达到何种指标要求?

8.6 借助图 8.1.1 继续讨论一维无限大平板在加热过程中的温度场分布。假设平板内的温度场分布规律为

$$T(x,t) = (T_s - T_0)\left[\exp\left(-\frac{L+x}{\delta}\right) + \exp\left(-\frac{L-x}{\delta}\right)\right] + T_0$$

其中,T_s 和 δ 只随时间变化。试用仿型积分法给出如下关系式:

$$\delta\frac{\mathrm{d}\ln(T_s - T_0)}{\mathrm{d}t} + \left[1 - \frac{2L}{\delta}\frac{1}{\exp(2L/\delta) - 1}\right]\frac{\mathrm{d}\delta}{\mathrm{d}t} = \frac{\alpha}{\delta}$$

$$T_s = \frac{T_\infty - T_0}{1 + \exp\left(-\frac{2L}{\delta}\right) + \frac{k}{h\delta}\left[1 - \exp\left(-\frac{2L}{\delta}\right)\right]} + T_0$$

并给出以下极限条件下的关系式:

$$\begin{cases} F_0 = \dfrac{\delta^2}{2L^2} + \dfrac{\ln\left(1 + Bi\dfrac{\delta}{L}\right) - Bi\dfrac{\delta}{L}}{Bi^2} & \left(\dfrac{\delta}{L} \to 0\right) \\ F_0 = \dfrac{\delta}{L} & \left(\dfrac{\delta}{L} \to \infty\right) \end{cases}$$

利用温度场分布的精确解验证仿型积分解的准确性。

8.7 将厚度为 10 mm 的 304 不锈钢板由室温的 25 ℃ 放置于 850 ℃ 的炉内加热。已知 304 不锈钢的热导率变化正比于温度的变化(见图 5.1.3),其密度为 7.93 $\mathrm{g \cdot cm^{-3}}$,热容为 0.5 $\mathrm{kJ \cdot kg^{-1} \cdot K^{-1}}$,与炉内气氛的对流换热系数为 158 $\mathrm{W \cdot m^{-2} \cdot K^{-1}}$。试用仿型积分法给出温度场分布。

第 9 章　对流换热

9.1　强制对流换热

第 5 ～ 8 章主要讨论了导热过程。所涉及的典型案例都是针对固体材料中的导热问题。其中，对流换热过程通过对流换热系数描述，作为导热方程的边界条件出现。本章将讨论流体与固体表面之间的传热问题，以强制对流换热和自然对流换热为例，给出这两种极限条件下的对流换热系数的数学模型。最后介绍工件淬火过程的对流换热特点。

强制对流换热指的是在外力驱动下导致流体流动的换热过程。流体内的温度场由速度场决定，而温度场对速度场的影响可以忽略不计；而自然对流换热指的是在流体自身浮力驱动下导致流体流动的换热过程。流体内的速度场由温度场决定，而速度场对温度场的影响可以忽略不计。

本节以圆管内的稳态层流流动为例，给出强制对流的对流换热系数的数学模型。如图 9.1.1 所示，在内径 $D=2R$ 的圆管内部，流体一边以稳态层流流动，一边被管壁加热。假设流体的速度场和温度场关于 z 轴对称。考虑流体在入管之前($z \leqslant 0$) 的流速恒定为 $\bar{v}$，温度恒定为 T_0。管壁上均匀缠绕电热丝加热，并以恒定的热量通量 q_R 向管内流体传热。可想而知，在起始段(z 较小) 的流速逐渐由均匀分布的流速 $\bar{v}$ 演变为抛物型分布式，由式(3.3.10) 和式(3.3.11) 给出

$$v_z(r)=2\bar{v}_z\left[1-\left(\frac{r}{R}\right)^2\right] \tag{9.1.1}$$

与此同时，流体温度逐渐由均匀分布的初始温度 T_0 演变为非均匀分布的形状。在随后的充分发展段(z 较大)，流速分布不再随 z 轴坐标发生变化；由于流体被管壁持续加热，其温度分布整体被抬高，但是其形状保持不变。

定义圆管内壁与流体之间的对流换热系数为

$$h \equiv \frac{q_R}{T_R-\overline{T}} \tag{9.1.2}$$

其中，$\overline{T}$ 定义为平均温度

$$\overline{T}=\frac{\int_0^R v_z T 2\pi r \mathrm{d}r}{\int_0^R v_z 2\pi r \mathrm{d}r} \tag{9.1.3}$$

假设流体的热导率、密度、热容等物理性质为常数，并忽略热量源项，根据式(5.2.11) 和 1.4 节中给出的柱坐标系下的梯度算符和拉普拉斯算符，可得稳态流动的导热方程为

$$v_z\frac{\partial T}{\partial z}=\alpha\left[\frac{1}{r}\frac{\partial}{\partial r}\left(r\frac{\partial T}{\partial r}\right)+\frac{\partial^2 T}{\partial z^2}\right] \tag{9.1.4}$$

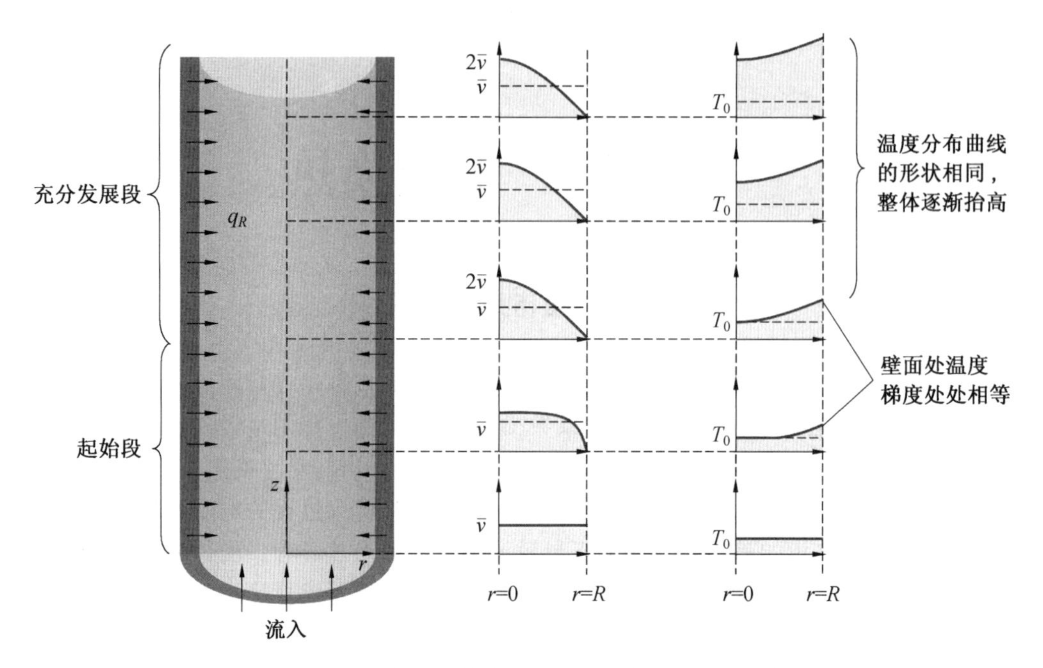

图 9.1.1　圆管内的稳态层流被管壁加热时的流速和温度场分布示意图

假设圆管的长度 $L \gg R$，圆管内的温度变化量为 δT，则有

$$\begin{cases} \dfrac{\partial T}{\partial z} \sim \dfrac{\delta T}{L} \\ \dfrac{1}{r}\dfrac{\partial}{\partial r}\left(r\dfrac{\partial T}{\partial r}\right) \sim \dfrac{\delta T}{R^2} \\ \dfrac{\partial^2 T}{\partial z^2} \sim \dfrac{\delta T}{L^2} \end{cases} \tag{9.1.5}$$

式中，“～”代表其左右两侧的数值具有相同的数量级。由此可知

$$v_z\frac{\delta T}{L} \sim \alpha\left(\frac{\delta T}{R^2}+\frac{\delta T}{L^2}\right) \tag{9.1.6}$$

由于

$$\frac{\delta T}{R^2} \gg \frac{\delta T}{L^2} \tag{9.1.7}$$

故可忽略式(9.1.4)中的 $\partial^2 T/\partial z^2$ 项，可近似为

$$v_z\frac{\partial T}{\partial z}=\alpha\frac{1}{r}\frac{\partial}{\partial r}\left(r\frac{\partial T}{\partial r}\right) \tag{9.1.8}$$

把式(9.1.1)代入式(9.1.8)可得

$$2\bar{v}_z\left[1-\left(\frac{r}{R}\right)^2\right]\frac{\partial T}{\partial z}=\alpha\frac{1}{r}\frac{\partial}{\partial r}\left(r\frac{\partial T}{\partial r}\right) \tag{9.1.9}$$

由于上式中含有温度对 z 轴坐标的一阶偏导和对 r 轴坐标的二阶偏导，需要 z 轴上的 1 个边界条件和 r 轴上的 2 个边界条件来解出 $T(r,z)$ 的解析表达式。读者可自行尝试。这里，只考虑在充分发展段的温度场分布特点，即

$$\frac{T_R-T}{T_R-\bar{T}}=f\left(\frac{r}{R}\right) \tag{9.1.10}$$

其中 T_R 为 $r=R$ 处的温度。或可写为

$$\frac{\partial}{\partial z}\frac{T_R-T}{T_R-\overline{T}}=0 \tag{9.1.11}$$

根据 $r=R$ 处的第三类边界条件可知

$$-k\left.\frac{\partial T}{\partial r}\right|_{r=R}=-q_R \tag{9.1.12}$$

联立式(9.1.2)、式(9.1.10)、式(9.1.12) 可得

$$h=-\frac{k}{R}\left.\frac{\partial}{\partial(r/R)}\frac{T_R-T}{T_R-\overline{T}}\right|_{r=R} \tag{9.1.13}$$

根据式(9.1.11) 可知,对流换热系数与 z 轴坐标无关,即在整个完全发展段为常数。根据式(9.1.2) 可知,$T_R-\overline{T}$ 为常数,即

$$\frac{\partial T_R}{\partial z}=\frac{\partial\overline{T}}{\partial z} \tag{9.1.14}$$

进一步根据式(9.1.11) 可知

$$\frac{\partial T_R}{\partial z}=\frac{\partial\overline{T}}{\partial z}=\frac{\partial T}{\partial z} \tag{9.1.15}$$

把式(9.1.15) 代入式(9.1.9) 可得

$$2\overline{v}_z\frac{\partial\overline{T}}{\partial z}\int_0^r r\left[1-\left(\frac{r}{R}\right)^2\right]\mathrm{d}r=\alpha\int_0^{r\frac{\partial T}{\partial r}}\mathrm{d}\left(r\frac{\partial T}{\partial r}\right) \tag{9.1.16}$$

上式积分可得

$$2\overline{v}_z\frac{\partial\overline{T}}{\partial z}\frac{r}{2}\left[1-\frac{1}{2}\left(\frac{r}{R}\right)^2\right]=\alpha\frac{\partial T}{\partial r} \tag{9.1.17}$$

式(9.1.17) 进一步积分,

$$2\overline{v}_z\frac{\partial\overline{T}}{\partial z}\int_r^R\frac{r}{2}\left[1-\frac{1}{2}\left(\frac{r}{R}\right)^2\right]\mathrm{d}r=\alpha\int_r^R\frac{\partial T}{\partial r}\mathrm{d}r \tag{9.1.18}$$

可得

$$T_R-T=\frac{2\overline{v}_zR^2}{\alpha}\frac{\partial\overline{T}}{\partial z}\left[\frac{3}{16}-\frac{1}{4}\left(\frac{r}{R}\right)^2+\frac{1}{16}\left(\frac{r}{R}\right)^4\right] \tag{9.1.19}$$

代入式(9.1.3) 可得

$$\overline{T}=T_R-\frac{11}{48}\frac{\overline{v}_zR^2}{\alpha}\frac{\partial\overline{T}}{\partial z} \tag{9.1.20}$$

把式(9.1.19) 和式(9.1.20) 代入式(9.1.13) 得

$$h=-\frac{k}{R}\left.\frac{\partial}{\partial(r/R)}\left(\frac{18}{11}-\frac{24}{11}\left(\frac{r}{R}\right)^2+\frac{6}{11}\left(\frac{r}{R}\right)^4\right)\right|_{r=R} \tag{9.1.21}$$

最终得出

$$h=\frac{24}{11}\frac{k}{R}=\frac{48}{11}\frac{k}{D} \tag{9.1.22}$$

或者写为

$$Nu\equiv\frac{hD}{k}=4.36 \tag{9.1.23}$$

式(9.1.23)中的 Nu 为无量纲数,称为“努塞尔数”,它表示流体与物体表面之间的对流换热能力。它的定义与厚度准数(毕渥数)类似。需要注意的是,毕渥数中的对流和导热过程以串联的形式在物体表面和内部分别进行;努塞尔数中的对流和导热过程都在流体内部进行,且流体内的对流与导热方向垂直。努塞尔数的数值与流道形状和边界条件有关。表 9.1.1 给出了几种典型流道和边界条件下的努塞尔数。在实际应用中,可以根据努塞尔数计算对流换热系数。考虑到热导率随温度变化,工程上通常取平均温度 $\overline{T}$ 下的热导率计算对流换热系数。

表 9.1.1 几种典型流道内的层流完全发展段的努塞尔数

流道形状	壁面边界条件	$Nu \equiv \dfrac{hD}{k}$
圆形	恒定热量通量 q_R	4.36
圆形	恒定温度 T_R	3.66
平板	恒定热量通量 q_R	8.23
平板	恒定温度 T_R	7.60
三角形	恒定热量通量 q_R	3.00
三角形	恒定温度 T_R	2.35

注:对于非圆形流道,D 为等效直径,定义为 4 倍横截面面积除以横截面边长。

对于比较复杂的强制对流,努塞尔数并非常数,并且难以给出对流换热系数的解析表达式。但是通过量纲分析法,依然可以得出一些有工程应用价值的经验方程。如图 9.1.2 所示,以平板表面的强制对流为例,其长度为 L,表面温度恒定为 T_s,来流速度为 u_∞,温度为 T_∞。在起始段和表面边界层为层流,其余部分转捩为湍流。通过对流换热,平板表面向流体内传递的热量通量为 q。

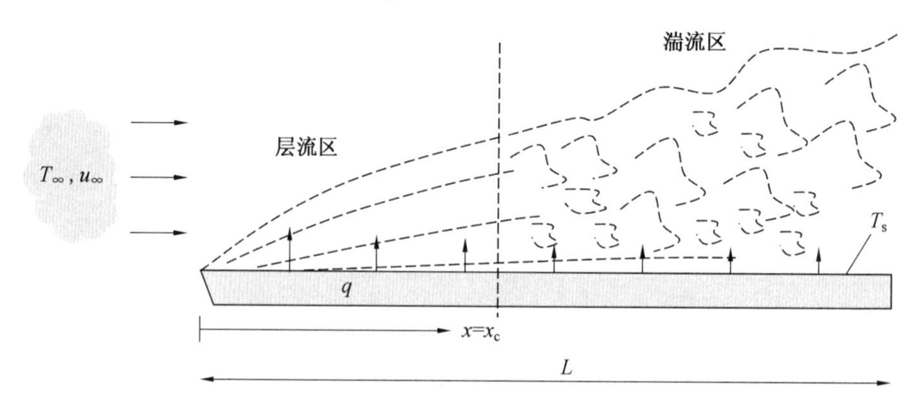

图 9.1.2 平板上方的强制对流示意图

来流与平板表面之间的对流换热系数定义为

$$h \equiv \frac{q}{T_s - T_\infty} \tag{9.1.24}$$

将其表达为物理性质的函数,即

$$h = h(x, u_\infty, \rho, k, \mu, c_p, L) \tag{9.1.25}$$

式(9.1.25)中含有质量、时间、长度、温度4个基本单位,故选择 x、u_∞、ρ、k 这4个物理量作为基本物理量,把其余的 h、μ、c_p、L 表示为无量纲数,分别如下:

$$\Pi_1=\frac{hx}{k}\equiv Nu_x \tag{9.1.26}$$

$$\Pi_2=\frac{\mu}{\rho u_\infty x}\equiv\frac{1}{Re_x} \tag{9.1.27}$$

$$\Pi_3=\frac{c_p\mu}{k}=\frac{\nu}{\alpha}\equiv Pr \tag{9.1.28}$$

$$\Pi_4=\frac{x}{L}\equiv\tilde{x} \tag{9.1.29}$$

其中,Nu_x 称为局部努塞尔数;Re_x 称为局部雷诺数;Pr 称为普朗特数,代表动量扩散速度与热量扩散速度之比。由此,式(9.1.25)可写为无量纲数的形式,即

$$Nu_x=Nu_x(\tilde{x},Re_x,Pr) \tag{9.1.30}$$

(1) 对于层流区($x<x_c$)。

当 $Pr\geqslant 0.6$ 时,局部努塞尔数的具体表达式为

$$Nu_x\equiv\frac{hx}{k}=0.332\,Re_x^{\frac{1}{2}}\,Pr^{\frac{1}{3}} \tag{9.1.31}$$

或者写为

$$h=0.332\,\frac{k}{x}Re_x^{\frac{1}{2}}\,Pr^{\frac{1}{3}} \tag{9.1.32}$$

整个平板的平均对流换热系数为

$$\bar{h}\equiv\frac{1}{L}\int_0^L h\mathrm{d}x=0.664\,\frac{k}{L}Re_L^{\frac{1}{2}}\,Pr^{\frac{1}{3}} \tag{9.1.33}$$

上式适用于水、乙醇等常规液体(Pr 为 $2\sim 50$)和气体(Pr 为 $0.7\sim 1.0$)。对于液态金属(Pr 为 $0.001\sim 0.03$)不再适用。有学者给出了适用于全范围 Pr 数的努塞尔数表达式,

$$Nu_x=\frac{0.338\,7\,Re_x^{\frac{1}{2}}\,Pr^{\frac{1}{3}}}{[1+(0.046\,8/Pr)^{\frac{2}{3}}]^{\frac{1}{4}}} \tag{9.1.34}$$

但是需要满足以下条件:

$$Pe_x\equiv Re_xPr=\frac{u_\infty x}{\alpha}\geqslant 100 \tag{9.1.35}$$

其中,Pe 称为"佩克莱数",它表示对流速度和导热速度之比。

(2) 对于湍流区(湍流区+层流边界层,$x>x_c$)。

当 $0.6\leqslant Pr\leqslant 60$ 时,局部努塞尔数的具体表达式为

$$Nu_x=0.029\,6\,Re_x^{\frac{4}{5}}\,Pr^{\frac{1}{3}} \tag{9.1.36}$$

或者写为

$$h=0.029\,6\,\frac{k}{x}Re_x^{\frac{4}{5}}\,Pr^{\frac{1}{3}} \tag{9.1.37}$$

整个平板的平均对流换热系数为

$$\bar{h}=0.037\,\frac{k}{L}\,Re_L^{\frac{4}{5}}\,Pr^{\frac{1}{3}} \tag{9.1.38}$$

(3) 当层流区和湍流区共存时($x_c/L \leqslant 0.95$)。

整个平板的平均对流换热系数为

$$\bar{h}=\frac{k}{L}(0.037\,Re_L^{\frac{4}{5}}-0.037\,Re_{x_c}^{\frac{4}{5}}+0.664\,Re_{x_c}^{\frac{1}{2}})\,Pr^{\frac{1}{3}} \tag{9.1.39}$$

上式在 $0.6 \leqslant Pr \leqslant 60$,$Re_{x_c}(\approx 3\times 10^5) \leqslant Re_L \leqslant 10^8$ 条件下适用。

上述结果在表面温度恒定的条件下成立。在恒定表面热量通量的条件下,层流区和湍流区的局部对流换热系数分别为

$$h=0.453\,\frac{k}{x}\,Re_x^{\frac{1}{2}}\,Pr^{\frac{1}{3}} \quad (Pr \geqslant 0.6) \tag{9.1.40}$$

$$h=0.030\,8\,\frac{k}{x}\,Re_x^{\frac{4}{5}}\,Pr^{\frac{1}{3}} \quad (0.6 \leqslant Pr \leqslant 60) \tag{9.1.41}$$

对比式(9.1.32)和式(9.1.37)可以看出,分别比恒定表面温度条件下的对流换热系数高 36% 和 4%。

例 9.1.1 温度为 290 K 的空气以 $15\ \mathrm{m\cdot s^{-1}}$ 的速度掠过长度为 0.3 m、温度恒定为 360 K 的平板表面,已知空气的运动黏度为 $1.84\times10^{-5}\ \mathrm{m^2\cdot s^{-1}}$、热导率为 $2.81\times10^{-2}\ \mathrm{W\cdot m^{-1}\cdot K^{-1}}$、导温系数为 $2.62\times10^{-5}\ \mathrm{m^2\cdot s^{-1}}$,计算平均对流换热系数。

解 首先计算雷诺数为

$$Re_L=\frac{u_\infty L}{\nu}=\frac{15\ \mathrm{m\cdot s^{-1}}\times 0.3\ \mathrm{m}}{1.84\times10^{-5}\ \mathrm{m^2\cdot s^{-1}}}=2.45\times10^5<3\times10^5$$

因此,整个平板表面为层流。

计算普朗特数为

$$Pr=\frac{\nu}{\alpha}=\frac{1.84\times10^{-5}\ \mathrm{m^2\cdot s^{-1}}}{2.62\times10^{-5}\ \mathrm{m^2\cdot s^{-1}}}=0.703$$

应用式(9.1.33)计算平均对流换热系数为

$$\bar{h}=0.664\,\frac{k}{L}Re_L^{\frac{1}{2}}Pr^{\frac{1}{3}}$$

$$=0.664\times\frac{2.81\times10^{-2}\ \mathrm{W\cdot m^{-1}\cdot K^{-1}}}{0.3\ \mathrm{m}}\times(3\times10^5)^{\frac{1}{2}}\times0.703^{\frac{1}{3}}=30.29\ \mathrm{W\cdot m^{-2}\cdot K^{-1}}$$

9.2 自然对流换热

在强制对流中,预先知道了来流速度,并将其代入导热方程求解温度,继而得出对流换热系数(或努塞尔数)。然而,这种思路并不能直接用于研究自然对流,因为自然对流情况下的流速是未知的。因此,自然对流中的动量传输和导热这两个过程并不能单独处理,而是耦合在一起的。这无疑增加了分析自然对流的难度。

为了简单起见,考虑极限情况,即流动是由温度差异产生的流体密度差异而导致的浮力所产生的。如图 9.2.1 所示,一个高度为 H、温度恒定为 T_s 的无限大平板竖直浸没在温度为 T_∞ 的静止流体中。

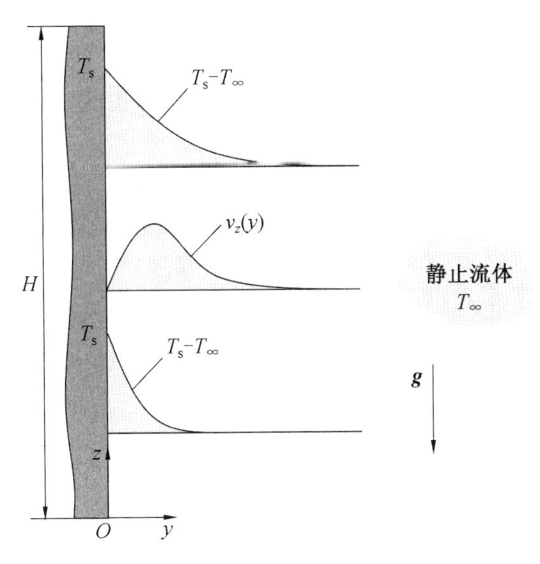

图 9.2.1 竖直平板表面附近的流体速度场和温度场分布示意图

假设流体的密度随温度升高而降低，其他物理性质为常数。在平板表面附近，形成温度梯度分布，继而使其密度下降，

$$\rho=\rho_\infty+\left.\frac{\mathrm{d}\rho}{\mathrm{d}t}\right|_{T=T_\infty}(T-T_\infty)+\cdots\approx\rho_\infty-\rho_\infty\kappa_p(T-T_\infty) \tag{9.2.1}$$

其中，ρ_∞ 为 T_∞ 下的密度；κ_p 为式(1.1.5)定义的等压膨胀率。在浮力作用下，流体向上缓慢流动，即 $v_z\gg v_y\approx 0$。列出动量 y 轴分量的守恒方程如下：

$$\rho\frac{\mathrm{d}v_y}{\mathrm{d}t}=\mu\Delta v_y-\nabla^{\mathrm{T}}p+\rho g_y \quad\Rightarrow\quad 0=0-\frac{\partial p}{\partial y}+0 \tag{9.2.2}$$

即流体静压强不随 y 轴坐标变化，因此，在相同高度下，壁面附近的静压强与无穷远处($y\to\infty$)的静压强保持一致。根据伯努利方程式(3.1.11)可知

$$\frac{\partial p}{\partial z}=\frac{\mathrm{d}p}{\mathrm{d}z}=\frac{\mathrm{d}p_{y=\infty}}{\mathrm{d}z}=-\rho_\infty g \tag{9.2.3}$$

又因为平板表面处的无滑移边界条件(流速为零)和无穷远处流速为零，其向上的流速由表面至流体内部呈先升高再降低的趋势，如图 9.2.1 所示。列出动量 z 轴分量的守恒方程如下：

$$\rho\left(v_y\frac{\partial v_z}{\partial y}+v_z\frac{\partial v_z}{\partial z}\right)=\mu\left(\frac{\partial^2 v_z}{\partial y^2}+\frac{\partial^2 v_z}{\partial z^2}\right)-\frac{\partial p}{\partial z}-\rho g \tag{9.2.4}$$

用类似式(9.1.5)的量及分析法可知上式中的 $\partial^2 v_z/\partial z^2$ 一项可忽略不计，并忽略 v_y，结合式(9.2.1)和式(9.2.3)，可将式(9.2.4)简化为

$$\rho_\infty v_z\frac{\partial v_z}{\partial z}=\mu\frac{\partial^2 v_z}{\partial y^2}+\rho_\infty g\kappa_p(T-T_\infty) \tag{9.2.5}$$

式中，$\rho_\infty g\kappa_p(T-T_\infty)$ 代表单位体积流体受到的浮力，它是动量的源项。由此可见，速度场依赖于温度场。

列出导热方程如下：

$$\rho_\infty c_p\left(v_y\frac{\partial T}{\partial y}+v_z\frac{\partial T}{\partial z}\right)=k\left(\frac{\partial^2 T}{\partial y^2}+\frac{\partial^2 T}{\partial z^2}\right) \tag{9.2.6}$$

同样,忽略式中的 $\partial^2 T/\partial z^2$ 和 v_y,导热方程可以简化为

$$v_z\frac{\partial T}{\partial z}=\alpha\frac{\partial^2 T}{\partial y^2} \tag{9.2.7}$$

由于流体自下而上流动时,以对流的形式带走热量,因此促进了平板向流体内部的传热。根据动量守恒方程(9.2.5)和能量守恒方程(9.2.7)这两个方程以及边界条件,可以求解 v_z 和 T 这两个场分布。由于这两个场都有对 z 轴坐标的一阶偏导和对 y 轴坐标的二阶偏导,需要在 z 轴上定义1个边界条件,在 y 轴上定义两个边界条件才能定解,即

$$\begin{cases} v_z=0, T=T_s & (y=0)\\ v_z=0, T=T_\infty & (y\to\infty)\\ v_z=0, T=T_\infty & (z=0)\end{cases} \tag{9.2.8}$$

定义无量纲数如下:

无量纲温度为

$$\theta\equiv\frac{T-T_\infty}{T_s-T_\infty} \tag{9.2.9}$$

无量纲速度为

$$\tilde{v}\equiv\left[\frac{\mu}{\alpha H\rho_\infty g\kappa_p(T_s-T_\infty)}\right]^{\frac{1}{2}}v_z \tag{9.2.10}$$

无量纲坐标为

$$\tilde{z}\equiv\frac{z}{H} \tag{9.2.11}$$

$$\tilde{y}\equiv\left[\frac{\rho_\infty g\kappa_p(T_s-T_\infty)}{\mu\alpha H}\right]^{\frac{1}{4}}y \tag{9.2.12}$$

把无量纲数代入动量守恒方程(9.2.5)、能量守恒方程(9.2.7)及边界条件(9.2.8)可得:

动量守恒方程为

$$\frac{1}{Pr}\tilde{v}\frac{\partial\tilde{v}}{\partial\tilde{z}}=\frac{\partial^2\tilde{v}}{\partial\tilde{y}^2}+\theta \tag{9.2.13}$$

能量守恒方程为

$$\tilde{v}\frac{\partial\theta}{\partial\tilde{z}}=\frac{\partial^2\theta}{\partial\tilde{y}^2} \tag{9.2.14}$$

边界条件为

$$\begin{cases} v=0, \theta=1 & (\tilde{y}=0)\\ \tilde{v}=0, \theta=0 & (\tilde{y}\to\infty)\\ \tilde{v}=0, \theta=0 & (\tilde{z}=0)\end{cases} \tag{9.2.15}$$

观察式(9.2.13)~(9.2.15)可以看出,无量纲速度和无量纲温度依赖于无量纲坐标

和普朗特数 Pr。但是在自然对流情况下，式(9.2.13)左侧与普朗特数相乘的无量纲速度不会很大，其左侧近似为零。因此，速度场和温度场对普朗特数的依赖强度比较弱。

在不求解速度场和温度场的情况下，可以计算平板表面向流体内部传导的平均热量通量为

$$\bar{q} \equiv \bar{h}(T_s - T_\infty) = \frac{1}{H}\int_0^H \left(-k\frac{\partial T}{\partial y}\right)\bigg|_{y=0} dz \tag{9.2.16}$$

用无量纲数表示为

$$\begin{aligned}\bar{q} &= k(T_s - T_\infty)\left[\frac{\rho_\infty g\kappa_p(T_s - T_\infty)}{\mu\alpha H}\right]^{\frac{1}{4}}\int_0^1\left(-\frac{\partial\theta}{\partial\tilde{y}}\right)\bigg|_{\tilde{y}=0} d\tilde{z} \\ &= k(T_s - T_\infty)\left[\frac{\rho_\infty g\kappa_p(T_s - T_\infty)}{\mu\alpha H}\right]^{\frac{1}{4}} C \\ &= C\frac{k}{H}(T_s - T_\infty)\left[\left(\frac{\rho_\infty^2 g\kappa_p(T_s - T_\infty)H^3}{\mu^2}\right)\left(\frac{c_p\mu}{k}\right)\right]^{\frac{1}{4}} \\ &= C\frac{k}{H}(T_s - T_\infty)(Gr_H \cdot Pr)^{\frac{1}{4}}\end{aligned} \tag{9.2.17}$$

可知对流换热系数为

$$\bar{h} = C\frac{k}{H}(Gr_H \cdot Pr)^{\frac{1}{4}} \tag{9.2.18}$$

式中出现的无量纲数 Gr 称为“格拉晓夫数”，即

$$Gr_H \equiv \frac{\rho_\infty^2 g\kappa_p(T_s - T_\infty)H^3}{\mu^2} \tag{9.2.19}$$

它表示单位体积流体受到的浮力与黏性力之比。它与普朗特数的乘积定义为瑞利数，即

$$Ra_H \equiv Gr_H \cdot Pr = \frac{g\kappa_p(T_s - T_\infty)H^3}{\nu\alpha} \tag{9.2.20}$$

因此，对流换热系数也可写为瑞利数的函数，即

$$\bar{h} = C\frac{k}{H}Ra_H^{\frac{1}{4}} \tag{9.2.21}$$

式中的 C 并非是常数，由式(9.2.17)可以看出，它只与普朗特数 Pr 有关。基于前面的分析，在自然对流情况下，Pr 对温度场的影响不大，因此对 C 值的影响也不大。因此，C 可以近似为常数。

需要注意的是，即便是在自然对流下也可能产生湍流。试验表明，当 $Ra_H \leqslant 10^9$ 时为层流；当 $Ra_H > 10^9$ 时为湍流。一般情况下的对流换热系数可以表示为

$$\bar{h} = C\frac{k}{H}Ra_H^n \tag{9.2.22}$$

对于层流，当 $10^4 \leqslant Ra_H \leqslant 10^9$ 时，对流换热系数可用下式计算：

$$\bar{h} = 0.59\frac{k}{H}Ra_H^{\frac{1}{4}} \tag{9.2.23}$$

对于湍流，当 $10^9 < Ra_H \leqslant 10^{13}$ 时，对流换热系数可用下式计算：

$$\bar{h} = 0.10\frac{k}{H}Ra_H^{\frac{1}{3}} \tag{9.2.24}$$

有学者提出了适用于一般条件下的对流换热系数的计算公式，即

$$\bar{h}=\frac{k}{H}\left\{0.825+\frac{0.387\,Ra_H^{\frac{1}{6}}}{\left[1+\left(\frac{0.492}{Pr}\right)^{\frac{9}{16}}\right]^{\frac{8}{27}}}\right\}^2 \tag{9.2.25}$$

但是对于层流而言，有学者提出更精确的计算公式为

$$\bar{h}=\frac{k}{H}\left\{0.68+\frac{0.670\,Ra_H^{\frac{1}{4}}}{\left[1+\left(\frac{0.492}{Pr}\right)^{\frac{9}{16}}\right]^{\frac{4}{9}}}\right\} \tag{9.2.26}$$

例 9.2.1　温度恒定为 360 K 的平板垂直放置，其高度为 0.3 m。环境温度为 290 K。已知空气的运动黏度为 $1.84\times10^{-5}\ \mathrm{m^2\cdot s^{-1}}$、热导率为 $2.81\times10^{-2}\ \mathrm{W\cdot m^{-1}\cdot K^{-1}}$、导温系数为 $2.62\times10^{-5}\ \mathrm{m^2\cdot s^{-1}}$，等压膨胀率为 $6.9\times10^{-3}\ \mathrm{K^{-1}}$，计算初始冷却时的平均对流换热系数。

解　计算格拉晓夫数为

$$Gr_H\equiv\frac{g\kappa_p(T_s-T_\infty)H^3}{\nu^2}=\frac{9.8\times6.9\times10^{-3}}{(2.62\times10^{-5})^2}\times(360-290)\times(0.3)^3=1.86\times10^8$$

计算普朗特数为

$$Pr=\frac{\nu}{\alpha}=\frac{18.4\times10^{-6}\ \mathrm{m^2\cdot s^{-1}}}{26.2\times10^{-6}\ \mathrm{m^2\cdot s^{-1}}}=0.703$$

计算瑞利数为

$$Ra_H\equiv Gr_H\cdot Pr=1.86\times10^8\times0.703=1.31\times10^8$$

为层流。因此，代入式(9.2.26)算得平均对流换热系数为

$$\bar{h}=\frac{2.81\times10^{-2}\ \mathrm{W\cdot m^{-1}\cdot K^{-1}}}{0.3\ \mathrm{m}}\left\{0.68+\frac{0.670\times(1.31\times10^8)^{\frac{1}{4}}}{\left[1+\left(\frac{0.492}{0.703}\right)^{\frac{9}{16}}\right]^{\frac{4}{9}}}\right\}=5.21\ \mathrm{W\cdot m^{-2}\cdot K^{-1}}$$

9.3　淬火过程的对流换热系数

淬火是通过快速冷却来改变金属的组织和性能的一种工艺。淬火通常将加热至高温的金属迅速浸入冷却介质中，如水、油或盐溶液中。这种快速的冷却过程可以使金属的组织结构发生相变，从而产生较硬、较强的组织状态。淬火不仅可以提高金属的硬度和强度，还能改善其耐磨性、耐蚀性和韧性。这种热处理方法广泛应用于制造业、机械工程、汽车工业等领域。不同的金属材料和要求可以采用不同的淬火工艺和冷却介质，以达到所需的性能要求。

在前序章节介绍了强制对流换热和自然对流换热过程中工件表面的对流换热系数的一些理论公式。然而，淬火过程中的对流换热要比强制对流换热或自然对流换热复杂得多。在冷却过程中，冷却介质通常会发生相变，与沸腾换热密切相关。从历史上看，沸腾换热属于能源动力领域的研究内容，其主要目的是如何将液体转化为蒸汽，在核反应堆、火箭喷嘴和航天器开发方面进行了大量研究。虽然沸腾这一现象对我们来说并不陌生，但从能量传输的角度来看，它是一个复杂的过程。图 9.3.1 说明了沸腾换热的复杂性，其

中存在多个阶段性区域。

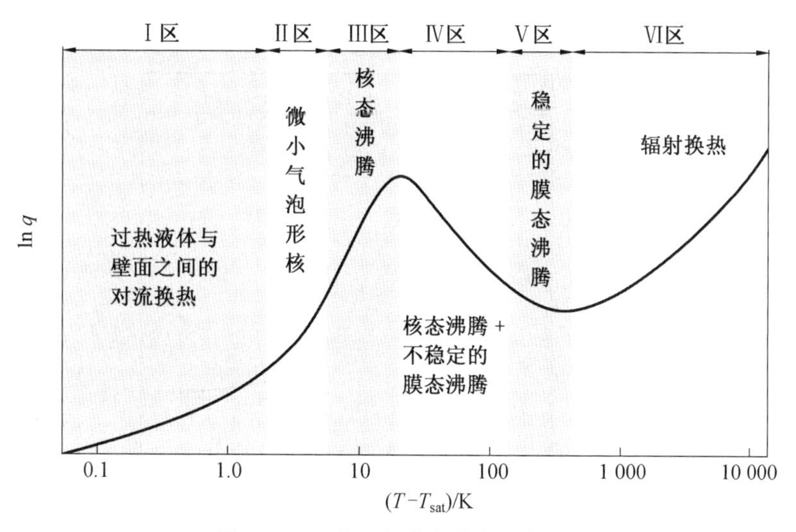

图 9.3.1 典型的沸腾曲线示意图

如果把加热的金属浸没在饱和温度为 T_{sat}（即环境压力下的沸点）的液体中，就会发生以下过程：

Ⅰ区：当金属的温度 T 与 T_{sat} 之差小于 2 K 时，液体与金属表面之间通过自然对流换热进行热量传递，可以用 9.2 节中的内容加以分析。金属温度越高，格拉晓夫数越大，自然对流换热系数就越大。

Ⅱ区：当 $T-T_{sat}\geqslant 2$ K 时，微小气泡优先在金属表面上形核。大部分气泡不会超过其逃逸所需的尺寸，会继续附着在金属表面上。自然对流换热仍占主导。

Ⅲ区：当 $T-T_{sat}$ 足够大时，更大更稳定的气泡开始生长。与此同时，更多的气泡开始在金属表面上形核。当气泡迅速形成并从金属表面脱离时，液体又会填充气泡的位置，继续形成气泡，继续脱离金属表面。这个过程会不断重复。所有的气泡位置就像微型泵一样，促进金属表面的对流换热。这种机制称为“核态沸腾”，使热量通量升至最高。

Ⅳ区：当 $T-T_{sat}\geqslant 40$ K 时，金属表面的形核位点显著增加，气泡开始相互合并，在金属表面形成蒸汽膜，阻碍对流换热。但是形成的蒸汽膜并不稳定。破裂之后，在核态沸腾的驱使下又继续形成蒸汽膜。

Ⅴ区：当 $T-T_{sat}\geqslant 480$ K（对于水而言）时，在金属表面上形成一层稳定的蒸汽膜。这种机制称为“膜态沸腾”，使热量通量降至最低。

Ⅵ区：当 $T-T_{sat}\geqslant 920$ K 时，辐射换热（见第 10 章）逐渐占据主导，使综合换热系数升高。

金属工件的淬火冷却过程也可借助沸腾换热来分析。图 9.3.2 给出了金属工件在水中淬火的冷却曲线。可以明显看出存在 3 个阶段：

A 阶段：工件刚放入水中，在其表面上形成稳定的蒸汽膜，属于膜态沸腾机制，故冷却较慢。如果工件温度相对较高，也可能存在辐射换热。此阶段称为蒸汽冷却阶段。

B 阶段：工件冷却至较低温度时，蒸汽膜不能稳定存在，由核态沸腾和不稳定的膜态沸腾机制转变至核态沸腾机制，故冷却较快。此阶段称为蒸汽传输阶段。

C阶段:工件温度降至更低,伴有少量气泡生成,主要是过热的水与金属表面之间的自然对流换热,故冷却较慢。此阶段称为液体冷却阶段。

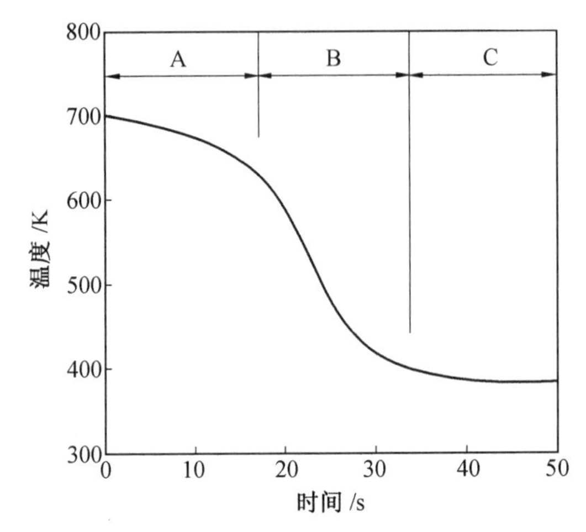

图 9.3.2 金属工件在水中的淬火冷却曲线

由于淬火冷却过程的复杂性,淬火介质的对流换热系数至今难以精确计算,往往只能以整个淬火过程的平均值给出。表 9.3.1 给出了几种典型淬火介质的对流换热系数。

表 9.3.1 几种典型淬火介质的对流换热系数

淬火介质	条件	$h/(\mathrm{W\cdot m^{-2}\cdot K^{-1}})$
淬火油	静止	270
淬火油	搅拌	480
淬火油	充分搅拌	680
淬火油	剧烈搅拌	970
水	静止	1 400
水	充分搅拌	2 000
盐水	静止	2 700
盐水	剧烈搅拌	6 800

需要注意的是,表 9.3.1 中的数据只有在该数据测试条件下才适用。比如,h 值强烈依赖于淬火液的温度。而表中的数据在淬火液温度为室温的条件下才适用。另外,h 值也强烈依赖于工件表面温度。而表中的数据只适用于从奥氏体化温度至马氏体转变起始温度之间,即适用于 1 090 K 至 690 K 之间。另外,h 值也强烈依赖于外加搅拌的程度,这会影响强制对流的效果。其中的“静止”“搅拌”“充分搅拌”“剧烈搅拌” 依次增强。

对于沉淀硬化型的铝合金来说,一般通过淬火后时效的工艺实现强化效果。其中的一个重要参数就是淬火冷却的速度。如果在 700 K 至 530 K 之间的冷却较慢,则会形成析出相,会导致后续的时效强化失去效果;若冷却太快,则会产生很大的内应力,导致工件变形。因此,在实践过程中,热处理技术人员往往采用热水作为淬火液,一方面保证冷却速度,另一方面降低淬火变形。

除了用水作为淬火液之外，还可采用盐溶液、淬火油或水溶性淬火液。除了盐溶液的冷却速度比水快之外，其他淬火液的冷却速度都比水要慢。除了直接将工件放入淬火液中淬火之外，还可采用在工件表面喷淋淬火液的方式进行淬火处理，其优势在于淬火烈度连续可控，局部冷却速度可控制在比水中淬火还高的水平。近年来，采用高压气体作为淬火介质备受关注，它往往与真空热炉处理联用，具有清洁、热处理变形小等特点。

本章习题

9.1　归纳总结层流和湍流状态下的强制对流和自然对流的对流换热系数的计算方法，并给出公式适用性的判定依据。

9.2　如图所示，两个温度恒定为 T_1 和 T_2 的垂直放置的无限大平板置于空气环境中。若忽略自然对流，认为空气静止，请给出稳态导热时两板之间的热量通量表达式；若考虑自然对流，请给出两板之间的热量通量表达式；若两板之间的空气以平均速度 $\bar{v}$ 向上流动，请给出两板之间的热量通量表达式。

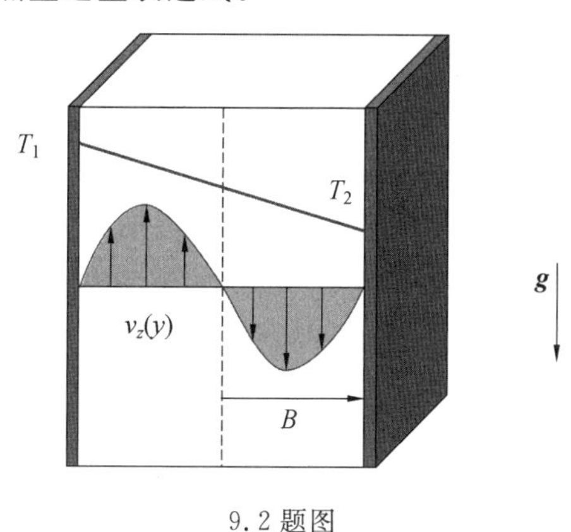

9.2 题图

9.3　已知流体 A、B 被一个垂直放置的厚度为 10 mm、热导率为 22 W·m^{-1}·K^{-1} 的平板隔开，试计算下表中列出的 4 种情况下平板两侧的对流换热系数和平板表面温度。

9.3 题表

流体	流速 /(m·s^{-1})	温度 /K
(1)A 空气	15.2	300
B 空气	0	350
(2)A 空气	0	300
B 水	0	350
(3)A 空气	15.2	300
B 水	0	350
(4)A 水	15.2	300
B 水	0	350

9.4　如图所示，在铜合金的冶炼过程中，为了降低熔体中的含氢量，往往需要向熔体中吹入氦气。为了防止吹入的氦气温度过低而导致熔体凝固，堵塞管口，氦气吹入熔体时的温度必须高于1 356 K。已知氦气初始温度为300 K，经过管内直径为3 mm、浸没长度为1 m的圆管通入熔体中，请计算通入氦气的最大质量流量。

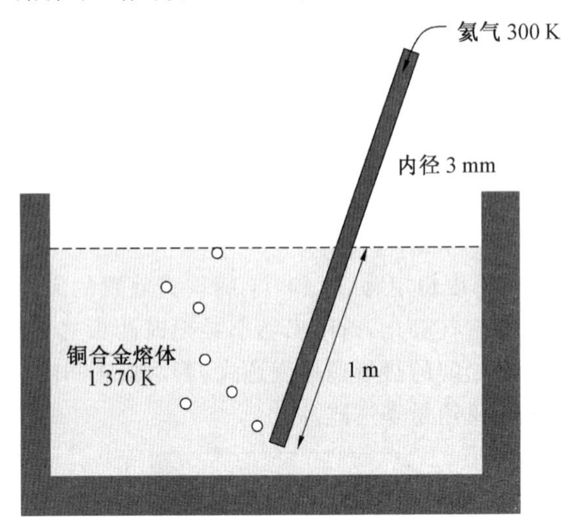

9.4 题图

9.5　已知热处理炉的长、宽、高分别为6 m、3 m、6 m，炉墙外表面的平均温度为340 K。忽略炉底和炉顶的热损失，计算该热处理炉的热损失功率。

9.6　已知某长度为0.1 m的金属薄板由1 100 K浸没在水溶性淬火液中淬火，其平均对流换热系数为$h=1\ 200\ \mathrm{W\cdot m^{-2}\cdot K^{-1}}$。若改用20 bar(1 bar$=10^5$ MPa)氮气高压气淬，并假设氮气为理想气体，温度为300 K，试计算氮气掠过工件表面的速度。

第10章　辐射换热

10.1　辐射换热的基本概念

辐射换热与导热和对流有本质不同。导热需要直接接触，对流需要中间介质，而辐射则不需直接接触，也无须中间媒介，而是以电磁波形式向外辐射的能量。辐射能落到其他物体上时，有一部分被吸收转变为热能而使物体升温。

只要物体温度高于绝对零度 0 K，就向外辐射电磁波。根据电磁波的波长，可以将其分为若干类别。如图 10.1.1 所示，波长 $\lambda < 0.38\ \mu m$ 为紫外线、X 射线、伽马射线；波长 $0.38\ \mu m < \lambda < 0.76\ \mu m$ 为可见光；波长 $0.76\ \mu m < \lambda < 100\ \mu m$ 为红外线；波长 $\lambda > 100\ \mu m$ 为微波、无线电波($\lambda > 10^5\ \mu m$)。高能物理与核工程领域更关注紫外线、X 射线、伽马射线波段；电气工程领域更关注微波与无线电波波段；而材料热处理更关注可见光和红外线波段。这一部分电磁波与物体温度之间存在很强的关联。物体通过发射或吸收该波段电磁波向外辐射或吸收热量，导致温度降低或升高。因此，可见光和红外线也被称为热射线。

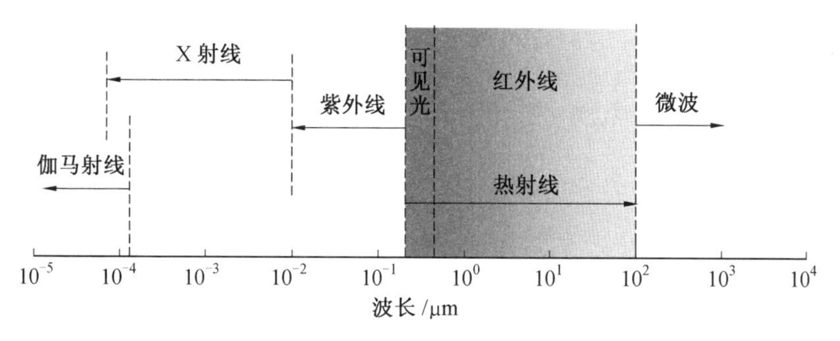

图 10.1.1　一些典型电磁波的波长范围

物体受热后，一部分热能转变为辐射能，并以电磁波的形式向外放射。当它落到其他物体上时就有一部分被吸收后转变为热能，其余部分被反射和透射。当能量为 Q 的一束热射线投射到物体表面时，其能量可能有以下 3 个去处：一部分能量 Q_A 被吸收，一部分能量 Q_R 被反射，还有一部分能量 Q_D 透过物体，即

$$Q = Q_A + Q_R + Q_D \tag{10.1.1}$$

或者写为

$$\frac{Q_A}{Q} + \frac{Q_R}{Q} + \frac{Q_D}{Q} = 1 \tag{10.1.2}$$

分别定义吸收率、反射率、透射率为

$$A \equiv \frac{Q_A}{Q}, \quad R \equiv \frac{Q_R}{Q}, \quad D \equiv \frac{Q_D}{Q} \tag{10.1.3}$$

则有

$$A+R+D=1 \tag{10.1.4}$$

如果 $D=1$,透射辐射能全部透过,则称为“绝对透热体”或称“透明体”。具有简单分子对称性的气体(例如同原子分子组成的气体,如 H_2、He、O_2、N_2 等)是透明体。极性分子组成的气体(如 CO、CO_2、CH_4、H_2O、NH_3 等)的透射率近乎为零。绝大多数液体和固体(玻璃和硅酸盐熔体例外),可认为 $D=0$,即

$$A+R=1 \tag{10.1.5}$$

如果 $A=1$,则辐射能全部被物体吸收,称物体为“绝对黑体”,简称为“黑体”。它是一切物体中吸收能力最强的一种理想物体。

如果 $R=1$,投射辐射能全部被反射,则称为“绝对白体”或称“白体”。

自然界并不存在绝对黑体,即使是炭黑,其吸收率也只有80%~90%,也不是绝对黑体。但是,可以用人工方法制造黑体模型。如图10.1.2所示,在温度均匀的绝热空心体的壁上开一个小孔,此小孔具有绝对黑体的性质。所有进入小孔的辐射能,在多次反射中几乎全部被内壁吸收。如小孔的面积小于腔壁面的0.6%,且内壁的吸收率为0.6时,小孔的吸收率约为0.996,十分接近于绝对黑体。

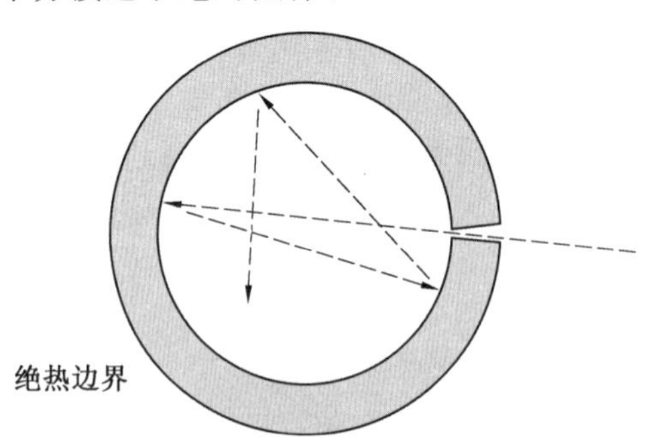

图 10.1.2　人造黑体示意图

对于一定温度的黑体而言,由于其吸收率 $A=1$,它必须把所有吸收的辐射能再辐射出去才能维持温度恒定。因此,黑体既是吸收能力最强也是辐射能力最强的理想物体。定义物体单位表面积、单位时间辐射的能量为辐射能,用符号 E 表示,其量纲为 $W \cdot m^{-2}$。黑体的辐射能记为 E^0。对于图10.1.2所示的人造黑体来说,从小孔向外辐射的辐射能即为 E^0。

人造黑体的壁面是实际物体,它的辐射能记为 E,显然 $E<E^0$。定义实际物体的辐射能 E 与同一温度下黑体的辐射能 E^0 之比为发射率(或称黑度),即

$$\varepsilon \equiv \frac{E}{E^0} \tag{10.1.6}$$

则有

$$E=\varepsilon E^0 \tag{10.1.7}$$

在人造黑体的空腔内部,壁面的辐射能 εE^0 在其内部被反射后剩余 $R\varepsilon E^0$,再次反射后剩余 $R^2\varepsilon E^0$,经过无数次反射后剩余辐射能为零。由于壁面上的孔径很小,从概率上说,该小孔位置接收了上述过程无数次的反射。将上述辐射能累加即得小孔的辐射能,为

$$E^0=\varepsilon E^0(1+R+R^2+R^3+\cdots) \tag{10.1.8}$$

即为

$$E^0=\varepsilon E^0\frac{1}{1-R} \tag{10.1.9}$$

由于 $A+R=1$，所以有

$$\varepsilon=A \tag{10.1.10}$$

即实际物体的发射率（黑度）与吸收率在数值上相等。式(10.1.10)称为“克希霍夫定律”。由此可见，善于吸收的物体也善于辐射。

10.2 黑体辐射定律

普朗克研究了黑体在不同温度下的辐射能与辐射波长的关系，他指出物体的辐射能在各个波长的分布是不同的，因此用辐射强度 I_λ^0 代表物体单位面积在单位时间内，单位波长间隔的辐射能量，单位是 $\mathrm{W\cdot m^{-2}\cdot \mu m^{-1}}$。定义为

$$I_\lambda^0\equiv\frac{\mathrm{d}E^0}{\mathrm{d}\lambda} \tag{10.2.1}$$

普朗克从理论上推导出了具体的辐射强度与绝对温度和波长的关系为

$$I_\lambda^0=\frac{C_1\lambda^{-5}}{\exp\frac{C_2}{\lambda T}-1} \tag{10.2.2}$$

其中，λ 为波长(μm)；T 为绝对温度(K)；$C_1=3.742\times10^8\ \mathrm{W\cdot\mu m^4\cdot m^{-2}}$；$C_2=3.439\times10^4\ \mu\mathrm{m\cdot K}$。式(10.2.2)称为“普朗克定律”。图10.2.1给出了式(10.2.2)的函数图像。

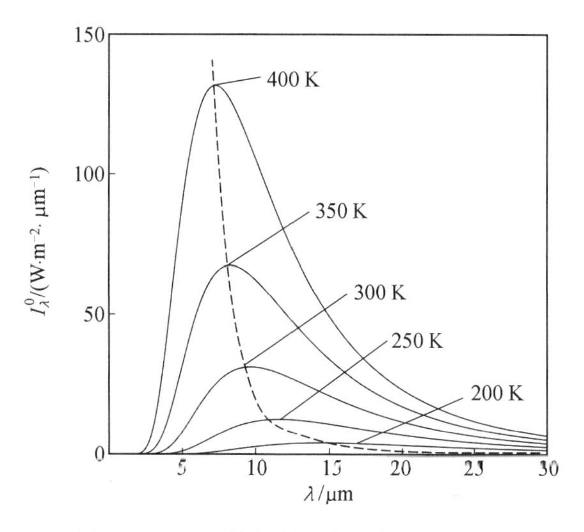

图10.2.1 黑体辐射强度与波长的关系

可以看出以下规律：

(1) 辐射强度随波长连续变化；

(2) 当 $\lambda \to 0$ 或 $\lambda \to \infty$ 时，$I_\lambda^0 \to 0$；

(3) 波长一定时，辐射强度随温度升高而增加；

(4) 最大辐射强度对应的波长 λ_m 随温度的升高而向短波范围移动(如图中虚线所示)。

令 $dI_\lambda^0/d\lambda = 0$，可得

$$\lambda_m T = 2\ 898\ \mu m \cdot K \tag{10.2.3}$$

即 λ_m 反比于绝对温度 T。上式称为“维恩位移定律”。如果知道对应于最大辐射的波长便可求出辐射体的表面温度。例如，已知太阳辐射光谱中最大辐射的波长为 $0.5\ \mu m$，则推算出太阳表面的温度为

$$T = \frac{2\ 898\ \mu m \cdot K}{0.5\ \mu m} = 5\ 796\ K$$

更为重要的是黑体的全波谱的总辐射能 E^0。根据辐射强度定义式(10.2.1)可得

$$E^0 = \int_0^\infty I_\lambda^0 d\lambda = \sigma_0 T^4 \tag{10.2.4}$$

式中，σ_0 为斯蒂芬－玻尔兹曼常数，$\sigma_0 = 5.67 \times 10^{-8}\ W \cdot m^{-2} \cdot K^{-4}$。上式称为“斯蒂芬－玻耳兹曼定律”或“辐射四次方定律”，工程上常写为

$$E^0 = C_0 \left(\frac{T}{100}\right)^4 \tag{10.2.5}$$

常数 $C_0 = 5.67\ W \cdot m^{-2} \cdot K^{-4}$。显然，黑体的辐射能只与温度有关。根据式(10.2.5)就可以计算两个黑体表面之间的辐射换热热流。

例 10.2.1 如图10.2.2所示，两块面积同为 F 的无限大黑体平板平行排列。两板的表面温度分别为 T_1 和 T_2。计算两板之间的辐射换热热流。

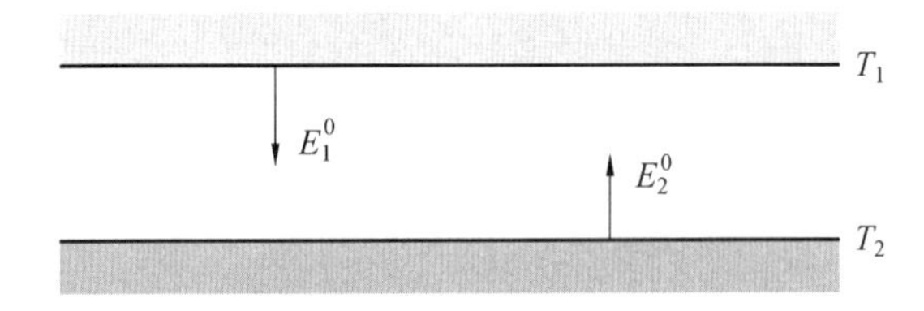

图 10.2.2 例 10.2.1 题图

解 由于黑体的吸收率为1，平板1的辐射能 E_1^0 全部被平板2吸收，平板2的辐射能 E_2^0 全部被平板1吸收。所以平板1向平板2总的辐射换热热流为

$$Q_{12}^0 = E_1^0 F - E_2^0 F = C_0 \left[\left(\frac{T_1}{100}\right)^4 - \left(\frac{T_2}{100}\right)^4\right] F \tag{10.2.6}$$

一般情况下，物体表面的形状并非平面，表面之间的方位关系很复杂。例如，在某绝热空间内存在多个黑体，当各个黑体的温度相等时，显然第 i 个黑体表面向第 j 个黑体表面的总辐射换热热流为零。定义角系数 φ_{ij} 为表面 i 辐射出的能量投射到表面 j 的比例。由于系统处于热平衡态(无温度差异)，总的辐射热流为零，即

$$Q_{ij}^0 = E_i^0 F_i \varphi_{ij} - E_j^0 F_j \varphi_{ji} = 0 \tag{10.2.7}$$

由于温度相同，所以 $E_i^0 = E_j^0$，所以有

$$F_i \varphi_{ij} = F_j \varphi_{ji} \tag{10.2.8}$$

若第 i 个表面辐射的能量全部投射到第 1,2,…,N 个表面,则有

$$\sum_{j=1}^{N}\varphi_{ij}=1 \tag{10.2.9}$$

由于角系数的定义与温度无关,上述结论同样适用于非平衡态辐射换热过程。可以看出,若体系中共有 N 个表面,则有 N^2 个角系数。但并不需要独立计算所有的角系数。根据式(10.2.8)和式(10.2.9),只需独立计算 $N(N-1)/2$ 个角系数即可得出全部角系数。表 10.2.1 给出了几种典型表面之间的角系数计算公式。

表 10.2.1　几种典型表面之间的角系数计算公式

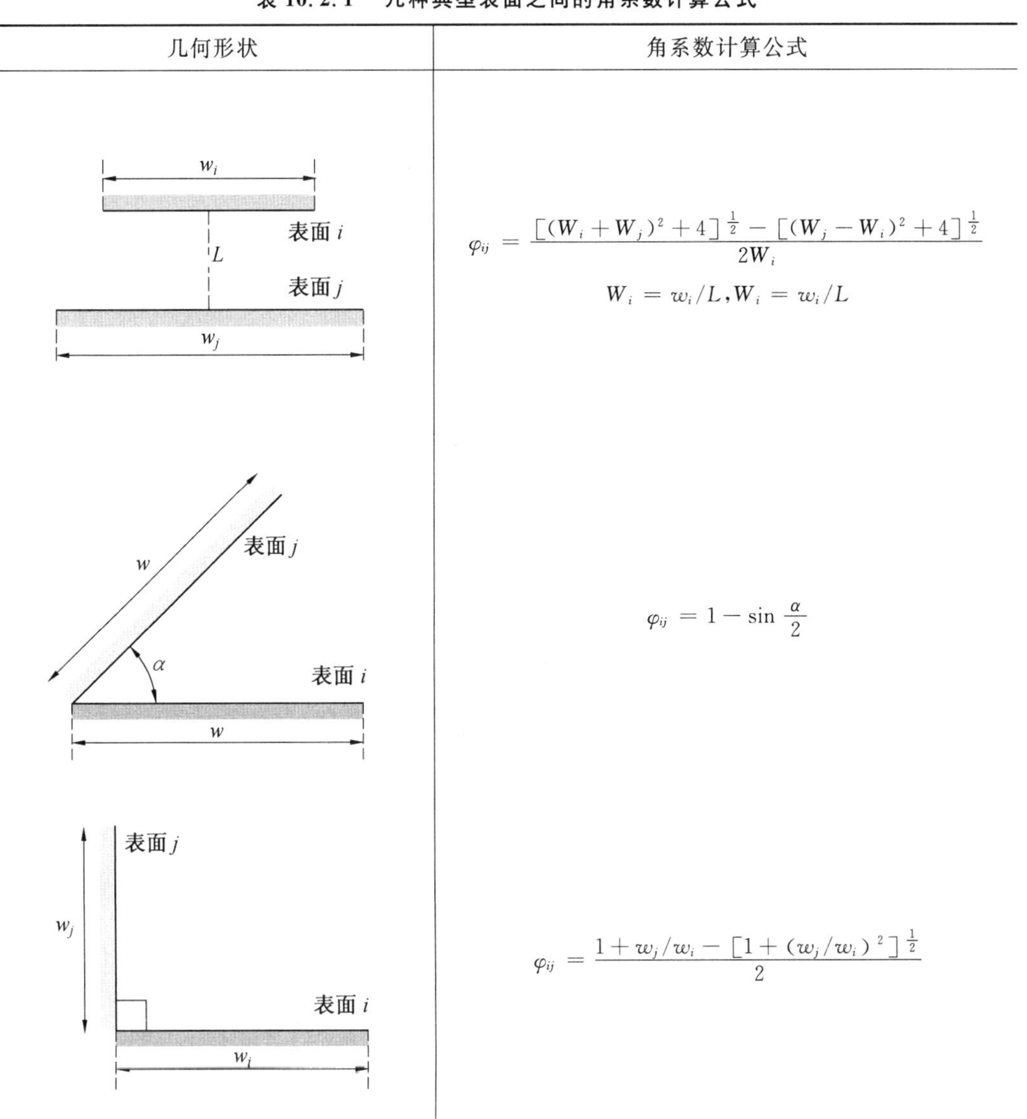

几何形状	角系数计算公式
w_i；表面 i；L；表面 j；w_j	$\varphi_{ij}=\dfrac{[(W_i+W_j)^2+4]^{\frac{1}{2}}-[(W_j-W_i)^2+4]^{\frac{1}{2}}}{2W_i}$ $W_i=w_i/L,W_i=w_i/L$
w；表面 j；α；表面 i；w	$\varphi_{ij}=1-\sin\dfrac{\alpha}{2}$
表面 j；w_j；表面 i；w_i	$\varphi_{ij}=\dfrac{1+w_j/w_i-[1+(w_j/w_i)^2]^{\frac{1}{2}}}{2}$

续表10.2.1

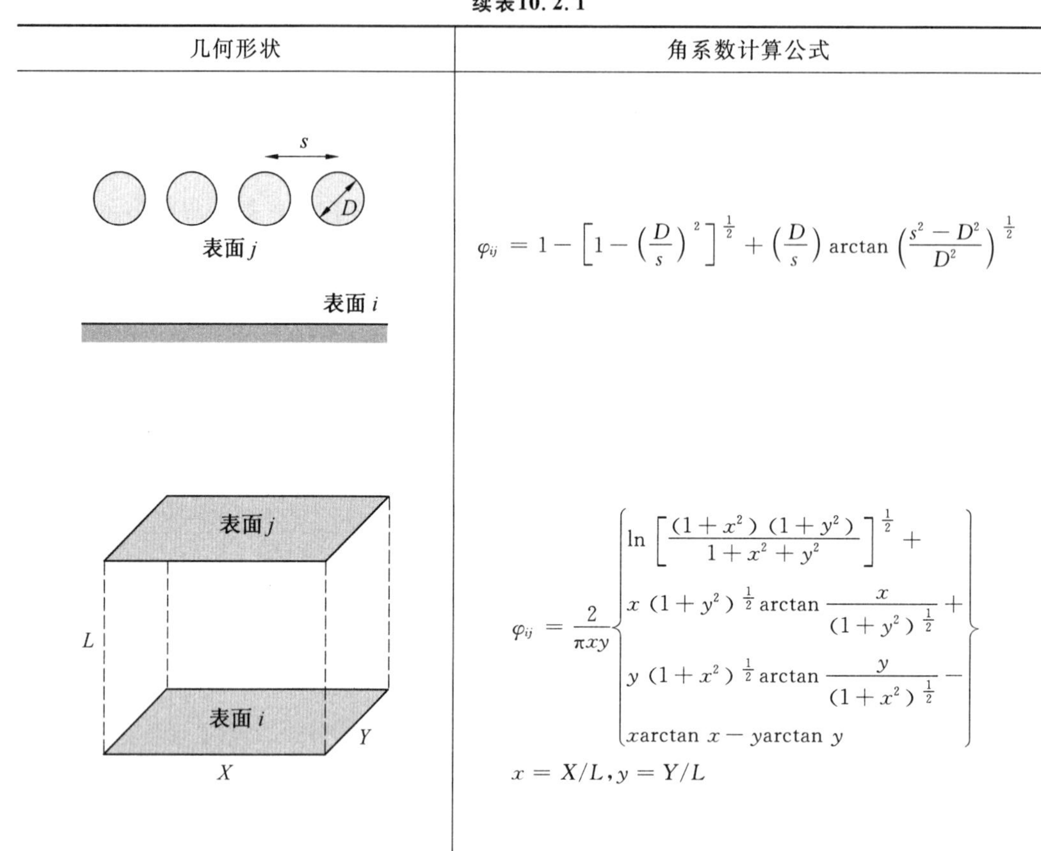

几何形状	角系数计算公式
表面 j；表面 i；s；D	$\varphi_{ij}=1-\left[1-\left(\frac{D}{s}\right)^2\right]^{\frac{1}{2}}+\left(\frac{D}{s}\right)\arctan\left(\frac{s^2-D^2}{D^2}\right)^{\frac{1}{2}}$
表面 j；表面 i；L；X；Y	$\varphi_{ij}=\frac{2}{\pi xy}\left\{\begin{array}{l}\ln\left[\frac{(1+x^2)(1+y^2)}{1+x^2+y^2}\right]^{\frac{1}{2}}+\\ x(1+y^2)^{\frac{1}{2}}\arctan\frac{x}{(1+y^2)^{\frac{1}{2}}}+\\ y(1+x^2)^{\frac{1}{2}}\arctan\frac{y}{(1+x^2)^{\frac{1}{2}}}-\\ x\arctan x-y\arctan y\end{array}\right\}$ $x=X/L, y=Y/L$

10.3 灰体辐射定律

由于实际物体的结构及表面状态均较复杂，以及实际物体的辐射和吸收对波长具有选择性，所以实际物体和黑体的辐射强度随辐射波长的变化情况有很大差别，如图10.3.1所示。故实际物体的换热计算不能直接应用黑体的换热计算公式。那么是不是前面黑体的换热公式就无用了呢？不是。人们把实际物体的辐射曲线用一个与其变化规律（包括强度大小）十分接近的曲线来表示，把这条“曲线”称作“灰体”辐射曲线。实际上，灰体是不存在的，但在工程上人们把实际物体就看作灰体。实际物体的辐射能 E 与同一温度下黑体的辐射能 E^0 之比称为实际物体的黑度，与发射率的定义相同。灰体辐射曲线就相当于在黑体辐射曲线的基础上乘黑度值。

由于投射到灰体表面上的辐射能只能部分被吸收，其余（部分）被反射，因此提出有效辐射力的概念，即单位时间内物体单位面积上辐射出的总能量。如图 10.3.2 所示，单位时间内投落到物体单位面积上的总辐射能（投射能）为 G，物体表面的黑度为 ε，吸收率为 A，反射率为 R，且 $A+R=1$。定义有效辐射力为

$$J\equiv E+RG=\varepsilon E^0+(1-A)G=\varepsilon E^0+(1-\varepsilon)G \qquad (10.3.1)$$

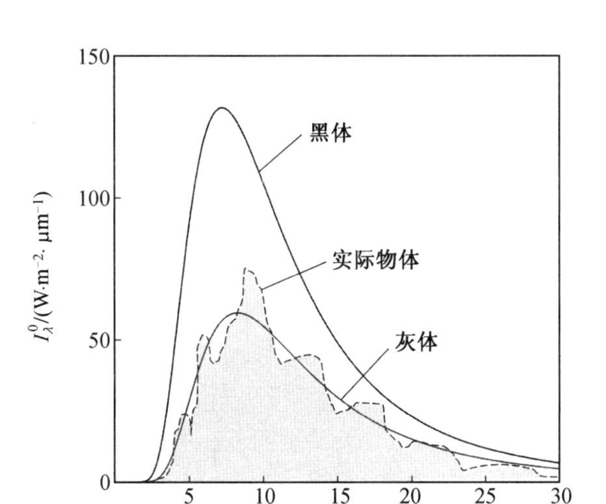

图 10.3.1 相同温度下的黑体、实际物体、灰体辐射曲线

上式用到了克希霍夫定律 $A=\varepsilon$，详细推导见式(10.1.10)。由此可得投射能为

$$G=\frac{J-\varepsilon E^0}{1-\varepsilon} \tag{10.3.2}$$

由此可得由表面导向环境的总辐射热流为

$$Q=F(J-G)=\frac{E^0-J}{\dfrac{1-\varepsilon}{\varepsilon F}} \tag{10.3.3}$$

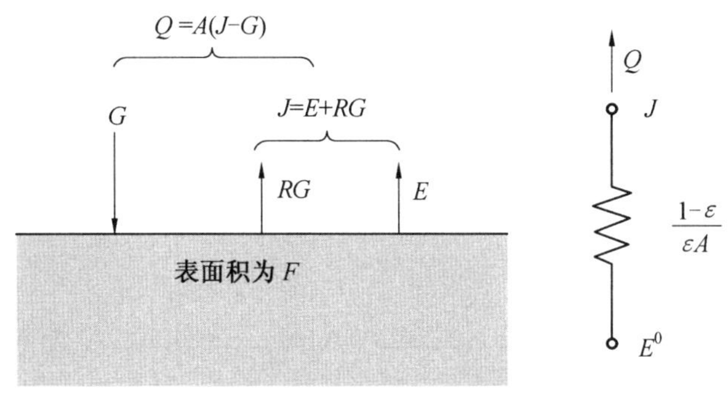

图 10.3.2 灰体的表面辐射及其等效电路示意图

式(10.3.3)可借助图 10.3.2 中的等效电路来解释，即表面向外的总热流 Q 为驱动力 (E^0-J) 与“表面辐射内阻”$(1-\varepsilon)/(\varepsilon A)$ 之比。可以看出，当 $E^0>J$ 时，总的辐射热流由表面向外；当 $E^0<J$ 时，总的辐射热流由外界指向表面；当表面面积 $A\to\infty$ 或黑度 $\varepsilon\to 1$ 时，表面辐射热阻 $(1-\varepsilon)/(\varepsilon A)\to 0$，即 $J\to E^0$。也就是说，无限大表面与黑体等效。这就是图 10.1.2 所示的人造黑体的工作原理。

例 10.3.1 如图 10.3.3 所示，两块面积分别为 F_1 和 F_2 的无限大平板平行排列。两板的表面温度分别为 T_1 和 T_2，黑度分别为 ε_1 和 ε_2。计算两板之间的辐射换热热流。

解 利用角系数的概念，表面 1 向表面 2 的有效辐射力为 $J_1F_1\varphi_{12}$；表面 2 向表面 1 的有效辐射力为 $J_2F_2\varphi_{21}$。因此，表面 1 向表面 2 的辐射热流为

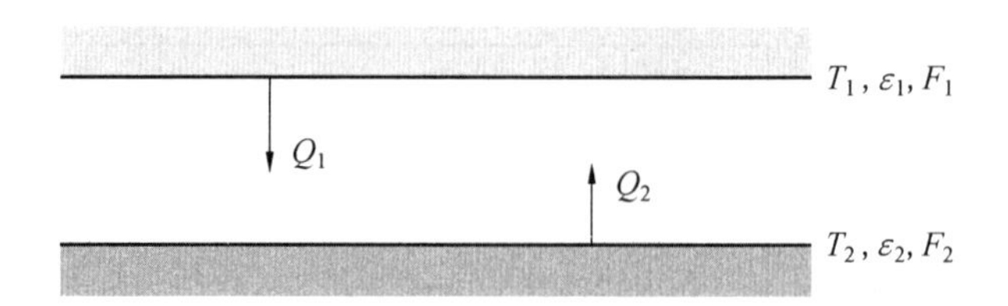

图 10.3.3　例 10.3.1 题图 1

$$Q_{12} = J_1 F_1 \varphi_{12} - J_2 F_2 \varphi_{21}$$

由式(10.2.8)可知 $F_1\varphi_{12} = F_2\varphi_{21}$，即

$$Q_{12} = \frac{J_1 - J_2}{\dfrac{1}{F_1\varphi_{12}}} = \frac{J_1 - J_2}{\dfrac{1}{F_2\varphi_{21}}}$$

由式(10.3.3)计算表面 1 向外的总辐射热流为

$$Q_1 = F_1(J_1 - G_1) = \frac{E_1^0 - J_1}{\dfrac{1-\varepsilon_1}{\varepsilon_1 F_1}}$$

同理可得表面 2 向外的总辐射热流为

$$Q_2 = F_2(J_2 - G_2) = \frac{E_2^0 - J_2}{\dfrac{1-\varepsilon_2}{\varepsilon_2 F_2}}$$

由于系统只有 2 个表面，表面 1 向表面 2 的辐射热流与表面 1 向外的总辐射热流相等，且与表面 2 向外的总辐射热流的大小相等、方向相反，即

$$Q_1 = Q_{12} = -Q_2$$

根据等比性质有

$$Q_{12} = \frac{E_1^0 - J_1}{\dfrac{1-\varepsilon_1}{\varepsilon_1 F_1}} = \frac{J_1 - J_2}{\dfrac{1}{F_1\varphi_{12}}} = \frac{J_2 - E_2^0}{\dfrac{1-\varepsilon_2}{\varepsilon_2 F_2}} = \frac{E_1^0 - E_2^0}{\dfrac{1-\varepsilon_1}{\varepsilon_1 F_1} + \dfrac{1}{F_1\varphi_{12}} + \dfrac{1-\varepsilon_2}{\varepsilon_2 F_2}} \tag{10.3.4}$$

其等效电路如图 10.3.4 所示。

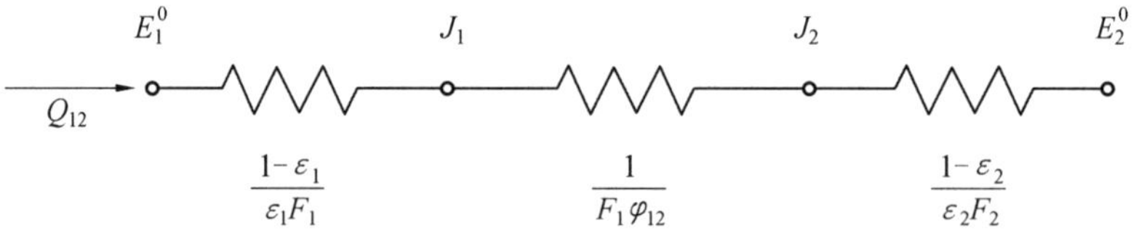

图 10.3.4　例 10.3.1 题图 2

图 10.3.4 中，$1/(F_1\varphi_{12})$ 称为“表面辐射外阻”，它与角系数直接相关。分析式(10.3.4)可得以下结论：

(1) 对于两个平行排列的无限大平板，若 $F_1 = F_2 = F$，则 $\varphi_{12} = \varphi_{21} = 1$，可知

$$Q_{12} = \frac{E_1^0 - E_2^0}{\dfrac{1-\varepsilon_1}{\varepsilon_1 F_1} + \dfrac{1}{F_1\varphi_{12}} + \dfrac{1-\varepsilon_2}{\varepsilon_2 F_2}} = C_{导}\left[\left(\frac{T_1}{100}\right)^4 - \left(\frac{T_2}{100}\right)^4\right]F \tag{10.3.5}$$

其中，$C_{导}$ 定义为导出辐射系数，

$$C_{导} \equiv \frac{C_0}{\dfrac{1}{\varepsilon_1}+\dfrac{1}{\varepsilon_2}-1} = \frac{C_0}{\left(\dfrac{1}{\varepsilon_1}-\dfrac{1}{2}\right)+\left(\dfrac{1}{\varepsilon_2}-\dfrac{1}{2}\right)} \tag{10.3.6}$$

(2) 若在两平板之间加一块相同面积且黑度为 ε 的平板，则

$$Q_{12} = \frac{C_0\left[\left(\dfrac{T_1}{100}\right)^4-\left(\dfrac{T_2}{100}\right)^4\right]F}{\left(\dfrac{1}{\varepsilon_1}-\dfrac{1}{2}\right)+\left(\dfrac{1}{\varepsilon}-\dfrac{1}{2}\right)+\left(\dfrac{1}{\varepsilon}-\dfrac{1}{2}\right)+\left(\dfrac{1}{\varepsilon_2}-\dfrac{1}{2}\right)} \tag{10.3.7}$$

可见，该平板的加入可以显著降低辐射热流。这样的平板称为“隔热屏”，加入的隔热屏数量越多，辐射热流的降低幅度越大。在热处理设备中广泛应用。

(3) 在满足(1) 条件的基础上，若 $\varepsilon_1=\varepsilon_2=1$，则有

$$Q_{12} = C_0\left[\left(\frac{T_1}{100}\right)^4-\left(\frac{T_2}{100}\right)^4\right]F = Q_{12}^0 \tag{10.3.8}$$

为黑体辐射换热公式，与式(10.2.6) 相同。

(4) 若物体 1 被物体 2 包围，例如工件被炉膛包围，则有 $\varphi_{12}=1$，$\varphi_{21}=F_1/F_2$，可得

$$Q_{12} = C'_{导}\left[\left(\frac{T_1}{100}\right)^4-\left(\frac{T_2}{100}\right)^4\right]F \tag{10.3.9}$$

$$C'_{导} \equiv \frac{C_0}{\dfrac{1}{\varepsilon_1}+\varphi_{21}\left(\dfrac{1}{\varepsilon_2}-1\right)} = \frac{C_0}{\dfrac{1}{\varepsilon_1}+\dfrac{F_1}{F_2}\left(\dfrac{1}{\varepsilon_2}-1\right)} \tag{10.3.10}$$

可见，当 $F_1 \ll F_2$ 时，

$$C'_{导} = \varepsilon_1 C_0 \tag{10.3.11}$$

下面分析一般情况下表面之间的辐射换热。如图 10.3.5 所示，考虑空间内含有 N 个辐射表面，则其他表面(包括第 i 个表面) 投射到该平面上的总能量为

$$G_i F_i = \sum_{j=1}^{N} J_j F_j \varphi_{ji} \tag{10.3.12}$$

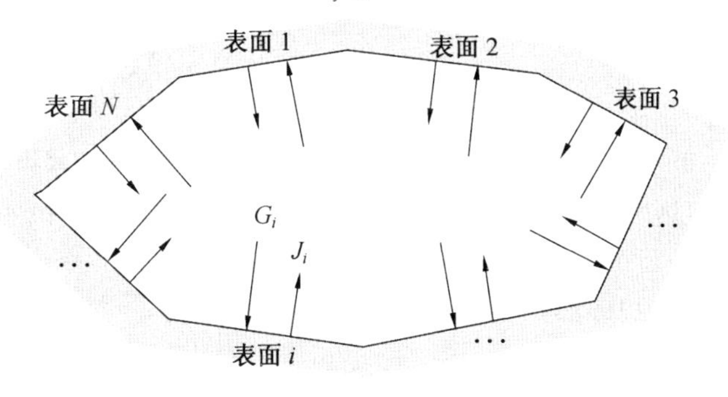

图 10.3.5 在封闭空间内的表面之间的辐射换热示意图

把式(10.2.8) 代入上式，得

$$G_i F_i = \sum_{j=1}^{N} J_j F_i \varphi_{ij} \tag{10.3.13}$$

根据式(10.2.9) 可得表面 i 向外的总辐射热流为

$$Q_i = J_i F_i - G_i F_i = J_i F_i \sum_{j=1}^{N} \varphi_{ij} - \sum_{j=1}^{N} J_j F_i \varphi_{ij} = \sum_{j=1}^{N} (J_i - J_j) F_i \varphi_{ij} \quad (10.3.14)$$

定义表面 i 投向表面 j 的辐射热流为

$$Q_{ij} \equiv \frac{J_i - J_j}{\dfrac{1}{F_i \varphi_{ij}}} \quad (10.3.15)$$

代入式(10.3.14)则有

$$Q_i = \sum_{j=1}^{N} Q_{ij} \quad (10.3.16)$$

另外,根据式(10.3.3)可知

$$Q_i = \frac{E^0 - J_i}{\dfrac{1 - \varepsilon_i}{\varepsilon_i F_i}} \quad (10.3.17)$$

结合式(10.3.16)和式(10.3.17)可得表面 i 的等效电路如图 10.3.6 所示。

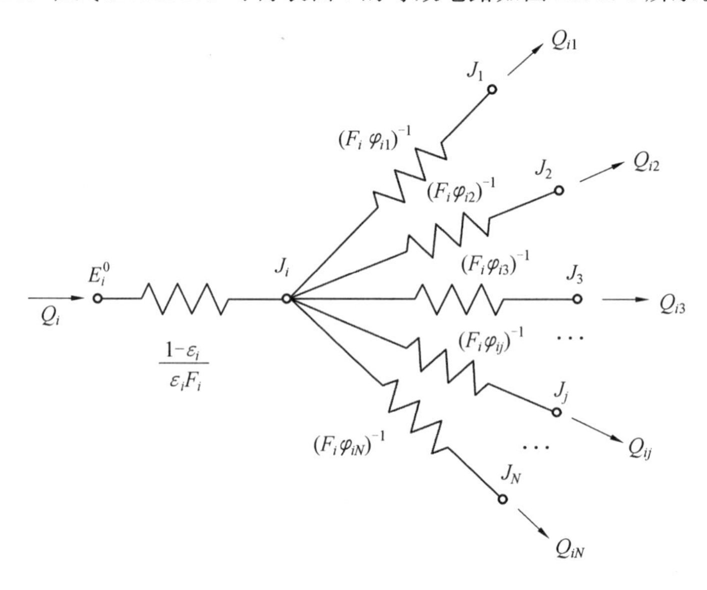

图 10.3.6 在封闭空间内的表面 i 的辐射换热等效电路图

例 10.3.2 某热处理炉炉膛尺寸如图 10.3.7 所示,炉顶面和炉底面为加热面,其温度恒定为 1 370 K,顶面黑度为 0.74,底面黑度为 0.8,炉壁的 4 个侧面绝热。某黑度为 0.15 的金属板(假设与炉底面积相同)由室温放入炉中加热。忽略金属板内部导热及金属板通过料盘与炉底面之间的导热,并忽略金属板与炉内气氛的对流换热。计算金属板温度为 300 K 时,热处理炉对其加热的功率。

解 炉底面与计算金属板下表面之间的辐射热流可由式(10.3.5)直接算出,

$$Q_{43} = \frac{5.67}{\dfrac{1}{0.8} + \dfrac{1}{0.15} - 1} \left[\left(\frac{1\,370}{100} \right)^4 - \left(\frac{300}{100} \right)^4 \right] \times 2 = 57\,600(\mathrm{W})$$

忽略金属板与炉底面的间隙,即金属板与炉顶面之间的高度为 1.5 m。给出金属板上表面与炉顶面和侧面之间辐射换热的等效电路模型,如图 10.3.8 所示。

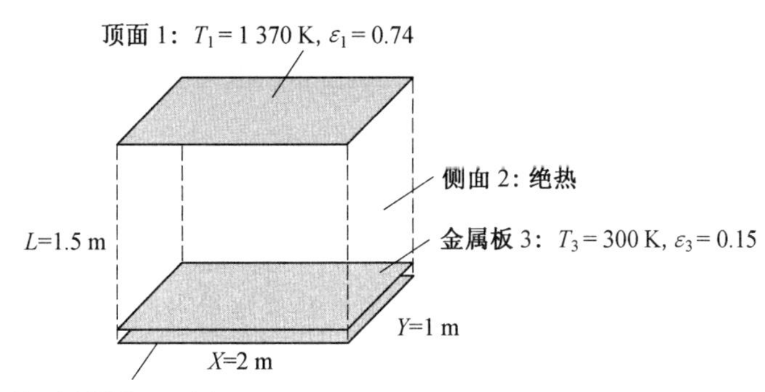

图 10.3.7　例 10.3.2 题图 1

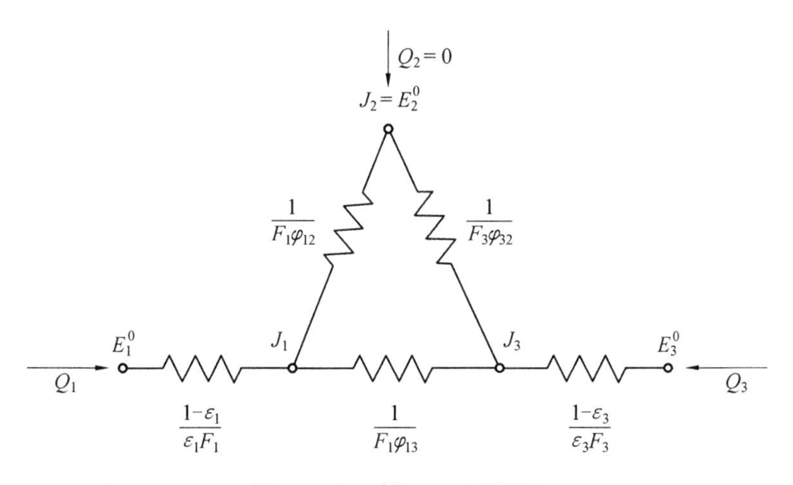

图 10.3.8　例 10.3.2 题图 2

由表 10.2.1 计算角系数如下：

$$\varphi_{13}=0.18$$

$$\varphi_{12}=1-\varphi_{13}=0.82$$

根据结构的对称性，$\varphi_{32}=\varphi_{12}=0.82$。计算等效电路总阻值为

$$\frac{1-\varepsilon_1}{\varepsilon_1 F_1}+\left[F_1\varphi_{13}+\left(\frac{1}{F_1\varphi_{12}}+\frac{1}{F_3\varphi_{32}}\right)^{-1}\right]^{-1}+\frac{1-\varepsilon_3}{\varepsilon_3 F_3}$$

$$=\frac{1-0.74}{0.74\times 2}+\left[2\times 0.18+\left(\frac{1}{2\times 0.82}+\frac{1}{2\times 0.82}\right)^{-1}\right]^{-1}+\frac{1-0.15}{0.15\times 2}=3.86(\mathrm{m}^{-2})$$

由此计算得

$$Q_1=-Q_3=\frac{C_0}{3.86\ \mathrm{m}^{-2}}\left[\left(\frac{T_1}{100}\right)^4-\left(\frac{T_3}{100}\right)^4\right]$$

$$=\frac{5.67}{3.86}\left[\left(\frac{1\ 370}{100}\right)^4-\left(\frac{300}{100}\right)^4\right]=51\ 627\ (\mathrm{W})$$

因此，热处理炉对其加热的总功率为 $Q_{43}+Q_1=1.1\times 10^5$ W。

10.4 综合换热系数

前面分别讨论了导热、对流化热及辐射换热。实际上这三种传热往往同时存在。根据温度四次方定律可知，物体表面之间进行辐射换热的热量通量正比于温度的四次方，因此在温度较高时，表面换热过程由辐射换热主导，然而很多情况下并不能忽略对流换热，需要综合考虑对流换热和辐射换热。例如，在热处理炉内，加热元件的表面温度为 T_{rad}，炉内气氛的温度为 T_∞，工件表面温度为 T_s，则热处理炉对工件的总换热量等于对流和辐射两者之和，即

$$J_{\sum} = h(T_\infty - T_s) + C_{导}\left[\left(\frac{T_{rad}}{100}\right)^4 - \left(\frac{T_s}{100}\right)^4\right]\frac{T_\infty - T_s}{T_\infty - T_s} \tag{10.4.1}$$

定义综合换热系数为

$$h_{\sum} \equiv \frac{J_{\sum}}{T_\infty - T_s} \tag{10.4.2}$$

由此可知

$$h_{\sum} = h + \frac{C_{导}}{T_\infty - T_s}\left[\left(\frac{T_{rad}}{100}\right)^4 - \left(\frac{T_s}{100}\right)^4\right] \tag{10.4.3}$$

例 10.4.1 如图 10.4.1 所示，在管式炉中使用热电偶测量炉内气氛的温度。已知热电偶高温端接头的黑度为0.9，电热丝表面温度为400 ℃，热电偶的测量温度为220 ℃，炉内气氛的对流换热系数为400 W·m^{-2}·K^{-1}，计算炉内气氛的实际温度。

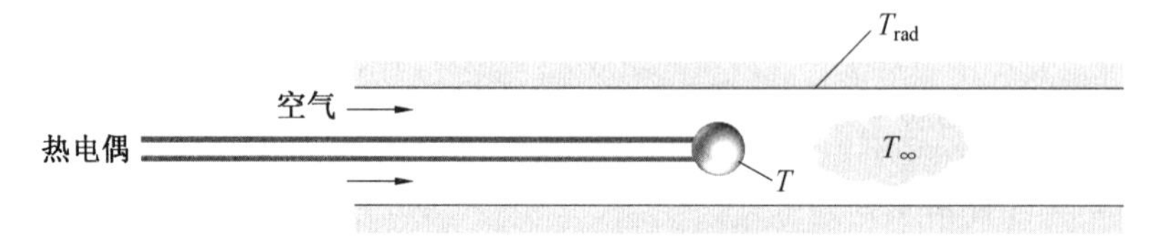

图 10.4.1 例 10.4.1 题图

解 把式(8.2.7)中的对流换热系数替换为综合换热系数，其稳态导热方程为

$$\rho c_p V\frac{dT}{dt} = Ah_{\sum}[T_\infty - T] = A\left\{h + \frac{C_{导}}{T_\infty - T}\left[\left(\frac{T_{rad}}{100}\right)^4 - \left(\frac{T}{100}\right)^4\right]\right\}[T_\infty - T] = 0$$

化简之后得

$$T_\infty = T + \frac{C_{导}}{h}\left(\frac{T}{100}\right)^4 - \frac{C_{导}}{h}\left(\frac{T_{rad}}{100}\right)^4$$

由于热电偶测温端小球的表面积远远小于炉膛表面积，因此可用式(10.3.11)计算，

$$C_{导} = \varepsilon C_0 = 0.9 \times 5.67\ \mathrm{W \cdot m^{-2} \cdot K^{-4}} = 5.10\ \mathrm{W \cdot m^{-2} \cdot K^{-4}}$$

代入上式求得炉内气氛实际温度为

$$\begin{aligned}T_\infty &= T + \frac{C_{导}}{h}\left(\frac{T}{100}\right)^4 - \frac{C_{导}}{h}\left(\frac{T_{rad}}{100}\right)^4 \\ &= 220 + \frac{5.10}{400}\left(\frac{220+273}{100}\right)^4 - \frac{5.10}{400}\left(\frac{400+273}{100}\right)^4 = 201.4\ (℃)\end{aligned}$$

可见，热电偶测量温度比炉内气氛实际温度高 18.6 ℃。这不是偶然误差，而是系统

误差。观察上式可以发现，增加对流换热系数有利于减小这一误差。由式(10.3.7)也可看出，在热电偶高温端引入隔热屏有利于降低 $C_{导}$ 进而减小温度测量误差。在实践中，常通过把热电偶置于辐射管中，并在辐射管中引入强制对流的方法提高测温精度。

本章习题

10.1　温度为 T_1 和 T_2 的两个无限大平板之间加入 N 块隔热屏，推导出平板之间的辐射换热热量通量的表达式。

10.2　继续题10.1，若两平板间距为 L，隔热屏厚度为 d，气氛换热系数为 h，隔热屏材料热导率为 k，且物理性质均为常数。综合考虑导热、对流换热及辐射换热，试讨论两平板之间的热量通量随隔热屏数量的变化规律。

10.3　如图所示，某热处理炉采用直径为5 mm、黑度为0.8的Fe－Cr－Al合金电热丝作为加热元件，电热丝间距为10 mm，若电热丝表面温度为1 200 K，计算隔热屏表面温度。

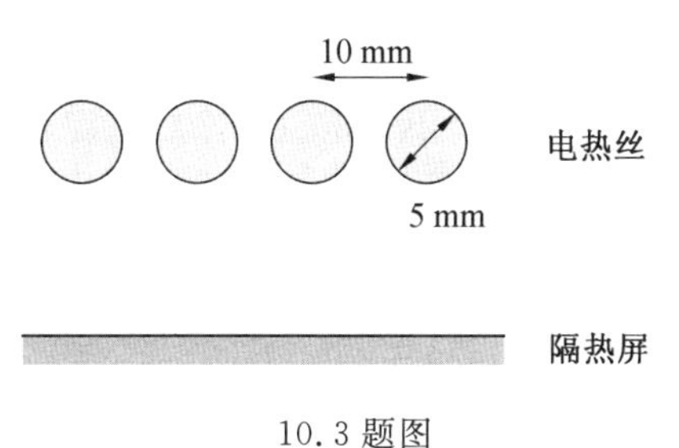

10.3 题图

10.4　如图所示，将某长宽均为5 m、高为1.5 m的金属工件在锻造之前放入燃料炉中加热。已知炉内气体温度为1 520 K，火焰温度为2 000 K，黑度为0.9。假设火焰均匀分布在工件上方，气体的透射率为1。工件表面的对流换热系数为85 $W \cdot m^{-2} \cdot K^{-1}$，黑度为0.8。计算保温阶段工件的实际温度。

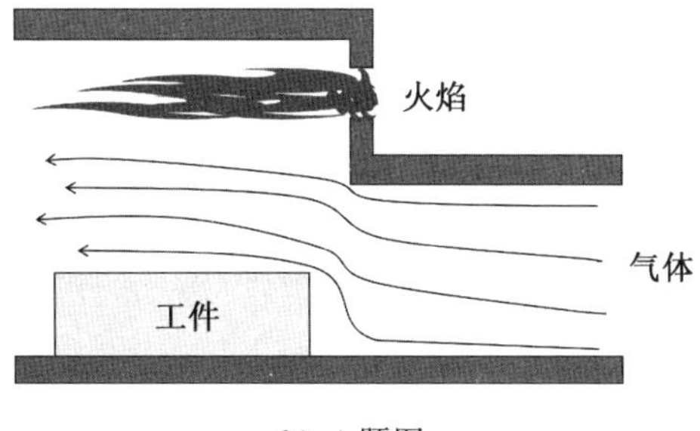

10.4 题图

10.5　如图所示，某壁面温度恒定300 K的大尺寸真空腔室底部有一个圆孔，在其底部有一直径为0.1 m、温度恒定为77 K的黑体挡板。为了降低真空腔室向挡板的辐射热流，在挡板上方加入一块同样尺寸的隔热屏，其黑度为0.05。计算有无隔热屏条件下腔室向挡板的辐射热流。

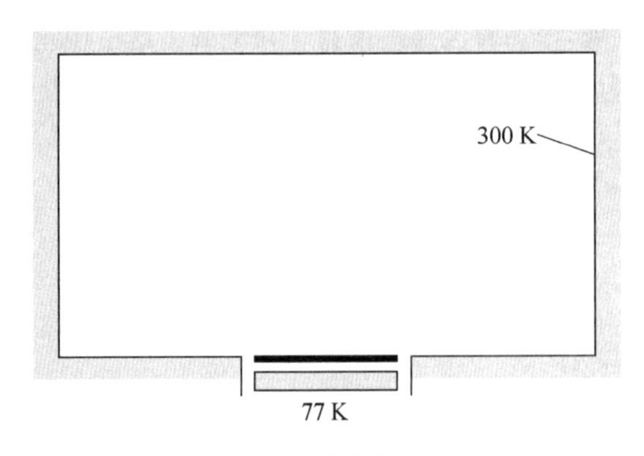

10.5 题图

10.6 如图所示，金属板在真空炉中加热。金属板的厚度为6 mm，黑度为0.3，密度为7 690 $kg \cdot m^{-3}$，热容为628 $J \cdot kg^{-1} \cdot K^{-1}$。加热元件为直径25 mm的加热棒，间隔100 mm，均匀分布在金属板上下两侧。加热棒的黑度为0.9，温度恒定为1 810 K。为了提高加热效率，隔热屏采用表面抛光的黄铜制成，黑度为0.03，温度恒定为310 K。假设金属板及隔热屏为无限大平壁。回答以下问题：

(1) 当金属板的温度为300 K、390 K、530 K、670 K、810 K时，计算金属板的升温速度。

(2) 计算金属板的温度由300 K升高至810 K所需的时间。

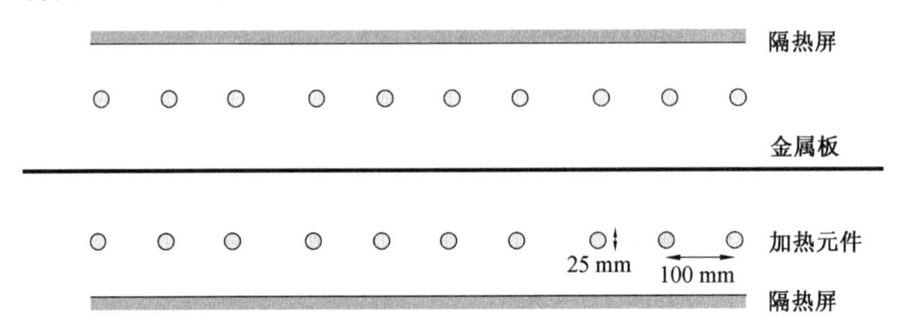

10.6 题图

10.7 某热处理炉内壁温度为1 090 K，黑度为0.9，炉墙厚度为0.3 m。在炉墙上有一尺寸为150 mm×150 mm的方形孔。已知室温为295 K，假设孔壁温度为600 K。计算通过小孔向环境中的辐射热流。若在炉墙外表面用一个金属镍片遮蔽方形孔，计算通过小孔向环境中的辐射热流。

第 11 章　固态扩散

11.1　菲克扩散定律

固态扩散是研究材料成分与组织结构演变动力学的核心。扩散诱导相变,使材料表现出优异的性能,赋予关键件极限服役寿命。因此,对固态扩散行为的科学认识是科学设计材料热加工技术的前提。我国至少在公元前 6 世纪的春秋时期就有渗碳应用的记载。如今知道,固态材料中的元素扩散需要较高的温度才能以较快的速度进行。在 19 世纪中叶以前,由于缺少测量较高温度的传感器和显微成像技术,人们无法定量研究固态扩散行为,更对材料的微观组织结构一无所知。但是在 19 世纪上半叶,已有学者对常温下的扩散行为有所研究。在 1855 年,德国科学家菲克(Adolf Fick,1829—1901)发表了两篇关于氯化钠在盐水中的扩散行为的论文,首次对扩散行为进行了量化的数学描述,他写道:"很自然地认为,盐在其溶剂中的扩散定律应该与热在导体中的扩散所依据的定律相同;根据这一定律,傅立叶建立了他关于热的解析理论,欧姆应用于电的传导也是如此。根据这一规律,在两个盐浓度不同的空间位置之间,单位时间内传递的盐和水的量应该与这两点的浓度差成正比,并且与它们之间的距离成反比。"根据这一类比,菲克提出扩散通量正比于浓度梯度,用如今的通用写法写为

$$\boldsymbol{J} = -D\,\nabla C \tag{11.1.1}$$

式(11.1.1)即为"菲克第一定律"。等式右侧的"负号"表示扩散方向与浓度梯度方向相反,即沿着浓度降低的方向扩散。比例常数 D 为"扩散系数",其单位是 $m^2 \cdot s^{-1}$。值得一提的是,菲克当时并没有定义出"扩散系数"这一概念,而是认为该系数是一个依赖于物质本质的常数。他通过巧妙的试验设计验证了这一定律。其试验装置如图 11.1.1(a) 所示,在一个较大的容器内盛满清水,并将盛有饱和 NaCl 溶液的容器与圆管相接,置于容器内部。显然,在圆管内的盐溶液会形成浓度梯度分布。菲克利用悬球法测量了圆管内部距圆管上表面不同深度的盐溶液的比重,发现比重与深度之间呈线性关系,结果如图 11.1.1(b) 所示。

类比导热方程,菲克给出了圆管内盐溶液中 NaCl 的扩散方程为

$$\frac{\partial C}{\partial t} = D\,\frac{\partial^2 C}{\partial r^2} \tag{11.1.2}$$

上式称为"菲克第二定律"。当圆管内的盐溶液浓度不随时间变化时,

$$D\,\frac{\partial^2 C}{\partial x^2} = 0 \quad \Rightarrow \quad C(x) = ax + b \tag{11.1.3}$$

其中,a,b 为常数。与试验结果一致。菲克还验证了漏斗形状的圆管中盐浓度的分布。基于上述试验验证,菲克进一步测量了扩散系数。方法如下:当达到稳态分布时,圆管下

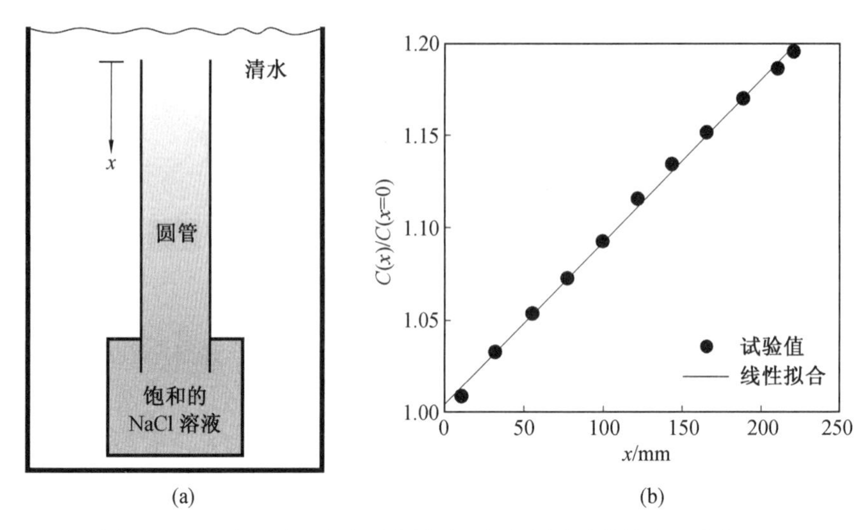

图 11.1.1 菲克的试验验证装置示意图与圆管内盐溶液比重分布

端的盐浓度 C_s 与饱和 NaCl 溶液相等，圆管上端的盐浓度为零。由下方的饱和盐溶液扩散至外界清水中的盐的扩散通量正比于 C_s、反比于圆管长度 L，即

$$J=-D\frac{0-C_s}{L} \tag{11.1.4}$$

基于3组不同长度圆管的试验结果，计算得出室温下 NaCl 在水中的扩散系数为 $1.2\times 10^{-6}\ \mathrm{cm^2\cdot s^{-1}}$。直至19世纪末期，得力于Pt/RhPt热电偶的发明与改进，人们才得以控制数百度乃至上千度的高温，菲克扩散定律才真正应用到固态扩散。1896年，英国冶金学家奥斯丁(Austen，1843—1905，铁碳相图和金相组织的奠基人。为纪念他，把 γ-Fe 及其固溶体命名为奥氏体)首次把菲克扩散定律用于研究固态扩散。奥斯丁采用 Au－Pb 扩散偶，经高温扩散后测量了距离 Au/Pb 界面不同距离处的 Pb 切片中的含 Au 量，并基于菲克扩散定律得出浓度分布的误差函数解，测量了 Au 向 Pb 中扩散的扩散系数。扩散系数与温度的关系一般满足阿伦尼乌斯方程，即

$$D=D_0\exp\left(-\frac{Q}{RT}\right) \tag{11.1.5}$$

其形式由瑞典化学家阿伦尼乌斯(Arrhenius，1859—1927)于1889年提出。式中，D_0 为指前因子($\mathrm{cm^2\cdot s^{-1}}$)，在一定范围内与温度无关；$Q$ 为扩散激活能($\mathrm{J\cdot mol^{-1}}$)；$R=8.316\ \mathrm{J\cdot mol^{-1}\cdot K^{-1}}$ 为理想气体状态常数；T 为绝对温度。奥斯丁当时并没有讨论扩散系数随温度的变化规律，后来有人将其测量结果整理成阿伦尼乌斯图(即以温度倒数为横轴，以温度的对数为纵轴)。结果如图11.1.2所示，奥斯丁的测量结果(图中的散点)符合阿伦尼乌斯方程(图中的直线)，根据直线斜率得出 $D_0=0.3\ \mathrm{cm^2\cdot s^{-1}}$、$Q=40.8\ \mathrm{kJ\cdot mol^{-1}}$，测量精度可媲美同位素测量技术。

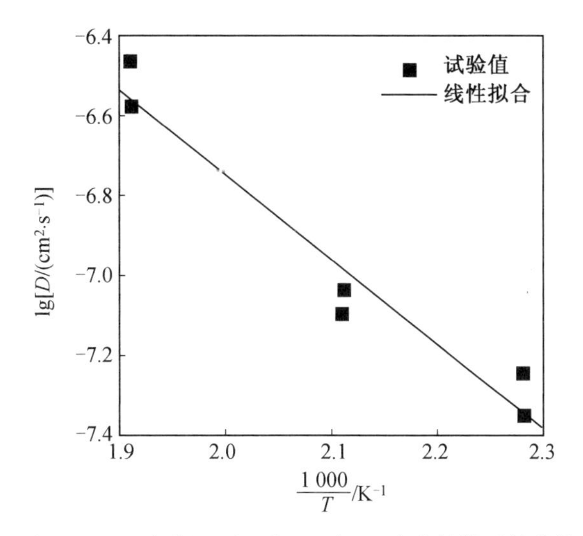

图 11.1.2 奥斯丁测量的 Au 在 Pb 中的扩散系数数值

11.2 自扩散

根据菲克扩散定律，似乎可以认为是浓度梯度驱动了扩散。然而，这并不是绝对的。即便是在浓度梯度下，也未必会发生扩散。例如，溶质元素在界面上的偏析导致的浓度梯度可以稳定存在。在 1950 年之后，人们对材料的晶体结构以及缺陷有了科学认识，继而对固态扩散有了更深入的了解。在热力学非平衡态下，材料中的粒子(原子、离子、空位等点缺陷) 在电化学势梯度(电势梯度、化学势梯度、浓度梯度) 驱动下发生扩散，直至达到热力学平衡态。即便是在热力学平衡态下，材料中的粒子仍然在持续振动和扩散。因此，当研究不同的固态扩散体系时，常常会涉及自扩散、本征扩散(化学扩散)、互扩散的概念。它们所对应的扩散驱动力及扩散系数各不相同。

首先讨论在热力学平衡态下的固态扩散。我们知道，当体系达到热力学平衡态时，体系的各个性质会保持恒定，既不随时间变化也不随空间变化。那么扩散是如何发生的呢？这要从原子尺度讨论这一过程。在热力学平衡态下，固态材料中存在空位等点缺陷。原子以空位机制进行扩散。图 11.2.1 给出了置换式原子和间隙式原子的扩散示意图。如果跟踪该原子，会发现其位置在不断变化。同样，如果跟踪某空位，也会发现它的位置不断发生变化。也就是说，置换原子或者间隙原子随机地与其近邻空位不断交换位置，从而使该原子发生扩散。若扩散原子的化学性质相同，则可认为是该元素在其自身内部的扩散，扩散系数称为“自扩散系数”。根据概率统计，得出自扩散系数的表达式为

$$\begin{aligned} D &= \frac{1}{6} a^2 z \upsilon \exp\left(\frac{\Delta S_{\mathrm{vac}} + \Delta S_{\mathrm{mig}}}{R}\right) \exp\left(-\frac{\Delta H_{\mathrm{vac}} + \Delta H_{\mathrm{mig}}}{RT}\right) \\ &= D_0 \exp\left(-\frac{\Delta H_{\mathrm{vac}} + \Delta H_{\mathrm{mig}}}{RT}\right) \end{aligned} \tag{11.2.1}$$

式中，a 为原子跳跃前后的距离变化，其数值与晶格常数相当；z 为配位数，与晶格结构有关；υ 为原子热振动频率，其数值约为 $10^{13}\ \mathrm{s}^{-1}$；ΔS_{vac} 和 ΔS_{mig} 分别为空位形成熵和迁移熵；

ΔH_{vac} 和 ΔH_{mig} 分别为空位形成焓和迁移焓。式(11.2.1) 符合阿伦尼乌斯方程，其指前因子和扩散激活能分别为 D_0 和 $\Delta H_{vac}+\Delta H_{mig}$。可见，自扩散并不需要驱动力，它是原子热运动的一种体现。

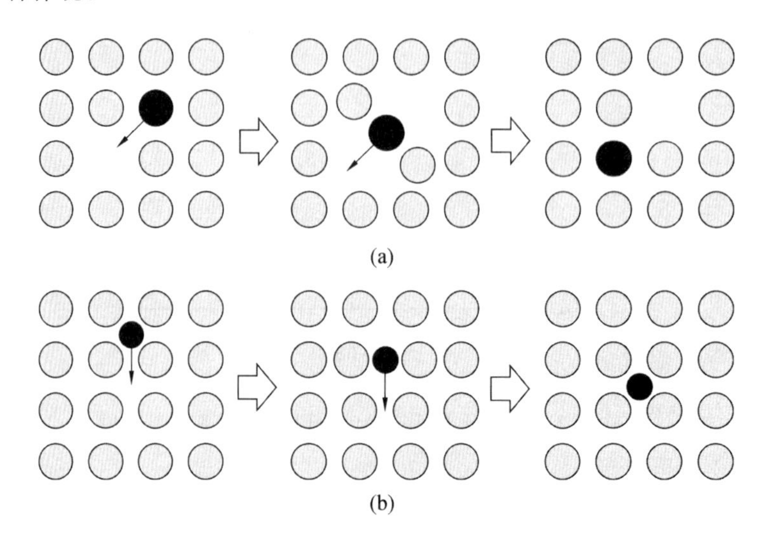

图 11.2.1 置换式原子和间隙式原子的扩散机制

由于扩散元素与其放射性同位素的化学性质完全相同，且试验中可以测量放射性同位素的浓度分布，所以试验中可以通过引入放射性同位素原子来测量自扩散系数。其测量结果常用 D^* 表示，称为“同位素扩散系数”。由于同位素原子与空位之间的交换存在关联性，即交换后的同位素原子很大概率会与先前空位继续交换位置而回到原位置，表现出同位素扩散系数小于自扩散系数。即

$$D^* = fD \tag{11.2.2}$$

其中，f 为相关系数，它与晶格类型和扩散机制有关。对于置换式原子的扩散，$f<1$(简单立方晶格 $f=0.655$，体心立方晶格 $f=0.721$，面心立方晶格 $f=0.781$)；对于间隙式原子的扩散，$f=1$。

图 11.2.2 给出了几种代表性固溶体中的元素自扩散系数的阿伦尼乌斯图。

结合图 11.2.2 可以看出以下规律：

(1) 在相同温度下，C 在 α－Fe(亦称为铁素体，体心立方晶格结构) 中的自扩散系数远远大于 Fe 在 α－Fe 中的自扩散系数；C 在 α－Fe 中的扩散激活能(阿伦尼乌斯图中曲线斜率与 $-10^4 R\ln 10$ 的乘积) 远远小于 Fe 在 α－Fe 中的自扩散激活能。这是由于 C 在 α－Fe 中的八面体间隙中扩散，属于间隙原子扩散；而 Fe 在 α－Fe 的 Fe 晶格位点中扩散，属于置换式扩散。一般而言，间隙式原子的扩散快于置换式原子的扩散。

(2) C 在 γ－Fe(亦称为奥氏体，面心立方晶格结构) 中的扩散激活能远远大于 C 在 α－Fe(亦称为铁素体，体心立方晶格结构) 中的扩散激活能。这是由于 C 在 γ－Fe 和 α－Fe 中均占据八面体间隙位置，而 γ－Fe 中的八面体间隙小于 α－Fe 中的八面体间隙，即 C 原子在 γ－Fe 中的扩散需要克服更大的阻力。C 在 γ－Fe 中的扩散激活能可以通过增加含碳量而降低。一方面，由于 γ－Fe 的晶格常数随含碳量增加而增加，继而增加了八

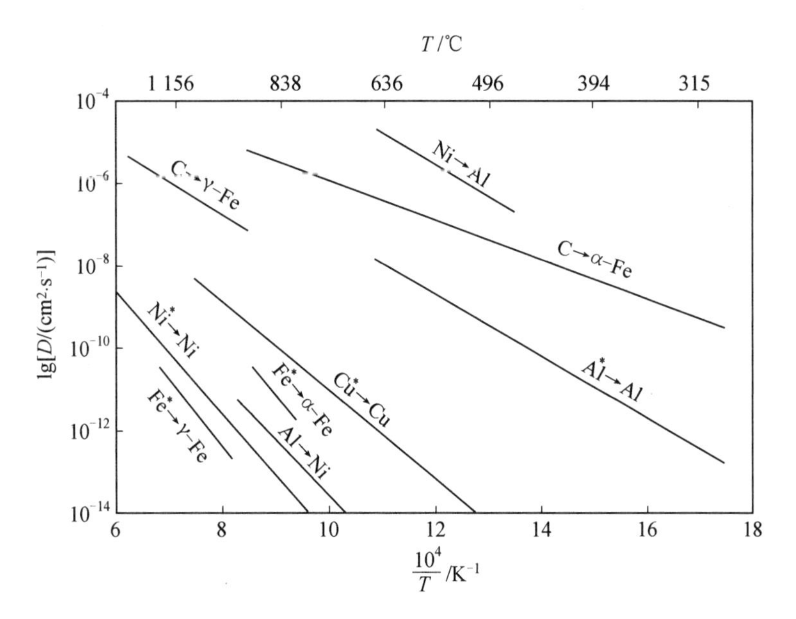

图 11.2.2　几种代表性固溶体中的自扩散系数的阿伦斯乌斯图
（$A \to B$ 表示微量的 A（或 A^*）在 B 中扩散）

面体间隙尺寸；另一方面，由于 C 原子之间的相互排斥，其扩散更加容易。这一方法对于 α－Fe 并不适用，因为其饱和含碳量较低，所以含碳量的变化不足以对扩散激活能产生显著影响。

(3) 相同温度下，Cu 在 Cu 中的自扩散系数远远小于 Al 在 Al 中的自扩散系数。这是由于 Cu 的熔点(1 356 K) 远高于 Al 的熔点(933 K)，因此在相同温度下，Cu 中的空位数量远远低于 Al 的，因此自扩散系数较小。

(4) 外来原子在熔点较低的基体中扩散较快。例如 Ni 在 Ni 中的自扩散系数远远小于 Ni 在 Al 中的自扩散系数。

11.3　本征扩散

当体系处于热力学非平衡态时，可以利用线性不可逆热力学来描述扩散过程。扩散通量正比于扩散化学势梯度，即

$$\boldsymbol{J} = -Mc\ \nabla\mu \tag{11.3.1}$$

式中，M 为迁移率，它代表单位驱动力下扩散元素的迁移速度；c 为扩散元素的浓度；$\nabla\mu$ 为扩散驱动力；μ 为扩散化学势，它表示扩散元素与空位的化学势之差。由于在扩散过程中的空位浓度近乎不变，扩散化学势近似为扩散元素的化学势，定义为

$$\mu = \mu_0 + RT\ln\left(\gamma \frac{c}{c_{\max}}\right) \tag{11.3.2}$$

其中，μ_0 为标准化学势，只与温度有关；γ 为无量纲的活度系数，当 $c \to 0$ 时，$\gamma \to 1$；$c_{\max}$ 为体系中扩散元素的最大溶解度。

当迁移和扩散达到平衡时，

$$-Mc\ \nabla\mu - D\ \nabla c = 0 \tag{11.3.3}$$

即

$$\mathrm{d}\mu = -\frac{D}{Mc}\mathrm{d}c \tag{11.3.4}$$

解得

$$c = c_0 \exp\left(-\frac{M}{D}\mu\right) \tag{11.3.5}$$

而平衡时的浓度分布必须满足玻尔兹曼分布，即

$$c = c_0 \exp\left(-\frac{\mu}{RT}\right) \tag{11.3.6}$$

对比式(11.3.6)和式(11.3.5)可得

$$D = MRT \tag{11.3.7}$$

上式称为“能斯特－爱因斯坦方程”，它给出了迁移率与自扩散系数之间的关系。虽然迁移和扩散本质上是两个完全不同的过程，但是从形式上看，式(11.3.1)与菲克第一定律极其相似。若扩散化学势只是浓度的函数，则可把扩散化学式的梯度表示为浓度梯度。把式(11.3.2)代入式(11.3.1)得

$$\boldsymbol{J} = -MRT\left(1+\frac{\partial \ln \gamma}{\partial \ln c}\right)\nabla c \equiv -D^{\text{chem}}\ \nabla c \tag{11.3.8}$$

其中

$$D^{\text{chem}} \equiv MRT\left(1+\frac{\partial \ln \gamma}{\partial \ln c}\right) \tag{11.3.9}$$

称为“本征扩散系数”或“化学扩散系数”。显然，它与自扩散系数有如下关系：

$$D^{\text{chem}} = D\left(1+\frac{\partial \ln \gamma}{\partial \ln c}\right) \tag{11.3.10}$$

其中，$1+\partial \ln \gamma/\partial \ln c$ 称为“热力学因子”。当浓度较低($c \to 0$)时，$\partial \ln \gamma/\partial \ln c \to 0$，化学扩散系数在数值上趋于自扩散系数 $D^{\text{chem}} \to D$。当浓度较高时，化学扩散系数通过热力学因子考虑了固溶体内其他组元对扩散的影响。有趣的是，当热力学因子为负数时，化学扩散系数为负数，即扩散沿着浓度升高的方向进行。这种扩散行为称为“上坡扩散”。通过建立溶体自由能的热力学模型(如理想溶体模型、规则溶体模型、亚点阵模型等等)，可以给出热力学因子随成分变化的函数关系式，具体可参阅材料热力学相关书籍。

例 11.3.1 含碳量为 c_0、表面积为 A 的合金钢样件在等离子体渗碳炉中进行渗碳处理。炉内温度恒定，气氛碳势为 c_p，假设本征扩散系数为常数，给出合金钢表层含碳量分布的解析解、渗层厚度随时间的关系、渗入碳原子量与时间的关系。

解 C在 γ-Fe 中的扩散属于间隙式扩散。等离子体渗碳的表面传递过程很快，可以认为在渗碳开始的瞬间表面含碳量即达到碳势值，并维持恒定。其含碳量分布如图11.3.1所示。

由此给出C在 γ-Fe 中的扩散方程及其初始条件和边界条件，即

$$\frac{\partial c}{\partial t} = D^{\text{chem}}\ \frac{\partial^2 c}{\partial x^2}$$

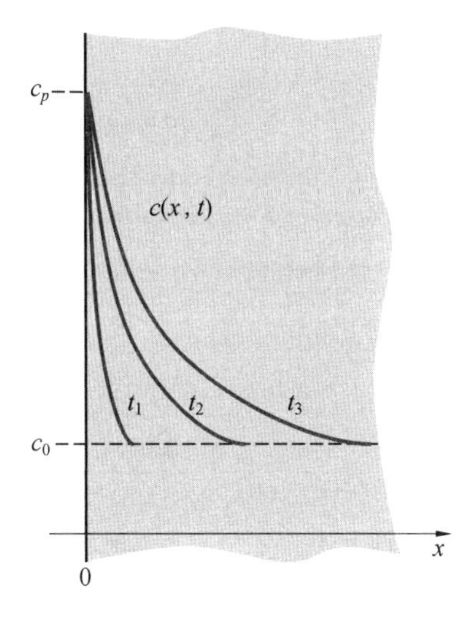

图 11.3.1 例 11.3.1 题图

$$\begin{cases}\text{I. C.} & c(t=0)=c_0 \\ \text{B. C. 1} & c(x=0)=c_p \\ \text{B. C. 2} & c(x\to\infty)=c_0\end{cases}$$

上述方程与动量传输和热量传输中的形式完全一致，也有同样形式的“误差函数解”，即

$$\frac{c(x,t)-c_0}{c_p-c_0}=\operatorname{erfc}\left(\frac{x}{2\sqrt{D^{\text{chem}}t}}\right) \tag{11.3.11}$$

由于 $\operatorname{erfc}(2)=0.01$，由此可以定义“渗层厚度”的概念，即 $(c-c_0)/(c_p-c_0)=0.01$ 时的厚度 δ，对应于 $\delta=4\sqrt{D^{\text{chem}}t}$。

在 $\mathrm{d}t$ 时间内通过单位面积扩散的溶质数量为

$$\frac{\mathrm{d}M}{A}=-D^{\text{chem}}\left.\frac{\partial c}{\partial x}\right|_{x=0}\mathrm{d}t$$

根据误差函数解，求得

$$-D^{\text{chem}}\left.\frac{\partial c}{\partial x}\right|_{x=0}=(c_p-c_0)\sqrt{\frac{D^{\text{chem}}}{\pi t}}$$

即

$$\frac{\mathrm{d}M}{A}=(c_p-c_0)\sqrt{\frac{D^{\text{chem}}}{\pi t}}\mathrm{d}t$$

上式积分可得

$$M=2A(c_p-c_0)\sqrt{\frac{D^{\text{chem}}t}{\pi}}$$

例 11.3.2 在有些情况下，发现在合金中某一区域富集着某种合金元素，这一富集区域的尺寸与整个合金比较来说相对小得多，这一富集合金元素的扩散问题可以看作扩散物质集中于某一宽度区域的无限系中的扩散。以一维问题作为研究对象。如图11.3.2所示，设扩散物质在宽度 $2d$ 范围内的浓度为 c_0，其他区域的浓度为零。坐标原点设在该

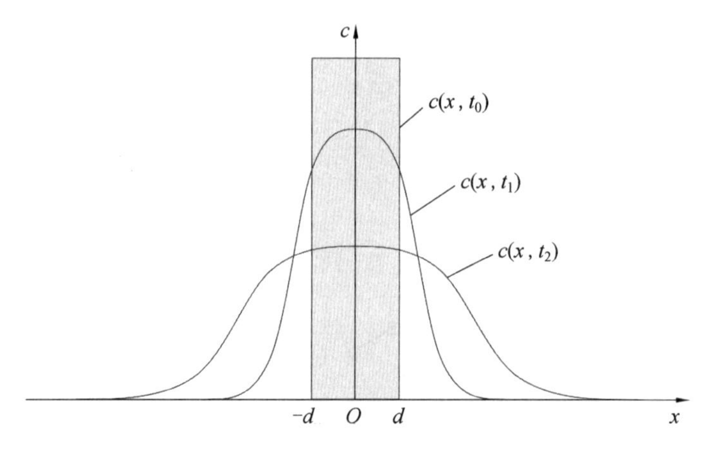

图 11.3.2 例 11.3.2 题图

富集区域的中央,故其初始条件为

$$c(x,t=0)=\begin{cases}0 & (x>d, x<-d)\\ c_0 & (-d\leqslant x\leqslant d)\end{cases}$$

假设扩散系数为常数,求以某一温度恒温扩散一段时间 t 后,扩散物质在该系统中的浓度分布。

解 因为初始条件中有两个浓度突变,故设其解的形式为

$$c(x,t)=A+B\cdot \mathrm{erf}\left(\frac{x-d}{2\sqrt{D^{\mathrm{chem}}t}}\right)+E\cdot \mathrm{erf}\left(\frac{x+d}{2\sqrt{D^{\mathrm{chem}}t}}\right)$$

其中,A、B、E 为待定常数。把初始条件代入上式得:

当 $t=0, x<-d$ 时,

$$0=A+B\cdot \mathrm{erf}(-\infty)+E\cdot \mathrm{erf}(-\infty)=A-B-E$$

当 $t=0, -d\leqslant x\leqslant d$ 时,

$$c_0=A+B\cdot \mathrm{erf}(-\infty)+E\cdot \mathrm{erf}(+\infty)=A-B+E$$

当 $t=0, x>d$ 时,

$$0=A+B\cdot \mathrm{erf}(+\infty)+E\cdot \mathrm{erf}(+\infty)=A+B+E$$

解上述 3 个方程得

$$A=0$$

$$B=-\frac{c_0}{2}$$

$$E=\frac{c_0}{2}$$

由此得出浓度场分布的解析解为

$$c(x,t)=\frac{c_0}{2}\left[\mathrm{erf}\left(\frac{x+d}{2\sqrt{D^{\mathrm{chem}}t}}\right)-\mathrm{erf}\left(\frac{x-d}{2\sqrt{D^{\mathrm{chem}}t}}\right)\right]$$

当扩散时间很长而扩散物质初始分布区域很小时,即 $2d\ll 2\sqrt{D^{\mathrm{chem}}t}$,

$$
\begin{aligned}
c(x,t) &= \frac{c_0}{2}\left[\frac{\operatorname{erf}\left(\dfrac{x+d}{2\sqrt{D^{\text{chem}}t}}\right)-\operatorname{erf}\left(\dfrac{x-d}{2\sqrt{D^{\text{chem}}t}}\right)}{\dfrac{x+d}{2\sqrt{D^{\text{chem}}t}}-\dfrac{x-d}{2\sqrt{D^{\text{chem}}t}}}\right]\frac{2d}{2\sqrt{D^{\text{chem}}t}} \\
&= \frac{c_0}{2}\frac{d\operatorname{erf}(\eta)}{d\eta}\frac{2d}{2\sqrt{D^{\text{chem}}t}} \\
&= \frac{2dc_0}{2\sqrt{\pi D^{\text{chem}}t}}\exp\left(-\frac{x^2}{4D^{\text{chem}}t}\right)
\end{aligned}
$$

上式称为扩散方程的“高斯函数解”。其指数项中的 $2\sqrt{D^{\text{chem}}t}$ 代表分布宽度随时间的延长而展宽；指前因子代表分布强度，随时间的延长而降低。浓度分布在整个空间内的积分为 $2dc_0$，表示扩散过程中的质量守恒。

例 11.3.3 某合金钢样件在真空渗碳强渗之后的含碳量分布为 $c_0(x)$，假设在真空渗碳的扩散阶段，工件表面无脱碳，扩散系数为常数，求其在扩散过程中的含碳量分布。

解 由于在扩散过程中工件表面无脱碳，即在表面处的碳浓度梯度为零，这意味着碳浓度分布相对于工件表面呈对称分布，其示意图如图 11.3.3 所示。

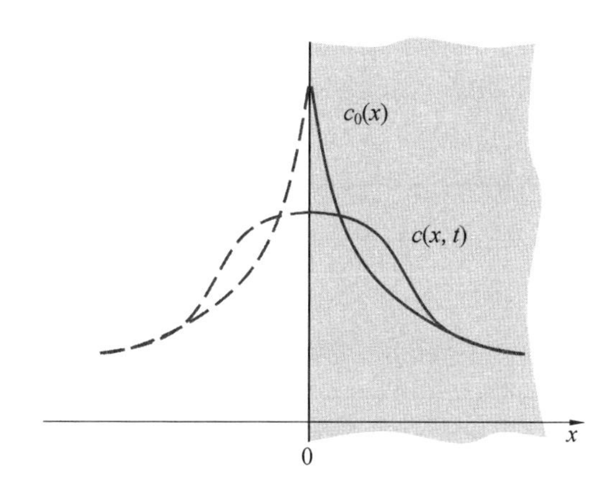

图 11.3.3 例 11.3.3 题图

假想在表面外侧的浓度分布与实际的浓度分布相对称，即把浓度场做偶延拓，扩展到整个 x 轴。则可借助例 11.3.2 的结论来分析该问题。但是此例的特殊之处在于 $c_0(x)$ 并未给出具体形式。可以把整个空间内的扩散元素在 x 轴上切分为无穷多段，并假设把每一段切片中的扩散元素标记为同位素，每一段中的扩散元素的分布与例 11.3.2 完全一致。最终的浓度分布应该是所有切片中的同位素浓度分布相叠加的结果，即为

$$
c(x,t)=\int_0^{\infty} c_0(x_0)\frac{\exp\left[-\dfrac{(x-x_0)^2}{4D^{\text{chem}}t}\right]+\exp\left[-\dfrac{(x+x_0)^2}{4D^{\text{chem}}t}\right]}{2\sqrt{\pi D^{\text{chem}}t}}\,dx_0
$$

可以尝试根据 $c_0(x)$ 的具体分布给出浓度场解析解。即便无法获取解析解，也可应用上式通过简单的数值积分求解浓度场分布，这比直接数值求解扩散方程要容易得多。

截至目前，所讨论的都是在扩散系数为常数的前提下进行的。不论是根据扩散系数的定义，还是根据实践经验，扩散系数与浓度的关系紧密，称此类问题为“非线性问题”，往

往很难得到解析解。然而,依然可以应用近似解法来研究非线性问题。在传热章节中介绍的仿型积分法就是一个解决非线性问题的很实用的方法。

11.4 互扩散

需要注意的是,式(11.3.10)是基于扩散元素与空位之间的交换得出的。在置换式固溶体中,还可能存在其他置换式扩散元素。本节以扩散偶为例,讨论两种置换式元素之间的互扩散。如图11.4.1(a)所示,设有Au、Ni两种材料焊接在一起的扩散偶,在焊接界面上放一段W丝,它不溶于合金,作为焊接界面永久性标记。把扩散偶于900 ℃长时间进行扩散退火。

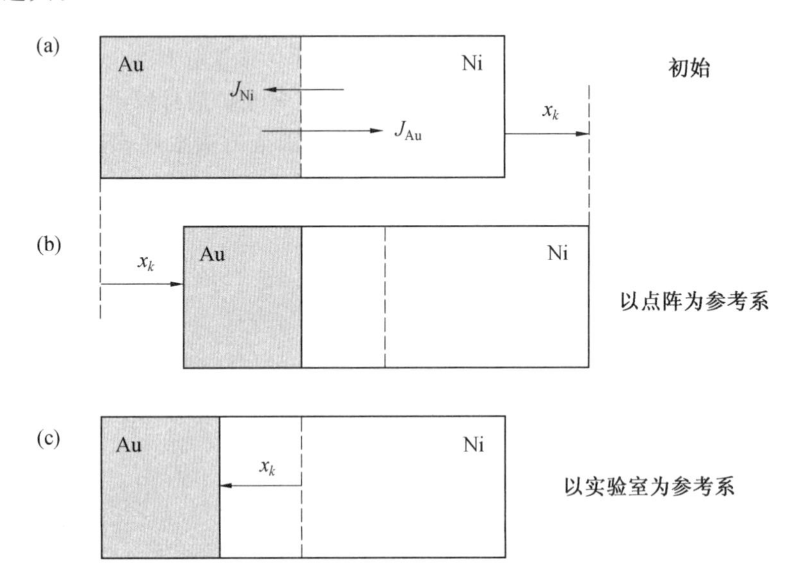

图11.4.1 Au－Ni扩散偶中的互扩散

由于Au的扩散速度大于Ni的扩散速度,因此焊接面Ni的一边在扩散过程中物质增多体积要"长大",而Au的一边由于失去了扩散较快的组元,因此产生了比平衡空位浓度高的空位浓度。这些超额空位浓度聚合而形成空洞,从而使材料收缩如图11.4.1(b)所示。

若扩散偶左端固定,则焊接面要向左移动,如图11.4.1(c)所示。这种扩散偶两边材料互扩散时,由于两种组元的扩散速度不同而引起的焊接面的移动现象称为"柯肯达尔效应"。

设Au的浓度为c_{Au},则其扩散通量(以点阵为参考系)为

$$J_{Au}=-D_{Au}^{chem}\frac{\partial c_{Au}}{\partial x} \tag{11.4.1}$$

考虑在Au扩散同时焊接面(点阵)也同时移动,移动速度为u_x,而Au扩散是建立在点阵整体移动速度u_x基础之上的,因此Au原子的总流量为扩散通量与对流通量之和(以实验室为参考系),即

$$J_{\mathrm{Au}} = -D_{\mathrm{Au}}^{\mathrm{chem}} \frac{\partial c_{\mathrm{Au}}}{\partial x} + u_x c_{\mathrm{Au}} \tag{11.4.2}$$

代入菲克第二定律，有

$$\frac{\partial c_{\mathrm{Au}}}{\partial t} = -\frac{\partial J_{\mathrm{Au}}}{\partial x} \tag{11.4.3}$$

可知 Au 的扩散方程为

$$\frac{\partial c_{\mathrm{Au}}}{\partial t} = \frac{\partial}{\partial x}\left(D_{\mathrm{Au}}^{\mathrm{chem}} \frac{\partial c_{\mathrm{Au}}}{\partial x} - u_x c_{\mathrm{Au}}\right) \tag{11.4.4}$$

同理可得 Ni 的扩散方程为

$$\frac{\partial c_{\mathrm{Ni}}}{\partial t} = \frac{\partial}{\partial x}\left(D_{\mathrm{Ni}}^{\mathrm{chem}} \frac{\partial c_{\mathrm{Ni}}}{\partial x} - u_x c_{\mathrm{Ni}}\right) \tag{11.4.5}$$

根据式(11.4.5)和式(11.4.4)可求得 u_x，具体过程如下：把式(11.4.5)和式(11.4.4)相加，有

$$\frac{\partial}{\partial t}(c_{\mathrm{Au}} + c_{\mathrm{Ni}}) = \frac{\partial}{\partial x}\left[D_{\mathrm{Au}}^{\mathrm{chem}} \frac{\partial c_{\mathrm{Au}}}{\partial x} + D_{\mathrm{Ni}}^{\mathrm{chem}} \frac{\partial c_{\mathrm{Ni}}}{\partial x} - (c_{\mathrm{Au}} + c_{\mathrm{Ni}}) u_x\right] \tag{11.4.6}$$

由于 $c_{\mathrm{Au}} + c_{\mathrm{Ni}} = c_{\mathrm{tot}}$ 为常数，即 $\partial(c_{\mathrm{Au}} + c_{\mathrm{Ni}})/\partial t = 0$，故

$$D_{\mathrm{Au}}^{\mathrm{chem}} \frac{\partial c_{\mathrm{Au}}}{\partial x} + D_{\mathrm{Ni}}^{\mathrm{chem}} \frac{\partial c_{\mathrm{Ni}}}{\partial x} - (c_{\mathrm{Au}} + c_{\mathrm{Ni}}) u_x = K \tag{11.4.7}$$

其中 K 为常数。

利用边界条件：远离焊接界面处的点阵移动速度 u_x 和浓度梯度均为零，且 $\partial c_{\mathrm{Au}}/\partial t = \partial c_{\mathrm{Ni}}/\partial t = 0$，可知 $K = 0$。又根据 $c_{\mathrm{Au}} + c_{\mathrm{Ni}} = c_{\mathrm{tot}}$ 为常数，得 $\partial(c_{\mathrm{Au}} + c_{\mathrm{Ni}})/\partial x = 0$，因此有

$$u_x = (D_{\mathrm{Au}}^{\mathrm{chem}} - D_{\mathrm{Ni}}^{\mathrm{chem}}) \frac{1}{c_{\mathrm{tot}}} \frac{\partial c_{\mathrm{Au}}}{\partial x} = (D_{\mathrm{Au}}^{\mathrm{chem}} - D_{\mathrm{Ni}}^{\mathrm{chem}}) \frac{\partial x_{\mathrm{Au}}}{\partial x} \tag{11.4.8}$$

式中，$x_{\mathrm{Au}} \equiv c_{\mathrm{Au}}/c_{\mathrm{tot}}$ 定义为 Au 的摩尔分数。观察式(11.4.8)可见，焊接界面朝自扩散系数较大的 Au 侧移动。

将式(11.4.8)代入式(11.4.4)可得

$$\begin{aligned}\frac{\partial c_{\mathrm{Au}}}{\partial t} &= \frac{\partial}{\partial x}\left[D_{\mathrm{Au}}^{\mathrm{chem}} \frac{\partial c_{\mathrm{Au}}}{\partial x} - (D_{\mathrm{Au}}^{\mathrm{chem}} - D_{\mathrm{Ni}}^{\mathrm{chem}}) c_{\mathrm{Au}} \frac{\partial x_{\mathrm{Au}}}{\partial x}\right] \\ &= \frac{\partial}{\partial x}\left[(D_{\mathrm{Au}}^{\mathrm{chem}} x_{\mathrm{Ni}} + D_{\mathrm{Ni}}^{\mathrm{chem}} x_{\mathrm{Au}}) \frac{\partial c_{\mathrm{Au}}}{\partial x}\right]\end{aligned} \tag{11.4.9}$$

与菲克第二定律类比，可定义扩散系数为

$$\widetilde{D} \equiv D_{\mathrm{Au}}^{\mathrm{chem}} x_{\mathrm{Ni}} + D_{\mathrm{Ni}}^{\mathrm{chem}} x_{\mathrm{Au}} \tag{11.4.10}$$

称之为“互扩散系数”，它表示两组元之间的互扩散，其扩散方程为

$$\frac{\partial c_{\mathrm{Au}}}{\partial t} = \frac{\partial}{\partial x}\left(\widetilde{D} \frac{\partial c_{\mathrm{Au}}}{\partial x}\right) \tag{11.4.11}$$

$$\frac{\partial c_{\mathrm{Ni}}}{\partial t} = \frac{\partial}{\partial x}\left(\widetilde{D} \frac{\partial c_{\mathrm{Ni}}}{\partial x}\right) \tag{11.4.12}$$

根据吉布斯－杜亥姆方程，

$$\frac{\partial \ln \gamma_{\mathrm{Au}}}{\partial \ln c_{\mathrm{Au}}} = \frac{\partial \ln \gamma_{\mathrm{Ni}}}{\partial \ln c_{\mathrm{Ni}}} \tag{11.4.13}$$

互扩散系数可以用自扩散系数表示为

$$\widetilde{D} \equiv (D_{Au} x_{Ni} + D_{Ni} x_{Au}) \left(1 + \frac{\partial \ln \gamma_{Au}}{\partial \ln c_{Au}}\right) \tag{11.4.14}$$

上式即称为“达肯方程”。图 11.4.2 给出了 Au－Ni 扩散偶的自扩散系数与互扩散系数，可以看出，在热力学因子的影响下，互扩散系数与自扩散系数的线性组合有明显差别，并在 $x_{Ni}=0.8$ 时出现极小值。

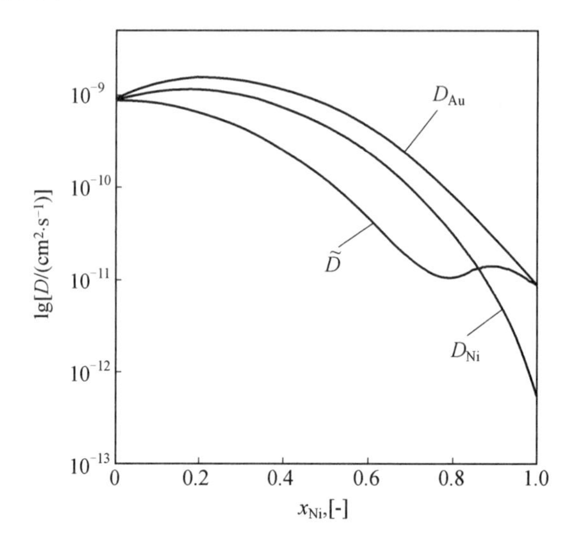

图 11.4.2 Au－Ni 扩散偶在 900 ℃ 自扩散系数和互扩散系数随成分的变化

例 11.4.1 已知 Cu－Ni 扩散偶在 1 025 ℃ 下保温 120 h 后测量含 Cu 量分布如图 11.4.3 所示。请基于图 11.4.3 测量结果得出互扩散系数随含铜量的变化规律。

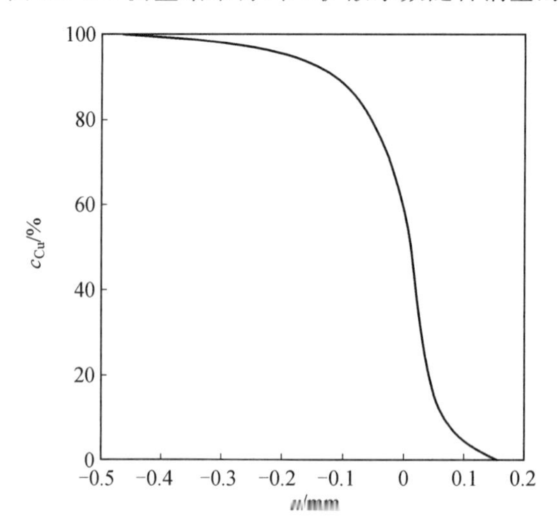

图 11.4.3 例 11.4.1 题图 1

解 列出 Cu 的扩散方程及初始条件如下：

$$\frac{\partial c_{Cu}}{\partial t} = \frac{\partial}{\partial x}\left(\widetilde{D}\,\frac{\partial c_{Cu}}{\partial x}\right)$$

$$c_{\mathrm{Cu}}(x<0,t=0)=1$$
$$c_{\mathrm{Cu}}(x>0,t=0)=0$$

类似 3.4 节中采用的组合变量法，引入组合变量 $\eta=x/\sqrt{4t}$，代入扩散方程得

$$-2\eta\frac{\mathrm{d}c_{\mathrm{Cu}}}{\mathrm{d}\eta}=\frac{\mathrm{d}}{\mathrm{d}\eta}\left(\widetilde{D}\frac{\mathrm{d}c_{\mathrm{Cu}}}{\mathrm{d}\eta}\right)$$

将上式积分得

$$-2\int_0^{c_1}\eta\mathrm{d}c_{\mathrm{Cu}}=\widetilde{D}\frac{\mathrm{d}c_{\mathrm{Cu}}}{\mathrm{d}\eta}\bigg|_{c_{\mathrm{Cu}}=0}^{c_{\mathrm{Cu}}=c_1}$$

由于 $c_{\mathrm{Cu}}=0$，$\mathrm{d}c_{\mathrm{Cu}}/\mathrm{d}\eta=0$，所以有

$$-2\int_0^{c_1}\eta\mathrm{d}c_{\mathrm{Cu}}=\widetilde{D}\frac{\mathrm{d}c_{\mathrm{Cu}}}{\mathrm{d}\eta}\bigg|_{c_{\mathrm{Cu}}=c_1}$$

把 $\eta=x/\sqrt{4t}$ 代入上式即得

$$\widetilde{D}(c_{\mathrm{Cu}}=c_1)=-\frac{1}{2t}\frac{\mathrm{d}x}{\mathrm{d}c_{\mathrm{Cu}}}\int_0^{c_1}x\mathrm{d}c_{\mathrm{Cu}}$$

由于 $c_{\mathrm{Cu}}=1$，$\mathrm{d}c_{\mathrm{Cu}}/\mathrm{d}\eta=0$，所以有

$$\int_0^1 x\mathrm{d}c_{\mathrm{Cu}}=\int_0^1\eta\mathrm{d}c_{\mathrm{Cu}}=0$$

式(11.4.15)和式(11.4.16)联立即可基于 Cu 的浓度分布曲线计算出互扩散系数。该方法称为“玻尔兹曼－曼达诺法”，广泛用于扩散偶体系求解互扩散系数。具体过程与结果如图 11.4.4 所示。可以看出，在含 Cu 量大于 80% 时，随着 Cu 含量的增加，互扩散系数显著升高，这是由基体熔点降低导致的。

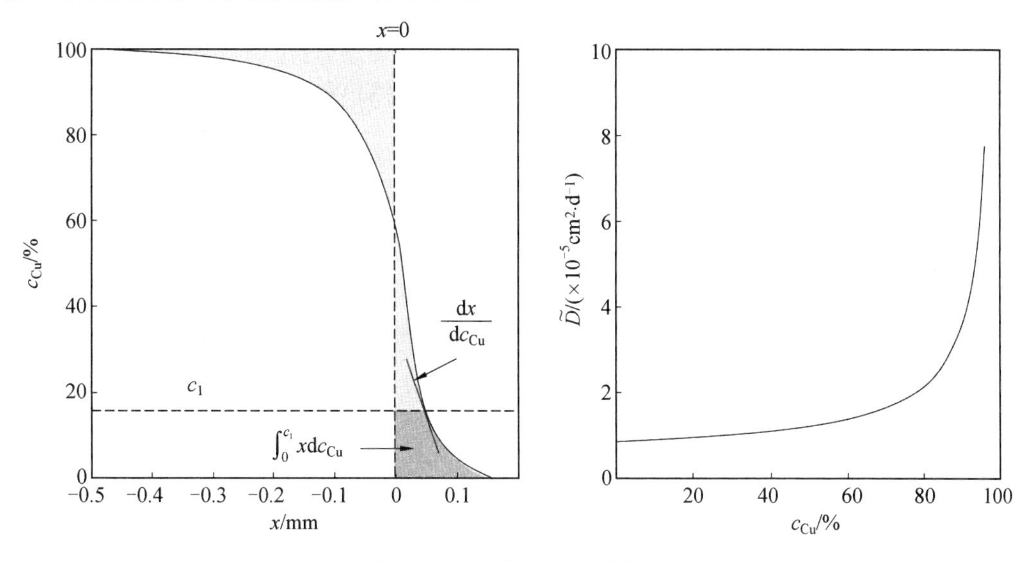

图 11.4.4　例 11.4.1 题图 2

11.5 电化学势梯度作用下的扩散

以上讨论了自扩散和在扩散化学势梯度驱动下的本征扩散(化学扩散)及互扩散。其扩散粒子均为电中性,外加电场对扩散没有直接影响。然而,若扩散粒子带电,则其在扩散过程中也伴随着电荷的迁移,并且在外加电势作用下亦能扩散。若考虑所带电荷的影响,扩散驱动力则为电化学势梯度。电化学势定义为化学势与静电势能之和,即

$$\tilde{\mu} \equiv \mu + zF\varphi \tag{11.5.1}$$

其中,z 为带电粒子的电荷数;F 为法拉第常数;φ 为静电势。扩散通量由式(11.3.1) 改写为

$$\boldsymbol{J} = -Mc\ \nabla\tilde{\mu} \tag{11.5.2}$$

以氧离子－电子混合离子导体为例,典型材料包括 ABO_3 型钙钛矿材料、MO_2 型萤石材料等,广泛用于固体氧化物燃料电池、氧分离膜、氧传感器等领域,此类材料含有电子(空穴) 和氧离子(氧空位) 两种载流子,其电子扩散通量和氧离子扩散通量分别为

$$\boldsymbol{J}_{e^-} = -M_{e^-}c_{e^-}\ \nabla\tilde{\mu}_{e^-} = -M_{e^-}c_{e^-}\ \nabla\mu_{e^-} - M_{e^-}c_{e^-}z_{e^-}F\ \nabla\varphi \tag{11.5.3}$$

$$\boldsymbol{J}_{O^{2-}} = -M_{O^{2-}}c_{O^{2-}}\ \nabla\tilde{\mu}_{O^{2-}} = -M_{O^{2-}}c_{O^{2-}}\ \nabla\mu_{O^{2-}} - M_{O^{2-}}c_{O^{2-}}z_{O^{2-}}F\ \nabla\varphi \tag{11.5.4}$$

在化学势梯度为零的情况下,电子电导率和氧离子电导率定义为

$$\begin{cases} \sigma_{e^-} \equiv \dfrac{z_{e^-}F\boldsymbol{J}_{e^-}}{-\nabla\varphi} = M_{e^-}c_{e^-}\ (z_{e^-}F)^2 = F^2M_{e^-}c_{e^-} \\ \sigma_{O^{2-}} \equiv \dfrac{z_{O^{2-}}F\boldsymbol{J}_{O^{2-}}}{-\nabla\varphi} = M_{O^{2-}}c_{O^{2-}}\ (z_{O^{2-}}F)^2 = 4F^2M_{O^{2-}}c_{O^{2-}} \end{cases} \tag{11.5.5}$$

根据能斯特－爱因斯坦方程,可知电导率与自扩散系数的关系为

$$\begin{cases} \sigma_{e^-} = \dfrac{F^2c_{e^-}}{RT}D_{e^-} \\ \sigma_{O^{2-}} = \dfrac{4F^2c_{O^{2-}}}{RT}D_{O^{2-}} \end{cases} \tag{11.5.6}$$

上式称为“扩展的能斯特－爱因斯坦方程”。

在化学势梯度和静电势梯度同时存在时,扩散通量可表达为

$$\boldsymbol{J}_{e^-} = -\frac{\sigma_{e^-}}{(z_{e^-}F)^2}\ \nabla\tilde{\mu}_{e^-} \tag{11.5.7}$$

$$\boldsymbol{J}_{O^{2-}} = -\frac{\sigma_{O^{2-}}}{(z_{O^{2-}}F)^2}\ \nabla\tilde{\mu}_{O^{2-}} \tag{11.5.8}$$

需要特别注意的是,在固态材料中,尤其是在半导体材料中,静电势 φ 不能被试验测量。原因在于电势测试探针与待测材料的界面处存在伽伐尼电势,而这个物理量是不可测的。试验中测量出的电势 φ 实际上与待测材料中电子的电化学势相关,即

$$\varphi = -\frac{\tilde{\mu}_{e^-}}{F} \tag{11.5.9}$$

代入式(11.5.7) 可得电子扩散通量为

$$\boldsymbol{J}_{e^-} = \frac{\sigma_{e^-}}{F} \nabla\varphi \tag{11.5.10}$$

假设在材料内,$2O^{2-} = O_2 + 4e^-$ 这一反应达到局部热力学平衡态,即

$$2\tilde{\mu}_{O^{2-}} = \mu_{O_2} + 4\tilde{\mu}_{e^-} \tag{11.5.11}$$

代入式(11.5.8)可得氧离子扩散通量为

$$\boldsymbol{J}_{O^{2-}} = -\frac{\sigma_{O^{2-}}}{4F^2} \nabla\left(\frac{1}{2}\mu_{O_2} - 2F\varphi\right) \tag{11.5.12}$$

式中氧气的化学势 μ_{O_2} 可以用氧传感器进行试验监测。至此,得出了电子和氧离子的扩散通量与试验可测的电势和试验可测的氧化学势的关系。

当体系中的电流为零时,即电子电流 $(-F)\boldsymbol{J}_{e^-}$ 和氧离子电流 $(-2F)\boldsymbol{J}_{O^{2-}}$ 大小相等、方向相反,

$$(-F)\boldsymbol{J}_{e^-} + (-2F)\boldsymbol{J}_{O^{2-}} = 0 \tag{11.5.13}$$

称为“双极扩散”。把式(11.5.10)和式(11.5.12)代入式(11.5.13)可得

$$\nabla\varphi = \frac{1}{4F} \frac{\sigma_{O^{2-}}}{\sigma_{e^-} + \sigma_{O^{2-}}} \nabla\mu_{O_2} \tag{11.5.14}$$

代入式(11.5.12)可得

$$\boldsymbol{J}_{O^{2-}} = -\frac{1}{8F^2} \frac{\sigma_{e^-}\sigma_{O^{2-}}}{\sigma_{e^-} + \sigma_{O^{2-}}} \nabla\mu_{O_2} \tag{11.5.15}$$

为了与菲克第一定律对比,把上式写为氧原子的扩散通量与氧原子的化学势之间的关系,即

$$\boldsymbol{J}_{O} = -\frac{1}{4F^2} \frac{\sigma_{e^-}\sigma_{O^{2-}}}{\sigma_{e^-} + \sigma_{O^{2-}}} \nabla\mu_{O} \tag{11.5.16}$$

式中的 $\sigma_{e^-}\sigma_{O^{2-}}/(\sigma_{e^-} + \sigma_{O^{2-}})$ 定义为“双极电导率”,根据扩展的能斯特-爱因斯坦方程可知

$$\sigma_{amb} \equiv \frac{\sigma_{e^-}\sigma_{O^{2-}}}{\sigma_{e^-} + \sigma_{O^{2-}}} = \frac{4F^2}{RT} \frac{D_{e^-}c_{e^-}D_{O^{2-}}c_{O^{2-}}}{D_{e^-}c_{e^-} + 4D_{O^{2-}}c_{O^{2-}}} \tag{11.5.17}$$

根据扩散方程式(11.3.1)和能斯特-爱因斯坦方程,可将式(11.5.16)表示为菲克第一定律的形式,即

$$\boldsymbol{J}_{O} = -D_{amb} \nabla c_{O} \tag{11.5.18}$$

其中

$$D_{amb} \equiv \frac{c_{e^-}D_{e^-}D_{O^{2-}}}{c_{e^-}D_{e^-} + 4c_{O^{2-}}D_{O^{2-}}} \tag{11.5.19}$$

定义为“双极扩散系数”。不难看出,当电子电导率远远高于氧离子电导率时,$\sigma_{amb} \to \sigma_{O^{2-}}$,继而 $D_{amb} \to D_{O^{2-}}$。

例 11.5.1 $La_{0.6}Sr_{0.4}Co_{0.2}Fe_{0.8}O_{3-d}$(简写为 LSCF)钙钛矿型氧化物具有较高的电子电导和氧离子电导,是氧分离膜的关键材料。如图 11.5.1 所示,厚度为 L 的 LSCF 平板两侧的氧分压不同,上方的氧分压为 p_1,下方的氧分压为 p_2。假设 LSCF 的电子电导率 σ_{e^-} 和氧离子电导率 $\sigma_{O^{2-}}$ 为常数,且 LSCF 上下表面涂覆高催化活性材料,使其表面处的氧分压与环境一致。给出在 LSCF 内,氧的扩散通量及 LSCF 上下两侧的电压。

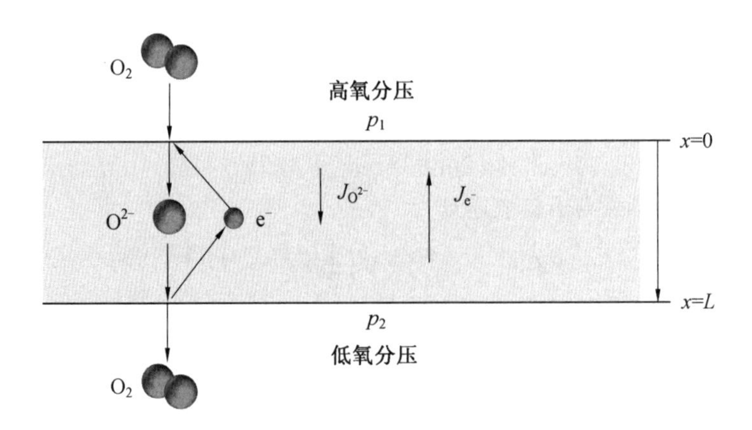

图 11.5.1 例 11.5.1 题图

解 该过程视为一维稳态扩散，即氧的扩散通量为常数，根据式(11.5.15)，

$$J_{O^{2-}}=-\frac{1}{8F^2}\frac{\sigma_{e^-}\sigma_{O^{2-}}}{\sigma_{e^-}+\sigma_{O^{2-}}}\frac{d\mu_{O_2}}{dx}$$

由于电导率为常数，可知上式中的氧化学势梯度为常数，根据上下表面氧分压可知

$$J_{O^{2-}}=\frac{\sigma_{amb}}{8F^2}\frac{\mu_{O_2}(p_1)-\mu_{O_2}(p_2)}{L}$$

根据氧气的化学势 μ_{O_2} 与氧分压 p 的关系，

$$\mu_{O_2}=\mu_0+RT\ln p$$

可知氧的扩散通量为

$$J_{O^{2-}}=\frac{\sigma_{amb}}{8F^2}\frac{\mu_{O_2}(p_1)-\mu_{O_2}(p_2)}{L}=\frac{RT\sigma_{amb}}{8F^2L}\ln\frac{p_1}{p_2}$$

为了保持电中性，LSCF 内的电子也在流动，即产生电子电流，这势必会导致平板上下表面之间出现电压差，根据式(11.5.14)可知电势梯度与氧化学势梯度的关系为

$$\frac{d\varphi}{dx}=\frac{1}{4F}\frac{\sigma_{O^{2-}}}{\sigma_{e^-}+\sigma_{O^{2-}}}\frac{d\mu_{O_2}}{dx}$$

即

$$d\varphi=\frac{1}{4F}\frac{\sigma_{O^{2-}}}{\sigma_{e^-}+\sigma_{O^{2-}}}d\mu_{O_2}$$

将上式积分可得

$$\int_{\varphi_2}^{\varphi_1}d\varphi=\int_{p_2}^{p_1}\frac{1}{4F}\frac{\sigma_{O^{2-}}}{\sigma_{e^-}+\sigma_{O^{2-}}}d\mu_{O_2}$$

由于电导率为常数，上式积分可知 LSCF 平板上下表面的电压差为

$$\varphi_1-\varphi_2=\frac{RT}{4F}\frac{\sigma_{O^{2-}}}{\sigma_{e^-}+\sigma_{O^{2-}}}\ln\frac{p_1}{p_2} \tag{11.5.20}$$

实际上，由于 LSCF 的电子电导率远远大于氧离子电导率，因此透氧过程产生的电压差近乎为零。理论上，若把电子电导率降低至一定水平，就可获得较高的输出电压，这就是氧传感器和固体氧化物燃料电池的工作原理。来看下一个例子。

例 11.5.2 固体氧化物燃料电池(SOFC)是一种把碳氢燃料的化学能转换为电能

的能量转换装置。其结构如图 11.5.2 所示，在固态电解质两侧分别为阴极(空气极)和阳极(燃料极)。电解质的典型材料为钇掺杂的氧化锆(YSZ)、钐掺杂的氧化铈(SDC)、钆掺杂的氧化铈(GDC)等，要求其具有较高的氧离子电导率和较低的电子电导率；阴极典型材料为 LSCF 等多孔材料，具有较高的电子电导率和催化活性；阳极的典型材料为 Ni+YSZ 多孔材料，具有较高的电子电导率和较高的催化活性。在工作过程中，阴极侧的氧分子获取阴极内的自由电子变成氧离子，并通过电解质传输至阳极侧，与阳极内的燃料反应，释放电子至阳极，导致阴极带正电，阳极带负电，阴极电势高于阳极。若用外电路连接阴阳极，则会输出电能。

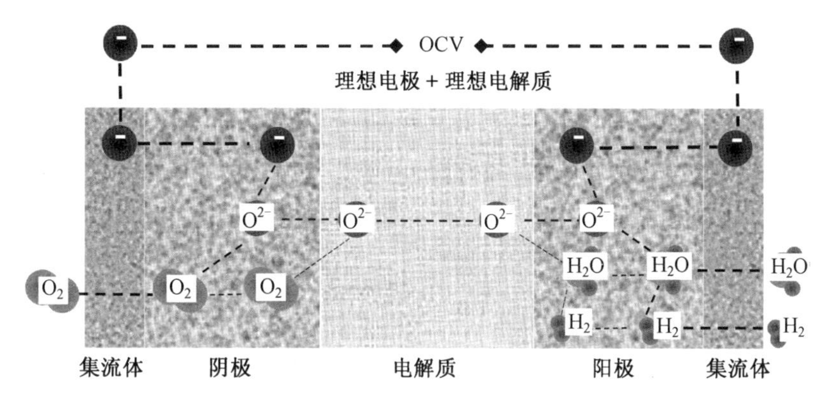

图 11.5.2 例 11.5.2 题图 1

以 GDC 电解质 SOFC 为例，在工作温度 400 ℃ 下，阴极气氛为空气(氧分压 $p_c=0.21$ atm，1 atm $=1.01\times10^5$ Pa)，阳极气氛为含有 3% 水蒸气的氢气(氧分压为 $p_a=2.17\times10^{-36}$ atm)时，使用电压表直接测量阴阳极两侧的电压约为 0.943 V，称此电压为开路电压(open circuit voltage，OCV)。请给出 SOFC 开路电压的计算公式。

解 假设电解质的电子电导近乎为零，则根据例 11.5.1 的结论直接给出开路电压的计算公式为

$$E_N=\frac{RT}{4F}\ln\frac{p_c}{p_a} \tag{11.5.21}$$

上式称为“能斯特方程”，根据题目中给出的条件，计算开路电压为

$$E_N=\frac{8.314\times673}{4\times96\,485}\ln\frac{0.21}{2.17\times10^{-36}}=1.168(\text{V})$$

高于试验测量值。理论上，能斯特方程计算结果是开路电压的最高值。由于电解质的电子电导和电极的内阻，试验上难以达到理论开路电压的水平，因此，若想较为准确地计算开路电压，电解质的电子电导不能被忽略。考虑电解质的电子电导后，SOFC 的工作示意图如图 11.5.3 所示，在阴阳极电势差的驱动下，电解质内部的电子由电势较低的阳极侧流向电势较高的阴极侧。

对于 GDC 等萤石型氧化物来说，基于缺陷化学，其电子电导与氧离子电导有如下关系：

$$\sigma_{e^-}=\sigma_{O^{2-}}\left(\frac{p}{p^*}\right)^{-\frac{1}{4}}$$

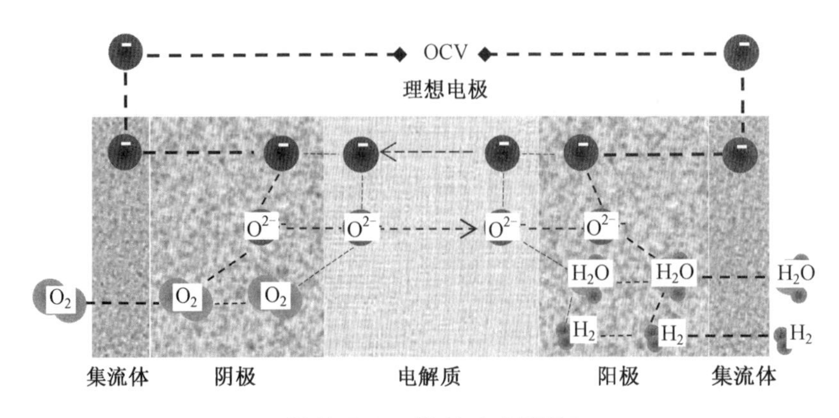

图 11.5.3 例 11.5.2 题图 2

其中，p 为电解质内的局部氧分压；p^* 为电解质的特征氧分压，当 $p=p^*$ 时，电解质的电子电导率与氧离子电导率相等。对于GDC电解质，$p^*=1.71\times10^{-33}$ atm。由于电解质内的氧离子浓度取决于氧空位的浓度，而氧空位的浓度取决于钆元素的掺杂量，因此氧离子浓度恒定，故氧离子电导率为常数。根据例 11.5.1 可知

$$\mathrm{d}\varphi=\frac{1}{4F}\frac{\sigma_{O^{2-}}}{\sigma_{e^-}+\sigma_{O^{2-}}}\mathrm{d}\mu_{O_2}=\frac{RT}{4F}\frac{1}{\left(\frac{p}{p^*}\right)^{-\frac{1}{4}}+1}\frac{1}{p}\mathrm{d}p$$

上式积分得

$$E_W=\frac{RT}{F}\ln\frac{p_c^{\frac{1}{4}}+p^{*\frac{1}{4}}}{p_a^{\frac{1}{4}}+p^{*\frac{1}{4}}} \tag{11.5.22}$$

上式称为“瓦格纳方程”，根据题目中给出的条件，计算开路电压为

$$E_W=\frac{8.314\times673}{96\ 485}\ln\frac{0.21^{\frac{1}{4}}+(1.71\times10^{-33})^{\frac{1}{4}}}{(2.17\times10^{-36})^{\frac{1}{4}}+(1.71\times10^{-33})^{\frac{1}{4}}}=1.061(\mathrm{V})$$

仍然高于试验测量值。原因在于瓦格纳方程没有考虑电极的内阻。瓦格纳方程通过理想电极的假设，认为电极气氛的氧分压与电极 / 电解质界面处的电解质内的氧分压一致（即第一类边界条件）。由于没有考虑电极内阻，严格意义上说瓦格纳方程应为

$$E_W=\frac{RT}{F}\ln\frac{p_{e/c}^{\frac{1}{4}}+p^{*\frac{1}{4}}}{p_{e/a}^{\frac{1}{4}}+p^{*\frac{1}{4}}}$$

其中，$p_{e/c}$ 为阴极 / 电解质界面处电解质内的氧分压；$p_{e/a}$ 为阳极 / 电解质界面处电解质内的氧分压。由于电极内阻的存在，所以 $p_{e/c}<p_c<p_a<p_{e/a}$，因此瓦格纳方程理论上高估了开路电压。如图 11.5.4 所示，由于电解质内存在短路电流（电子电流），因此存在氧离子电流，而氧离子源于电极反应。

假设阴极内阻和阳极内阻分别为 R_c、R_a，则阴极 / 电解质界面处的边界条件可用第二类边界条件表示为

$$J_{O^{2-}}=\frac{1}{8F^2R_c}[\mu_{O_2}(c)-\mu_{O_2}(e/c)]$$

同理，阳极 / 电解质界面处的边界条件为

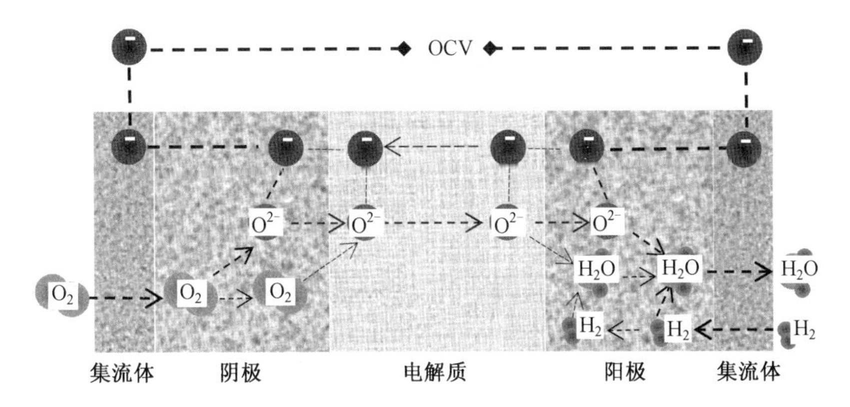

图 11.5.4 例 11.5.2 题图 3

$$J_{O^{2-}}=\frac{1}{8F^2R_a}[\mu_{O_2}(e/a)-\mu_{O_2}(a)]$$

其中，$\mu_{O_2}(c)$ 表示阴极气氛的氧化学势；$\mu_{O_2}(a)$ 表示阳极气氛的氧化学势；$\mu_{O_2}(e/c)$ 表示阴极／电解质界面处的电解质内的氧化学势；$\mu_{O_2}(e/a)$ 表示阳极／电解质界面处的电解质内的氧化学势。联立瓦格纳方程，可得开路电压与氧扩散通量的关系为

$$\mathrm{OCV}=\frac{RT}{F}\ln\frac{p_c^{\frac{1}{4}}\exp[-4F^2J_{O^{2-}}R_c/(RT)]+p^{*\frac{1}{4}}}{p_a^{\frac{1}{4}}\exp[-4F^2J_{O^{2-}}R_a/(RT)]+p^{*\frac{1}{4}}}$$

另外，根据式(11.5.12)，电解质内的氧扩散通量为

$$J_{O^{2-}}=-\frac{\sigma_{O^{2-}}}{4F^2}\frac{\mathrm{d}}{\mathrm{d}x}\left(\frac{1}{2}\mu_{O_2}-2F\varphi\right)=\frac{\sigma_{O^{2-}}}{2FL}\left(\frac{\mu_{O_2}(e/c)-\mu_{O_2}(e/a)}{4F}-\mathrm{OCV}\right)$$

上式中的$\frac{L}{\sigma_{O^{2-}}}$恰为电解质的内阻，即

$$R_i=\frac{L}{\sigma_{O^{2-}}}$$

代入上式可得

$$J_{O^{2-}}=\frac{\frac{1}{4F}[\mu_{O_2}(e/c)-\mu_{O_2}(e/a)]-\mathrm{OCV}}{2FR_i}$$

上式联立电极／电解质界面边界条件可知

$$J_{O^{2-}}=\frac{\mu_{O_2}(c)-\mu_{O_2}(e/c)}{8F^2R_c}=\frac{\frac{1}{4F}[\mu_{O_2}(e/c)-\mu_{O_2}(e/a)]-\mathrm{OCV}}{2FR_i}=\frac{\mu_{O_2}(e/a)-\mu_{O_2}(a)}{8F^2R_a}$$

利用等比定律可知

$$\begin{aligned}J_{O^{2-}}=&\frac{1}{4F}[\mu_{O_2}(c)-\mu_{O_2}(e/c)]+\\&\left\{\frac{1}{4F}[\mu_{O_2}(e/c)-\mu_{O_2}(e/a)]-\mathrm{OCV}+\right.\\&\left.\frac{1}{4F}[\mu_{O_2}(e/a)-\mu_{O_2}(a)]\right\}/(2FR_c+2FR_i+2FR_a)\end{aligned}$$

整理得

$$J_{O^{2-}}=\frac{\frac{RT}{4F}\ln\frac{p_c}{p_a}-\mathrm{OCV}}{2F(R_c+R_i+R_a)}$$

代入开路电压与氧扩散通量的关系式，可得开路电压方程为

$$\begin{aligned}&\left(\frac{p^*}{p_c}\right)^{\frac{1}{4}}\left(\frac{p_c}{p_a}\right)^{\frac{r_c}{4(1+r_c+r_a)}}\left[1-\exp\left(\frac{F}{RT}\mathrm{OCV}\right)\right]\\&=\exp\left[\frac{Fr_c}{RT(1+r_c+r_a)}\mathrm{OCV}\right]\left\{\left[\frac{p_a}{p_c}\exp\left(\frac{4F}{RT}\mathrm{OCV}\right)\right]^{\frac{1}{4(1+r_c+r_a)}}-1\right\}\end{aligned}\tag{11.5.23}$$

其中

$$\begin{cases}r_a\equiv\dfrac{R_a}{R_i}\\ r_c\equiv\dfrac{R_c}{R_i}\end{cases}$$

定义为电极的相对内阻。若已知电极相对内阻，则可利用上式计算开路电压。当 $r_a=1.525$，$r_c=1.925$ 时，计算开路电压与试验测量值相同。当然，这一结果是通过尝试不同的相对内阻得出的。实际上，开路电压在试验上很容易测量，而试验难以测量的却是相对内阻。若反向应用开路电压方程，即根据试验测量的开路电压计算相对内阻，则可区分 SOFC 的阴极内阻和阳极内阻，这对 SOFC 的性能监测与性能优化有很大帮助。

11.6　特征时间谱

碳 / 氮 / 氧(C/N/O) 单向反应扩渗广泛用于金属材料的表面改性(如渗碳、渗氮及其复合工艺等) 与氧离子导体功能化器件(如燃料电池、分离膜、传感器等)。对 C/N/O 单向反应扩渗过程及规律的深刻认知，是此类材料高效长寿命表面改性的共性科学。C/N/O 单向反应扩渗温域在 400 ～ 1 000 ℃，是一个非平衡热力学过程，大体上可以分解为两个子过程：首先是发生在材料表面上的反应过程(即表面传递)，由此引发的 C/N/O 元素渗入材料内部的通量可用线性热力学表示为

$$J=\beta(c_p-c_s)\tag{11.6.1}$$

随后在材料内部扩散，用菲克第一定律描述为

$$\frac{\partial c}{\partial t}=\frac{\partial}{\partial x}\left(D^{\mathrm{chem}}\frac{\partial c}{\partial x}\right)\tag{11.6.2}$$

其中，β 为表面传递系数($\mathrm{cm\cdot s^{-1}}$)；D^{chem} 为化学扩散系数($\mathrm{cm^2\cdot s^{-1}}$)；$c_p$ 为 C/N/O 势，表示达到热力学平衡态时，材料内部 C/N/O 元素的浓度。对于金属材料碳 / 氮热扩渗，若 $c_p>c_s$，则表面进行渗碳或渗氮，否则发生脱碳或脱氮；对于氧化物中氧的扩渗，若 $c_p>c_s$，则为渗氧，表面发生氧还原反应，否则为脱氧，发生析氧反应。以厚度为 $2L$ 的平板为例，如图 11.6.1 所示，平板内的初始浓度为 c_0，将其置于平衡浓度为 c_p 的环境之中，平板表面浓度 c_s 与心部浓度 c_c 随时间的变化规律如图 11.6.1(a) 所示，其内部的温度场分布如图 11.6.1(b) 所示。整个物理过程与 8.1 节一维非稳态导热完全一致。

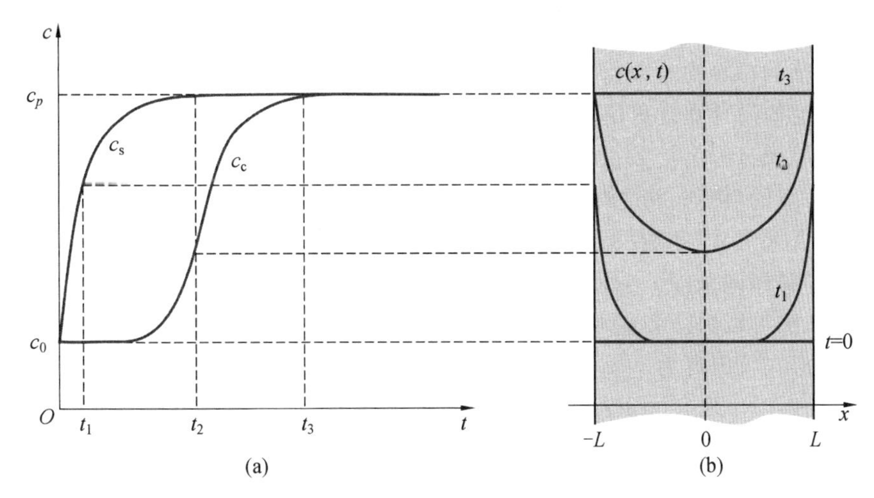

图 11.6.1 一维无限大平板内的浓度场分布示意图

若假设化学扩散系数和表面传递系数为常数，则可得到与 8.1 节中非稳态温度场形式一样的解析解，即

$$\frac{c(x,t)-c_p}{c_0-c_p}=\sum_{i=1}^{\infty}\frac{2\sin\mu_i}{\mu_i+\sin\mu_i\cos\mu_i}\cos\left(\mu_i\frac{x}{L}\right)\exp\left(-\mu_i^2\frac{D^{\text{chem}}t}{L^2}\right) \tag{11.6.3}$$

其中

$$\mu_i\tan\mu_i=Bi\equiv\frac{\beta L}{D^{\text{chem}}}\quad(i=1,2,\cdots,\infty) \tag{11.6.4}$$

上式为浓度场分布的无穷级数解。可以借助第 8 章的分析方法（如集总参数法、误差函数法、诺莫图法、仿型积分法）来分析具体的扩散问题。除此之外，式(11.6.3) 给出了一种测量化学扩散系数和表面传递系数的方法。即制造待测材料的平板样品及扩渗气氛，并实时测量扩渗过程中样品垂直于扩散方向上的电导率，得出电导率随时间的变化曲线，用浓度场解析解拟合电导弛豫曲线得出化学扩散系数和表面传递系数。该方法在近年内被广泛应用。

应用电导弛豫法首先要假设在扩渗过程中，化学扩散系数和表面传递系数为常数，且样品局部电导率的变化正比于浓度的变化。理论上，这一假设在 c_p 与 c_0 相差不大时是基本成立的。基于局部电导率的变化正比于浓度的变化可得

$$\frac{\sigma(x,t)-\sigma(x,\infty)}{\sigma(x,0)-\sigma(x,\infty)}=\frac{c(x,t)-c_p}{c_0-c_p} \tag{11.6.5}$$

进一步可以通过在厚度上的积分获得宏观样品的电导率（垂直于扩散方向），即

$$\sigma(t)=\frac{1}{L}\int_0^L\sigma(x,t)\,\mathrm{d}x \tag{11.6.6}$$

将宏观电导率归一化即得电导弛豫方程为

$$\frac{\sigma(t)-\sigma(\infty)}{\sigma(0)-\sigma(\infty)}=\sum_{i=1}^{\infty}\frac{2\sin^2\mu_i}{\mu_i[\mu_i+\sin\mu_i\cos\mu_i]}\exp\left(-\mu_i^2\frac{D^{\text{chem}}t}{L^2}\right) \tag{11.6.7}$$

实际上，除了原位测量电导率之外，还可以测量样品质量或尺寸。该类方法统称为“化学弛豫法”。通过式(11.6.7) 拟合试验数据，获得 D^{chem} 和 β 值。曲线拟合法基于最小

二乘法，读者可参阅《高等数学》等相关书籍，本书不做介绍。需要指出的是，该方法获得的 D^{chem} 和 β 值的可靠性难以得到保证。例如，在不知道待测样品的 D^{chem} 和 β 值的情况下，其样品厚度的设计缺乏科学依据。在第8章已经了解到，若样品厚度太厚(厚度准数 $Bi \to \infty$)，则弛豫过程由扩散主导，表面传递相对较快，在这种情况下，表面传递系数的拟合结果是不可靠的(例如，将β值调整变化1个数量级后的拟合结果不无明显变化)。类似地，若样品厚度太薄(厚度准数 $Bi \to 0$)，则扩散系数的拟合结果是不可靠的。因此，文献中对于同一材料相同条件下的测量结果相差一个数量级以上。

有没有方法可以保证测量结果的可靠性呢？答案是肯定的。通过观察式(11.6.7)不难发现，其形式可以写为

$$\frac{\sigma(t)-\sigma(\infty)}{\sigma(0)-\sigma(\infty)}=\sum_{i=1}^{\infty}A_i\exp\left(-\frac{t}{\tau_i}\right) \tag{11.6.8}$$

其中

$$A_i \equiv \frac{2\sin^2\mu_i}{\mu_i[\mu_i+\sin\mu_i\cos\mu_i]},\quad \tau_i \equiv \frac{L^2}{D^{chem}{\mu_i}^2} \tag{11.6.9}$$

分别定义为“特征强度”和“特征时间”。若得知$\{\tau_i,A_i\}_{i=1,2,\cdots,\infty}$数列，则可得出浓度场分布。以 τ_i 为横轴、A_i 为纵轴作柱状图，即可得出“特征时间分布”(distribution of characteristic times, DCT)。图11.6.2给出了不同厚度准数下的特征时间谱。可以看出，当 $Bi \ll 0.1$ 时，只有$\{\tau_1,A_1\}$一个峰，其他峰的强度近似为零；当 $Bi \gg 10$ 时，出现两个以上峰，其中$\{\tau_1,A_1\}$、$\{\tau_2,A_2\}$两个峰的强度较高，且 $\tau_1/\tau_2=9$；当 $0.1 \leqslant Bi \leqslant 10$ 时，$\tau_1/\tau_2>9$。因此，从特征时间分布谱图上可以直接“看出”扩渗机制，保证测量结果的可靠性。

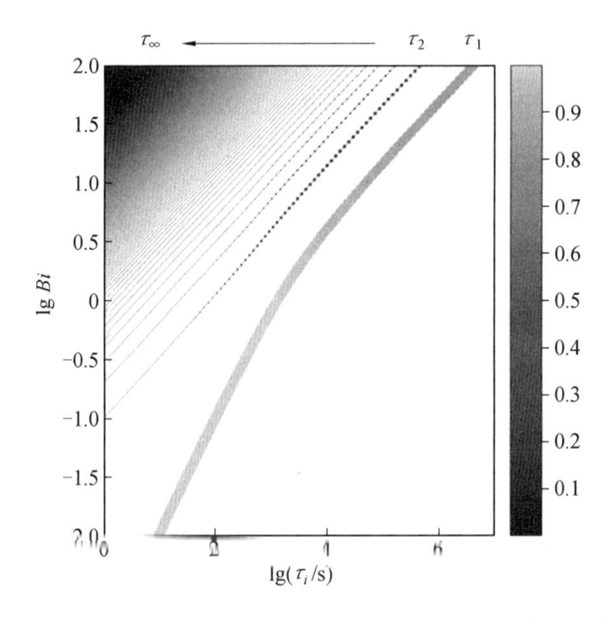

图11.6.2 不同厚度准数下的特征时间谱，特征强度用散点的尺寸表示

然而，在未知 D^{chem} 和β值的情况下没办法计算$\{\tau_i,A_i\}_{i=1,2,\cdots,\infty}$数列。把式(11.6.8)

写为连续函数的形式，即

$$\frac{\sigma(t)-\sigma(\infty)}{\sigma(0)-\sigma(\infty)}=\int_{-\infty}^{+\infty}\chi\exp(-t/\tau)\,\mathrm{dlg}\,\tau \tag{11.6.10}$$

其中，t 为时间；τ 为特征时间；χ 为特征时间分布函数 $\chi(\lg\tau)$，且满足

$$\int_{-\infty}^{+\infty}\chi\mathrm{d}\lg\tau=1 \tag{11.6.11}$$

采用吉洪诺夫正则化方法，根据试验测量的弛豫曲线可以反向计算获得 $\chi(\lg\tau)$。图11.6.3给出了不同厚度准数下的电导弛豫曲线及其特征时间分布曲线。可以看出，电导弛豫曲线的形状均类似，难以断定扩渗机制。而其特征时间分布曲线有明显差别。计算得出的特征时间分布与理论值 $\{\tau_i,A_i\}_{i=1,2,\cdots,\infty}$ 相符。

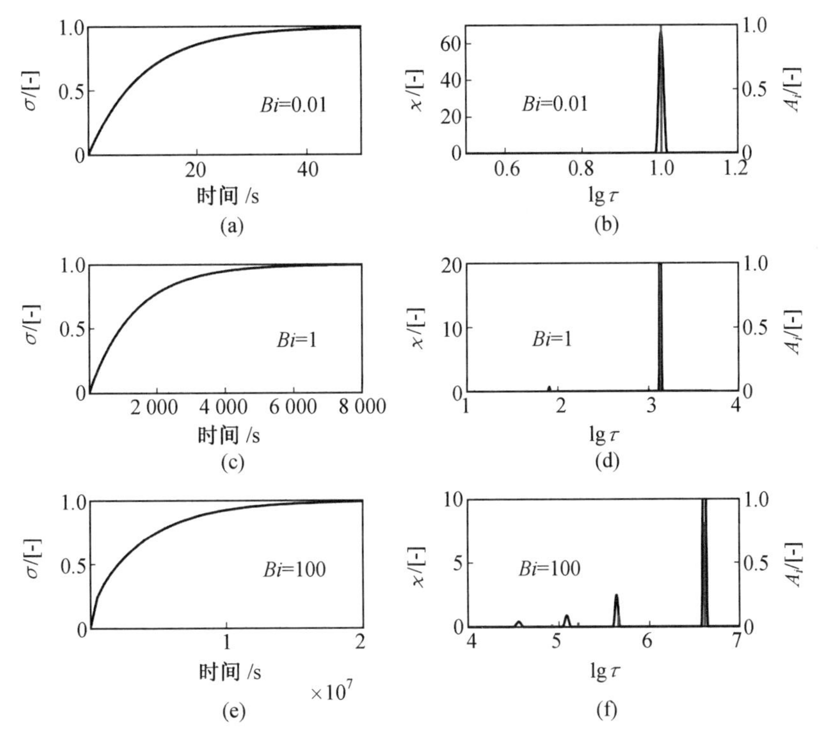

图 11.6.3 不同厚度准数下的电导弛豫曲线及其特征时间谱

需要注意的是，试验测量的电导弛豫曲线可能会出现解析解中没有包括的信息。例如，在试验过程中，需要在样品与气氛之间达到平衡(即气氛的平衡浓度与样品中的浓度 c_0)后，迅速将气氛的平衡浓度由 c_0 切换至 c_p。理论上要求这一切换瞬间完成，以此定义时间零点。但是实际上气氛切换需要时间，主要由两方面因素导致：一是炉内腔室中的气氛扩散需要时间，二是气氛重新建立热力学平衡态需要时间(如渗碳气氛的碳势建立时间)。若用理论方程拟合这样的弛豫数据，势必造成误差，甚至错误的结论。然而，通过特征时间分布图谱，可以清晰地看到与理论图谱 $\{\tau_i,A_i\}_{i=1,2,\cdots,\infty}$ 相悖的一些特征。例如，图11.6.4给出了有无表面镀La的08F钢箔气体渗碳过程的电导弛豫曲线。可以看出，这两个样品的特征时间分布图谱在 τ_0 处均有一个“正负峰”。理论分析，这个正负峰就是碳

势重新建立造成的，τ_0 即为碳势建立时间。另外也可以看出，有无镀 La 的这两个样品的扩渗机制均为表面传递控制。表面镀 La 处理后的特征时间 τ_1 显著降低，缩短 20%，表面传递系数提升 43%。证实了 La 的催渗作用。

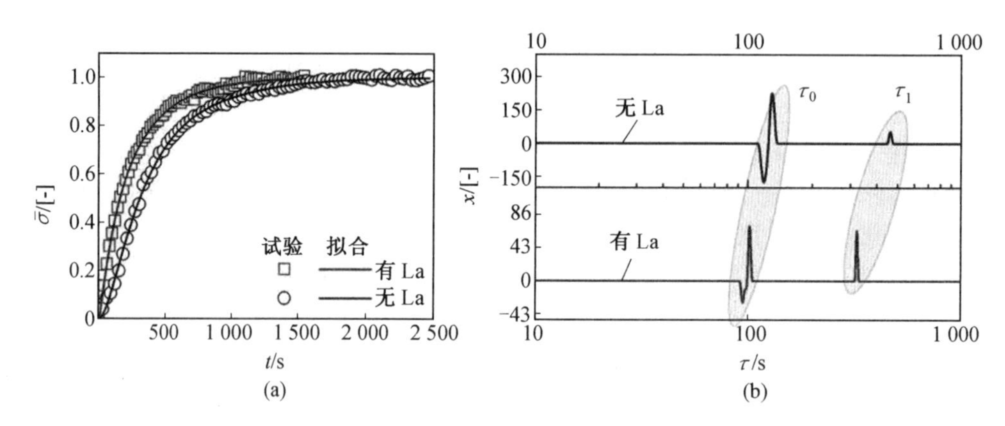

图 11.6.4 有无表面镀 La 的 08F 钢箔气体渗碳的电导弛豫与特征时间谱

11.7 反应扩散流线分布

11.6 节介绍了特征时间分布法，它是基于化学弛豫法演变而来的。由于化学弛豫的灵活性，特征时间分布法几乎可以用于分析任何化学弛豫过程。然而，对于一些速度较快的过程，化学弛豫法就很难捕捉到了。因此，有必要介绍另外一种方法，即反应扩散流线分布，它是基于交流阻抗谱法演变而来的。

首先来看一个简单的情况。如图 11.7.1(a) 所示，一个由理想电极($\beta\to\infty$，$\sigma_{e^-}\to\infty$，$\sigma_{O^{2-}}\to\infty$)/ 理想电解质($\sigma_{e^-}=0$，$\sigma_{O^{2-}}\to\infty$)/ 工作电极(厚度 L 很小，使厚度准数 $Bi=\beta L/D^{\text{chem}}\to 0$，$\sigma_{e^-}\to\infty$)组成的电池置于环境中，使内部的氧离子和电子的电化学势均匀分布，即达到热力学平衡态，工作电极内的氧离子浓度为 c_p。之后，如图 11.7.1(b) 所示，在工作电极的一端，通过电解质向电极内部施加一个微小的、周期性变化的氧离子电流 $I=I_0\exp(\mathrm{i}\omega t)$，另一侧的气氛恒定，在工作电极表面发生氧的表面传递反应。已知工作电极的厚度 L 很小，使厚度准数 $Bi=\beta L/D^{\text{chem}}\to 0$，因此在电极内部的氧化学势 $\mu_{O_2}^{\text{solid}}$ 均匀分布，浓度差异集中在电极表面处。薄膜电极内部的氧离子浓度变化来源于电解质施加的氧离子电流和电极表面与气氛之间的氧表面传递。因此，薄膜电极内部的氧离子扩散方程为

$$L\frac{\partial c}{\partial t}=J_{O^{2-}}\big|_{x=0}-J_{O^{2-}}\big|_{x=L} \tag{11.7.1}$$

在电极 / 电解质界面处，

$$J_{O^{2-}}\big|_{x=0}=\frac{I}{-2F}=\frac{I_0}{-2F}\exp(\mathrm{i}\omega t) \tag{11.7.2}$$

在电极 / 气氛界面处，

$$J_{O^{2-}}\big|_{x=L}=\beta(c-c_p) \tag{11.7.3}$$

联立上述 3 式可得

$$L\frac{\partial c}{\partial t}=-\frac{I_0}{2F}\exp(\mathrm{i}\omega t)-\beta(c-c_p) \tag{11.7.4}$$

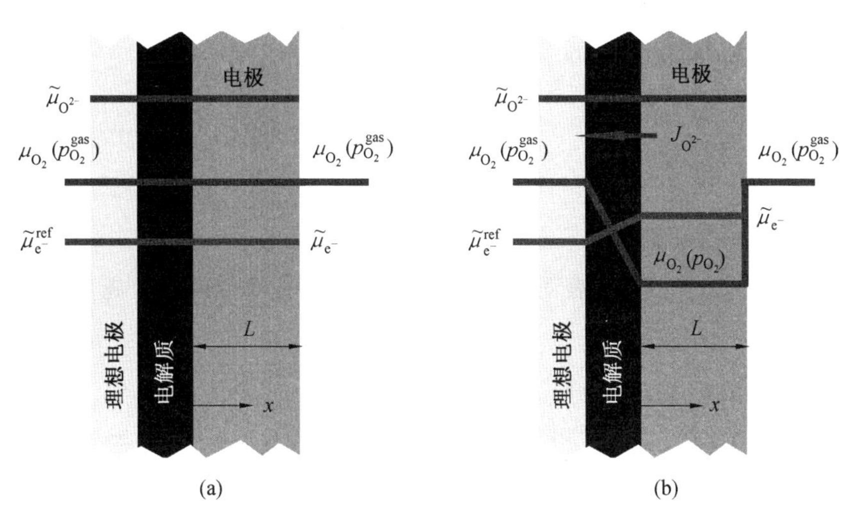

图 11.7.1 氧离子－电子混合导体薄膜电极内的氧分压分布示意图

可想而知，当 $t\to\infty$ 时，在交变电流的扰动下，氧离子浓度也会以相同的频率变化。设氧离子浓度的表达式为

$$c=c_p+\hat{c}\exp(\mathrm{i}\omega t) \tag{11.7.5}$$

将其代入式(11.7.4)可得

$$\mathrm{i}\omega\hat{c}L=\frac{I_0}{-2F}-\beta\hat{c} \tag{11.7.6}$$

解得

$$\hat{c}=\frac{I_0}{-2F(\mathrm{i}\omega L+\beta)} \tag{11.7.7}$$

即得工作电极内的氧离子浓度为

$$c=c_p+\frac{I_0\exp(\mathrm{i}\omega t)}{-2F(\mathrm{i}\omega L+\beta)} \tag{11.7.8}$$

根据工作电极内的氧离子浓度分布，可以给出工作电极与理想电极之间的电压。如图 11.7.1(b) 所示，根据局部热力学平衡的基本假设，在电池内部，$2O^{2-}=O_2+4e^-$ 处于局部热力学平衡态，即有 $2\tilde{\mu}_{O^{2-}}=\mu_{O_2}+4\tilde{\mu}_{e^-}$。另外，基于理想电极和理想电解质的假设，在电池内部的氧离子的电化学势 $\tilde{\mu}_{O^{2-}}$ 为常数。因此，$\mu_{O_2}+4\tilde{\mu}_{e^-}=\mu_{O_2}-4\varphi/F$ 为常数，工作电极与理想电极之间的电压为

$$\varphi-\varphi^{\mathrm{ref}}=\frac{RT}{4F}\ln\frac{p_{O_2}^{\mathrm{gas}}}{p_{O_2}}=\frac{RT}{4F}\ln\frac{\gamma c_p}{\gamma c}=\frac{RT}{4F}\ln\frac{c_p}{c} \tag{11.7.9}$$

式中，γ 为活度系数。可见，该电压是由工作电极内的氧离子浓度变化产生的，也称为“浓差极化”，一般用符号 η_{con} 表示。由于 c 与 c_p 差别不大，所以上式近似为

$$\eta_{\mathrm{con}}=\frac{RT}{4F}\ln\frac{c_p}{c}=-\frac{RT}{4F}\ln\left(1+\frac{c-c_p}{c_p}\right)\approx-\frac{RT}{4F}\frac{c-c_p}{c_p}\tag{11.7.10}$$

把测得的电压与电流相除可得薄膜电极的阻抗为

$$Z(\omega)\equiv\frac{\eta_{\mathrm{con}}}{I}=\frac{\dfrac{RT}{8F^2c_p\beta}}{1+\mathrm{i}\omega\dfrac{RT}{8F^2c_p\beta}\dfrac{8F^2Lc_p}{RT}}\tag{11.7.11}$$

定义

$$R_{\mathrm{surf}}\equiv\frac{RT}{8F^2c_p\beta}\tag{11.7.12}$$

为衡量氧的表面传递阻力的“表面传递阻抗”。可见，表面传递系数越大，则表面阻抗越小。

定义

$$C_{\mathrm{L}}\equiv\frac{8F^2Lc_p}{RT}\tag{11.7.13}$$

为衡量工作电极氧存储能力的“化学电容”。显然，电极厚度越大，则化学电容就越大。

使用等效电路元件表达薄膜电极的阻抗为

$$Z(\omega)=\frac{R_{\mathrm{surf}}}{1+\mathrm{i}\omega R_{\mathrm{surf}}C_{\mathrm{L}}}\tag{11.7.14}$$

其等效电路为表面阻抗与化学电容的并联电路，称为“RC 并联电路”，如图 11.7.2(a) 所示。阻抗 $Z(\omega)$ 随着频率 ω 的变化规律如图 11.7.2(b) 所示。当 $\omega=0$ 时，$Z=R_{\mathrm{surf}}$；当 $\omega\to\infty$ 时，$Z\to 0$。并且，$Z(\omega)$ 为复变函数。以其实部 $\mathrm{Re}[Z]$ 为横轴，虚部的负数 $-\mathrm{Im}[Z]$ 为纵轴绘图，随着频率的变化得到一个半圆形的圆弧，该圆弧的最高点对应的频率为 $1/(R_{\mathrm{surf}}C_{\mathrm{L}})$。

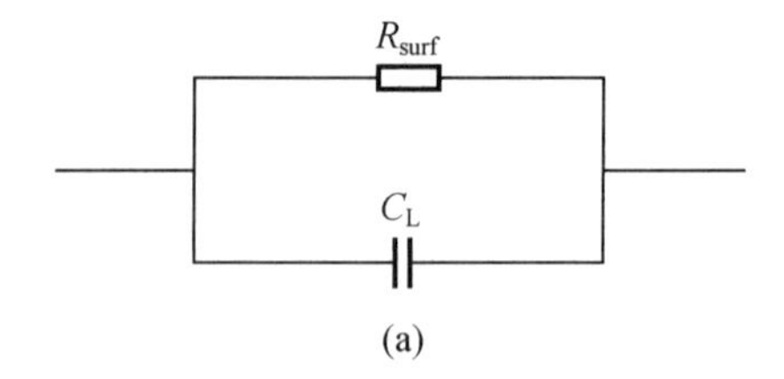

(a)

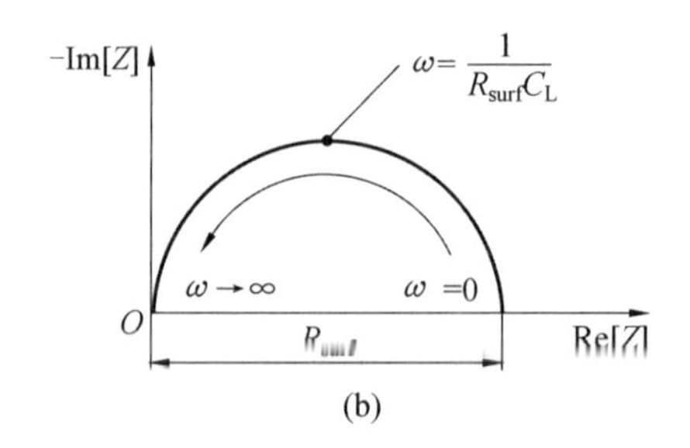

(b)

图 11.7.2　薄膜电极的等效电路图以及交流阻抗谱

若电极厚度较大，使 $Bi=\beta L/D^{\mathrm{chem}}\to\infty$，则为扩散控制机制，浓度差异集中在电极内

部,表面处的氧离子浓度与气氛的平衡浓度一致。采用类似的方法得到电极阻抗的表达式为

$$Z(\omega)=\frac{RT}{8F^2}\frac{L}{D^{\text{chem}}c_p}\frac{\tanh\left(\sqrt{\mathrm{i}\omega\frac{RT}{8F^2}\frac{L}{D^{\text{chem}}c_p}\frac{8F^2Lc_p}{RT}}\right)}{\sqrt{\mathrm{i}\omega\frac{RT}{8F^2}\frac{L}{D^{\text{chem}}c_p}\frac{8F^2Lc_p}{RT}}} \tag{11.7.15}$$

定义

$$R_{\text{bulk}}\equiv\frac{RT}{8F^2}\frac{L}{D^{\text{chem}}c_p} \tag{11.7.16}$$

为衡量电极内的氧离子扩散阻力的"体扩散阻抗"。可见,扩散系数越大,则体扩散阻抗越小。

定义

$$C_{\text{L}}\equiv\frac{8F^2Lc_p}{RT} \tag{11.7.17}$$

为"化学电容",其表达式与薄膜电极的化学电容一致。

使用等效电路元件表达薄膜电极的阻抗为

$$Z(\omega)=R_{\text{bulk}}\frac{\tanh(\sqrt{\mathrm{i}\omega R_{\text{bulk}}C_{\text{L}}})}{\sqrt{\mathrm{i}\omega R_{\text{bulk}}C_{\text{L}}}} \tag{11.7.18}$$

称为"瓦尔堡阻抗"(Warburg 阻抗),阻抗谱如图 11.7.3 所示。在低频段为直线,且与阻抗实轴成 45° 角;高频段为圆弧;阻抗弧的最高点对应的频率为 D^{chem}/L^2。

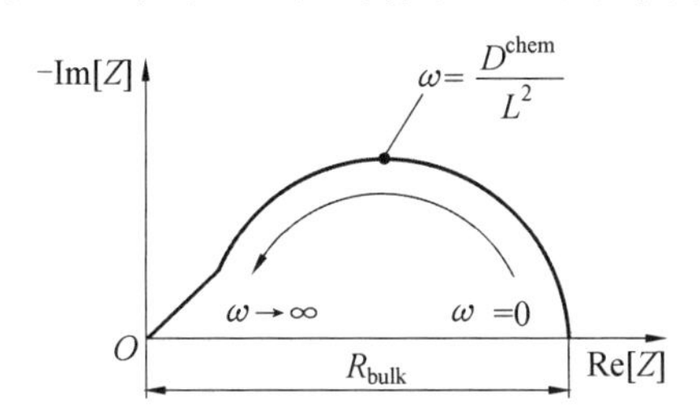

图 11.7.3 瓦尔堡阻抗的交流阻抗谱

上述两种更极端情况下的等效电路已经成功且广泛得以试验验证。然而,实际电极为多孔结构,表面传递和体扩散发生在复杂三维空间内部。有学者尝试把致密型的薄膜电极模型扩展到多孔电极,发展出了多种等效电路模型,如"传输线模型""Gerischer 模型"等等。然而,至今并没有得到较为信服的一致性结论。原因在于,在多孔电极的局部位置处,反应扩散或许发生在晶格尺度,或许发生在电极厚度尺度,具有明显的跨尺度特征。这显然已经违背了连续介质模型的假设条件,因此,传统方法所用的一维(或高维)反应扩散模型从理论上无法确切描述多孔电极的阻抗谱特征。

可以采用"反应扩散流线分布"(distribution of reaction diffusion streamlines, DRDS) 的概念与方法来分析多孔电极的阻抗。如图 11.7.4 所示,以一个氧离子－电子混合离子导体多孔电极为例,表面传递发生在多孔电极内部的电极材料表面上,随即通过曲折路径扩散至电解质处。

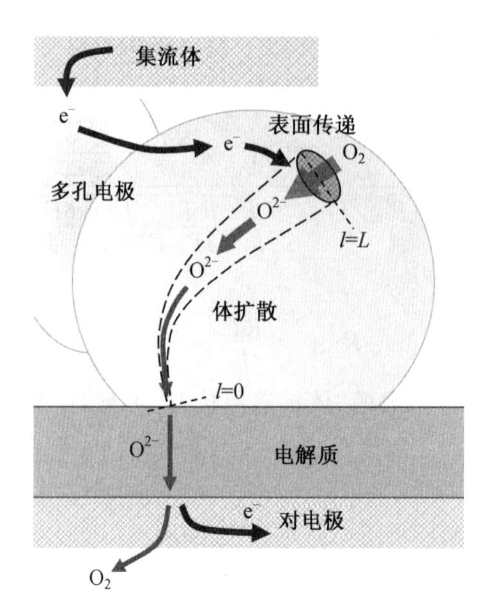

图 11.7.4 反应扩散型多孔电极内部的反应扩散流线示意图

首先讨论图 11.7.4 所示的反应扩散路径(或称为流线)的等效电路模型。该流线应具有一定的宽度(即横截面面积),且该横截面随着流线的位置发生变化,所以严格意义上说,该流线实则为无数条流线组成的流束。假设流束的截面面积很小,即可将其视为流线。在流线内部,垂直于流线横截面的氧离子扩散流量为

$$Q_{O^{2-}}=J_{O^{2-}}A=-D^{\text{chem}}\frac{\partial c}{\partial l}A \tag{11.7.19}$$

式中,A 为流线的横截面面积。根据菲克第二定律,有

$$A\frac{\partial c}{\partial t}=-\frac{\partial Q_{O^{2-}}}{\partial l}=D^{\text{chem}}\frac{\partial}{\partial l}\left(\frac{\partial c}{\partial l}A\right) \tag{11.7.20}$$

上式整理为

$$\frac{\partial c}{\partial t}=D^{\text{chem}}\frac{\partial^2 c}{\partial l^2}+\frac{1}{A}\frac{\partial A}{\partial l}D^{\text{chem}}\frac{\partial c}{\partial l} \tag{11.7.21}$$

定义

$$s\equiv\frac{1}{A}\frac{\partial A}{\partial l} \tag{11.7.22}$$

为流线的"形状因子"。并假设为常数,则上式写为

$$\frac{\partial c}{\partial t}=D^{\text{chem}}\frac{\partial^2 c}{\partial l^2}+sD^{\text{chem}}\frac{\partial c}{\partial l} \tag{11.7.23}$$

在流线 / 电解质界面处的边界条件为

$$J_{O^{2-}}\big|_{l=0}=-D^{\text{chem}}\frac{\partial c}{\partial l}\bigg|_{l=0}=\frac{I_0\,\mathrm{e}^{\text{[illegible]}}}{-2F} \tag{11.7.24}$$

在流线 / 气孔界面处的边界条件为

$$J_{O^{2-}}\big|_{l=L}=-D\frac{\partial c}{\partial l}\bigg|_{l=L}=\beta(c-c_p) \tag{11.7.25}$$

当 $t\to\infty$ 时，假设浓度场为 $c=c_p+\tilde{c}\exp(\mathrm{i}\omega t)$，代入式(11.7.23)，结合(11.7.24)、式(11.7.25)可解得

$$\tilde{c}=C_1\exp\left[\left(-s+\sqrt{\mathrm{i}\omega\tau+s^2}\right)\frac{l}{L}\right]+C_2\exp\left[\left(-s-\sqrt{\mathrm{i}\omega\tau+s^2}\right)\frac{l}{L}\right] \tag{11.7.26}$$

其中

$$\tau\equiv\frac{L^2}{D^{\mathrm{chem}}} \tag{11.7.27}$$

定义为"扩散时间"。

$$\begin{aligned}C_1=&-\frac{LI_0}{2FD^{\mathrm{chem}}}\left[\left(\sqrt{\tau\gamma}-\sqrt{\mathrm{i}\omega\tau+s^2}-s\right)\exp\left(-\sqrt{\mathrm{i}\omega\tau+s^2}\right)\right]\cdot\\&\left[\left(\sqrt{\mathrm{i}\omega\tau+s^2}+s\right)\left(\sqrt{\tau\gamma}+\sqrt{\mathrm{i}\omega\tau+s^2}-s\right)\exp\left(\sqrt{\mathrm{i}\omega\tau+s^2}\right)+\right.\\&\left.\left(\sqrt{\mathrm{i}\omega\tau+s^2}-s\right)\left(\sqrt{\tau\gamma}-\sqrt{\mathrm{i}\omega\tau+s^2}-s\right)\exp\left(-\sqrt{\mathrm{i}\omega\tau+s^2}\right)\right]^{-1}\end{aligned} \tag{11.7.28}$$

$$\begin{aligned}C_2=&\frac{LI_0}{2FD^{\mathrm{chem}}}\left[\left(\sqrt{\tau\gamma}+\sqrt{\mathrm{i}\omega\tau+s^2}-s\right)\exp\left(\sqrt{\mathrm{i}\omega\tau+s^2}\right)\right]\cdot\\&\left[\left(\sqrt{\mathrm{i}\omega\tau+s^2}+s\right)\left(\sqrt{\tau\gamma}+\sqrt{\mathrm{i}\omega\tau+s^2}-s\right)\exp\left(\sqrt{\mathrm{i}\omega\tau+s^2}\right)+\right.\\&\left.\left(\sqrt{\mathrm{i}\omega\tau+s^2}-s\right)\left(\sqrt{\tau\gamma}-\sqrt{\mathrm{i}\omega\tau+s^2}-s\right)\exp\left(-\sqrt{\mathrm{i}\omega\tau+s^2}\right)\right]^{-1}\end{aligned} \tag{11.7.29}$$

其中

$$\gamma\equiv\frac{\beta^2}{D^{\mathrm{chem}}} \tag{11.7.30}$$

根据流线的浓差极化，

$$\eta_{\mathrm{con}}=\frac{RT}{2F}\ln\frac{c_p}{c}\approx\frac{RT}{2Fc_p}\left[c(l=0)-c_p\right] \tag{11.7.31}$$

得出其阻抗为

$$\begin{aligned}Z_{\mathrm{RD}}(\omega;\gamma,\tau,s)=&\frac{RT}{8F^2}\frac{L}{D^{\mathrm{chem}}c_p}\left[\left(\sqrt{\tau\gamma}+\sqrt{\mathrm{i}\omega\tau+s^2}-s\right)\exp\left(\sqrt{\mathrm{i}\omega\tau+s^2}\right)-\right.\\&\left.\left(\sqrt{\tau\gamma}-\sqrt{\mathrm{i}\omega\tau+s^2}-s\right)\exp\left(-\sqrt{\mathrm{i}\omega\tau+s^2}\right)\right]\cdot\\&\left[\left(\sqrt{\mathrm{i}\omega\tau+s^2}+s\right)\left(\sqrt{\tau\gamma}+\sqrt{\mathrm{i}\omega\tau+s^2}-s\right)\exp\left(\sqrt{\mathrm{i}\omega\tau+s^2}\right)+\right.\\&\left.\left(\sqrt{\mathrm{i}\omega\tau+s^2}-s\right)\left(\sqrt{\tau\gamma}-\sqrt{\mathrm{i}\omega\tau+s^2}-s\right)\exp\left(-\sqrt{\mathrm{i}\omega\tau+s^2}\right)\right]^{-1}\end{aligned} \tag{11.7.32}$$

根据上式计算其电阻值为

$$Z_{\mathrm{RD}}(\omega=0)=\frac{RT}{8F^2c_p\sqrt{D^{\mathrm{chem}}}}\frac{\exp(-2s)}{\sqrt{\gamma}}+\frac{RT}{8F^2c_p\sqrt{D^{\mathrm{chem}}}}\sqrt{\tau}\,\frac{1-\exp(-2s)}{2s} \tag{11.7.33}$$

定义其归一化的流线阻抗为

$$z_{\mathrm{RD}}(\omega;\gamma,\tau,s)\equiv\frac{Z_{\mathrm{RD}}(\omega;\gamma,\tau,s)}{Z_{\mathrm{RD}}(0;\gamma,\tau,s)} \tag{11.7.34}$$

则有

$$z_{\mathrm{RD}}(\omega;\gamma,\tau,s)=\left[\frac{1-\exp(-2s)}{2s}+\frac{\exp(-2s)}{\sqrt{\gamma\tau}}\right]^{-1}\cdot$$
$$[(\sqrt{\tau\gamma}+\sqrt{\mathrm{i}\omega\tau+s^2}-s)\exp(\sqrt{\mathrm{i}\omega\tau+s^2})-$$
$$(\sqrt{\tau\gamma}-\sqrt{\mathrm{i}\omega\tau+s^2}-s)\exp(-\sqrt{\mathrm{i}\omega\tau+s^2})]\cdot$$
$$[(\sqrt{\mathrm{i}\omega\tau+s^2}+s)(\sqrt{\tau\gamma}+\sqrt{\mathrm{i}\omega\tau+s^2}-s)\exp(\sqrt{\mathrm{i}\omega\tau+s^2})+$$
$$(\sqrt{\mathrm{i}\omega\tau+s^2}-s)(\sqrt{\tau\gamma}-\sqrt{\mathrm{i}\omega\tau+s^2}-s)\exp(-\sqrt{\mathrm{i}\omega\tau+s^2})]^{-1}$$
$$(11.7.35)$$

由于电极内所有的流线均以电解质表面为起点，所以多孔电极的阻抗为流线阻抗的并联电路，如图 11.7.5 所示。

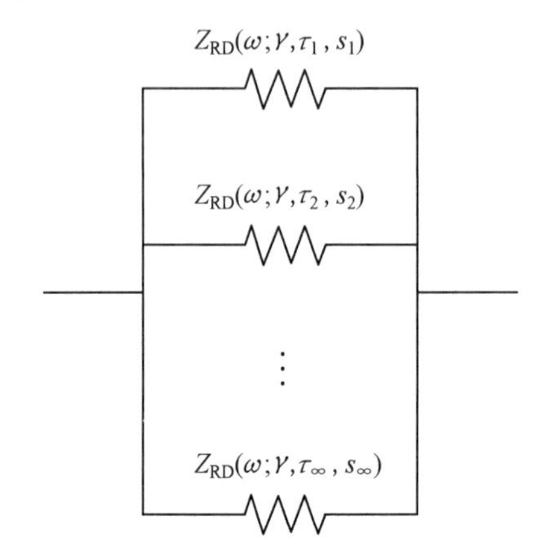

图11.7.5 基于反应扩散流线分布的电极阻抗等效电路图

电极阻抗可以表示为

$$\frac{1}{Z_{\mathrm{RD}}(\omega;\gamma)}=\int_{-\infty}^{+\infty}\int_{-\infty}^{+\infty}\frac{\rho(\tau,s)}{z_{\mathrm{RD}}(\omega;\gamma,\tau,s)}\mathrm{d}s\mathrm{d}\log_{10}\tau \tag{11.7.36}$$

其中，$\rho(\tau,s)$ 为“反应扩散流线分布函数”，它是形状因子 s 和扩散时间 τ 的函数。采用吉洪诺夫正则化方法，根据试验测量的电极阻抗谱 $Z_{\mathrm{RD}}(\omega;\gamma)$，可以反向计算获得 $\rho(\tau,s)$。图 11.7.6 给出了极限条件下的归一化流线阻抗谱，以及多孔电极的阻抗谱及其反应扩散流线分布的理论值示例及其验证结果。可见，反应扩散流线的阻抗谱形状特点随形状因子和 γ 发生显著变化。正因如此，多孔电极的阻抗谱会在形状因子和扩散时间的分布(d)下表现出 2 个阻抗弧(c)。

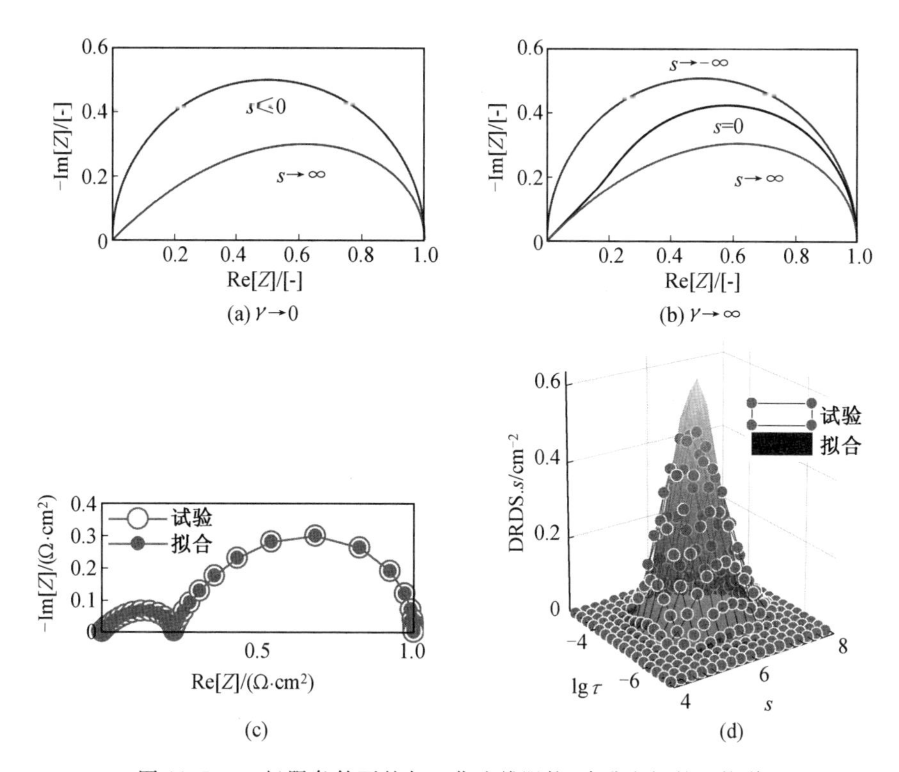

图 11.7.6 极限条件下的归一化流线阻抗、多孔电极的阻抗谱及其反应扩散流线分布的理论值示例及其验证

图 11.7.7 给出了一个反应扩散流线分布的应用实例。以 LSCF 多孔电极为例,反应扩散流线分布图谱直接显示出三相线(即电极材料、电解质材料和气相形成的界面)上的反应(P1 峰),验证了该反应的存在性。反应扩散流线分布图谱为表面反应活性位点的确定提供了一种方法,给材料的表面改性提供依据。

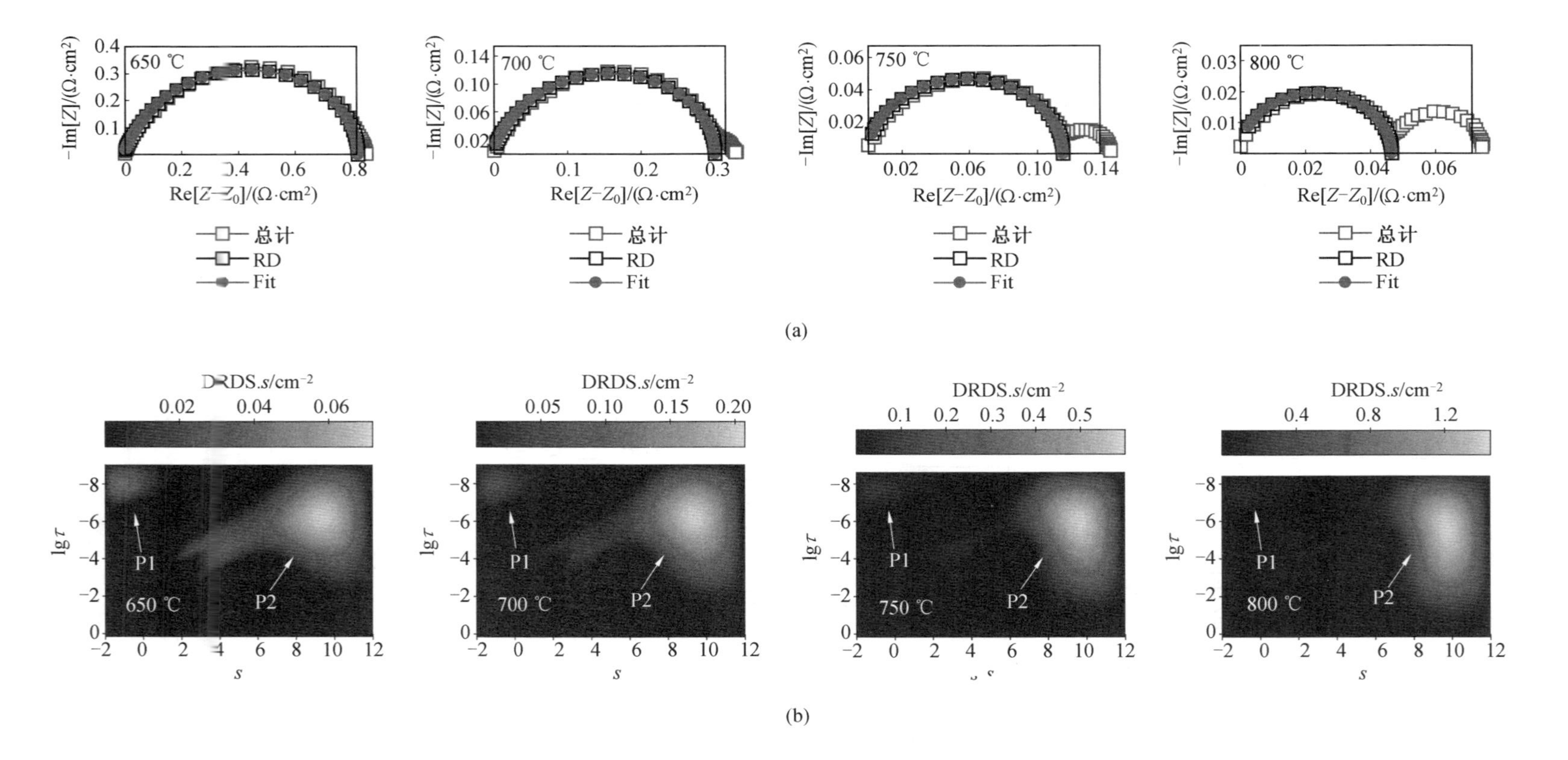

图 11.7.7　不同温度下，在空气气氛中的 LSCF 多孔电极阻抗谱及其反应扩散流线分布图谱

11.8 弛豫时间分布

前面介绍的特征时间分布和反应扩散流线分布这两种方法都是针对在单一固态材料内部的反应扩散过程而提出的。其中，特征时间分布主要处理在直流扰动下的反应扩散过程；反应扩散流线分布主要处理在交流扰动下的反应扩散过程。在实际的测试体系中，测量结果除了蕴含反应扩散过程之外，还包括其他过程的信息。例如，在固体氧化物燃料电池中，如图 11.8.1 所示，在多孔电极内部存在气体扩散、氧表面交换、O^{2-} 和 e^{-} 体相传输和界面电荷转移等过程，在电解质内部存在 O^{2-} 和 e^{-} 体相传输和界面电荷转移过程，在电极 / 电解质（或集电层）界面处存在 e^{-} 和 O^{2-} 的界面电荷转移过程。这些过程通过耦合形成了一个连续的电化学反应体系。正确认识电化学过程的个数、各个过程的物理本质及其基本特性（如阻抗、特征时间等）是研究电化学机理的必要条件。

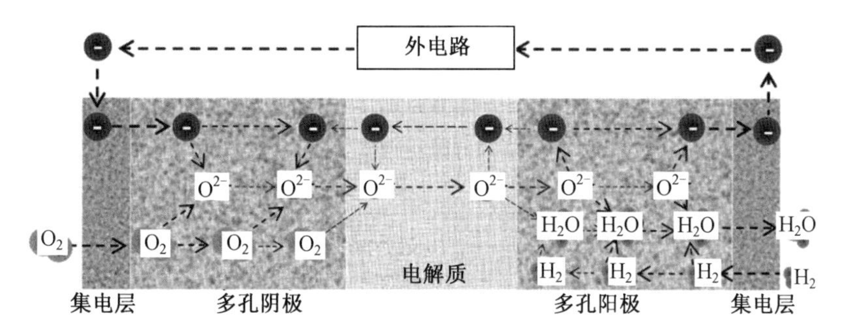

→气体扩散；→氧表面交换；→电子传输 / 电荷转移；→氧离子传输 / 电荷转移

图 11.8.1 固体氧化物燃料电池内部的电化学过程示意图

由于不同电化学过程的特征时间不同，它们在某一频率扰动下的阻抗响应也不同。因此，在阻抗谱图上展现出不同的弧。根据弧的个数假定电化学过程的个数，再通过相同个数的电路元件串联组成的等效电路拟合阻抗谱，解析电化学过程的基本特性（如阻抗、特征时间等）。这便是用阻抗谱研究电化学过程的传统方法。常用的等效电路包括：RQ 电路（RC 电路的一般形式，用于表征表面交换、电荷转移或气体扩散过程）；Warburg 电路（用于表征气体扩散或离子传输过程）；Gerischer 电路（用于表征表面氧交换和氧离子体相传输的耦合过程）。电池的阻抗谱模型通常是以上电路单元及其衍生物（如传输线模型）的串联电路。

然而，选择合理的等效电路并不容易，因为多种等效电路模型都可以完美地拟合阻抗谱。一般情况下，电路元件越多，拟合效果越好。而阻抗谱弧的个数通常低估了电化学过程的个数，因为各个电化学过程的阻抗响应可能在频率空间内重叠。例如，图 11.8.2 中给出的 个等效电路模型及其阻抗谱，可以看出只有 3 个弧，而实际上等效电路包括 5 个过程。

所以，阻抗谱方法在确定电化学过程个数上需要主观臆测，原因在于阻抗谱的频率分辨有限。那么，是否有方法可以最大限度地把电化学过程区分开，继而明确诊断出电化学过程个数？答案是肯定的，即本节所述的弛豫时间分布（distribution of relaxation time,

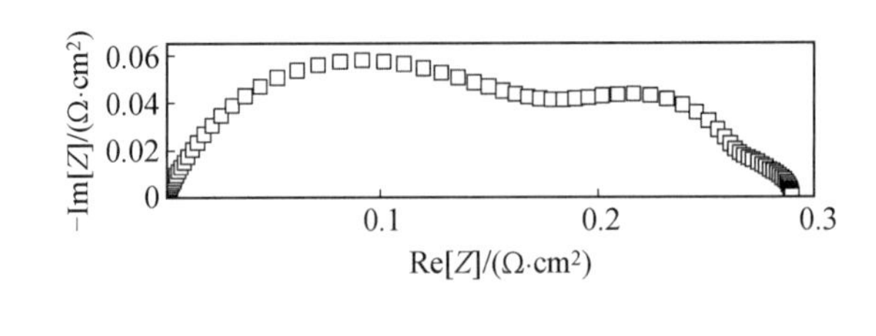

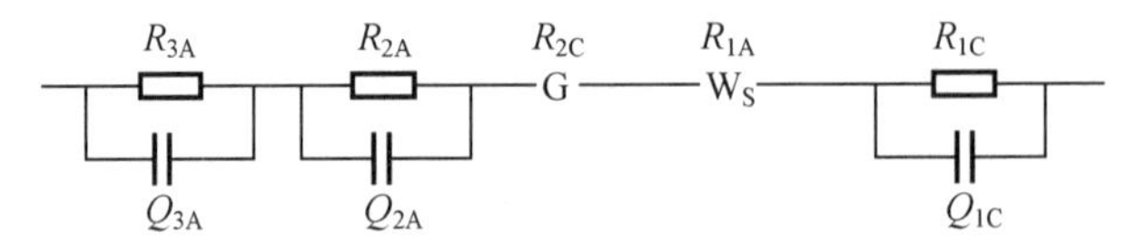

图 11.8.2 电池阻抗等效电路及阻抗谱

DRT)法。弛豫时间分布源于单一弛豫时间的Debye弛豫方程。通过Debye弛豫叠加原理,阻抗表示为

$$Z(\omega)-Z'(\infty)=\int_0^{\infty}\frac{G(\tau)}{1+\mathrm{i}\omega\tau}\mathrm{d}\tau \tag{11.8.1}$$

其中,$Z(\omega)$ 为电池的阻抗;ω 为频率;τ 为弛豫时间;$G(\tau)$ 为弛豫时间分布函数。实际上,式(11.8.1) 给出了电池阻抗的一个一般化的等效电路模型:即 $Z(\omega)$ 为无数个电阻为 $G\mathrm{d}\tau$、电容为 $\tau/(G\mathrm{d}\tau)$ 的 RC 并联电路的串联电路,其等效电路图如图 11.8.3 所示。

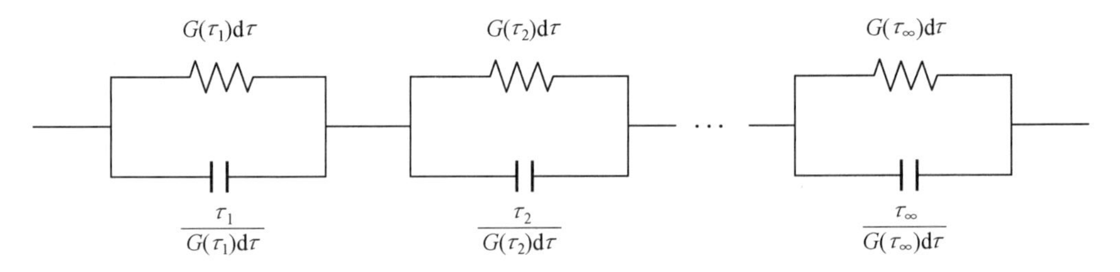

图 11.8.3 基于弛豫时间分布的等效电路图

显然有

$$\int_0^{\infty}G(\tau)\mathrm{d}\tau=\mathrm{Re}\{Z(0)-Z(\infty)\} \tag{11.8.2}$$

若已知电极阻抗的解析表达式,则可得出 DRT 函数的解析解为

$$G(\tau)=-\frac{1}{\pi\tau}\mathrm{Im}\left[Z(\mathrm{e}^{-\ln\tau+\mathrm{j}\pi/2})+Z(\mathrm{e}^{-\ln\tau-\mathrm{j}\pi/2})\right] \tag{11.8.3}$$

实际上,电池阻抗的解析表达式不但是未知的,而且恰恰是需要把它解析出来的。所以,实际上并不能得到 DRT 函数的解析解。只能基于式(11.8.1),根据试验测量的阻抗谱数据,反向计算出 DRT 函数的数值。类似于 DCT 和 DRDS 的求解,同样可以应用吉洪诺夫正则化方法求解 DRT。为了方便表达,通常定义 DRT 函数为

$$F(\tau)\equiv\tau G(\tau)\ln(10) \tag{11.8.4}$$

可见,$F(\tau)$ 的单位与电池阻抗 $Z(\omega)$ 的单位相同。将式(11.8.1) 写为

$$Z(\omega)-Z'(\infty)=\int_0^{\infty}\frac{F(\tau)}{1+\mathrm{i}\omega\tau}\mathrm{d}\lg\tau \tag{11.8.5}$$

若只用阻抗虚部计算 DRT 函数,则有

$$-\mathrm{Im}[Z(\omega)]=\int_{0}^{\infty}\frac{\omega\tau F(\tau)}{1+(\omega\tau)^{2}}\mathrm{d}\lg\tau \tag{11.8.6}$$

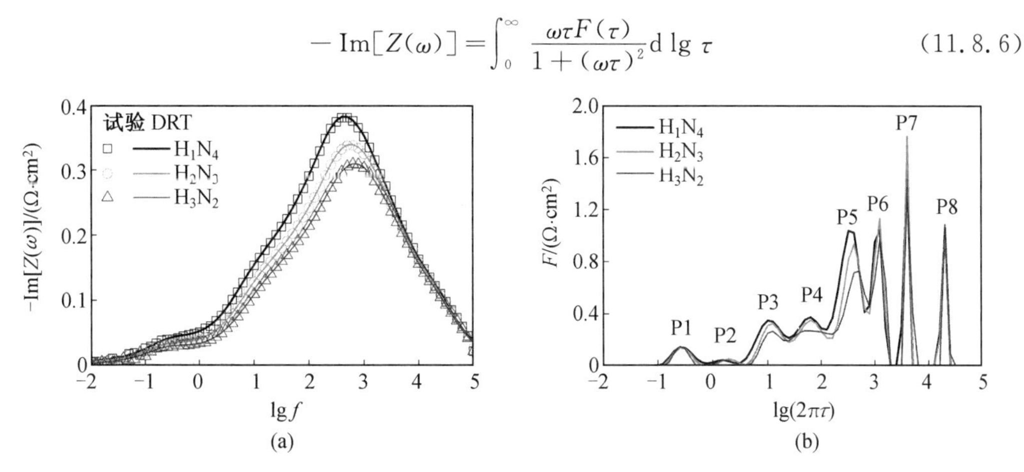

图11.8.4 YSZ/YSZ/LSM－YSZ燃料电池在750 ℃下，空气极气氛为空气，燃料极气氛为3%水蒸气的 H_2/N_2 混合气（H_xN_y 表示 H_2 和 N_2 含量之比为 x/y）时的阻抗谱与弛豫时间分布图谱

以 $-\lg(2\pi\tau)$ 为横轴、$F(\tau)$ 为纵轴作图，称为“DRT图谱”。在DRT图谱上出现若干个峰，每个峰对应一个电化学过程，每个峰的积分面积对应该过程的阻抗。图 11.8.4 给出了固体氧化物燃料电池在不同燃料气氛下的DRT图谱与阻抗谱。可见，从阻抗谱上难以判断出具体有几个电化学过程，然而从DRT图谱可以清楚地看到8个峰，即在电池内部正在发生8个电化学过程，每个过程的阻抗可通过计算每个峰的积分面积得出。每个峰的物理意义需要结合试验测量结果综合分析得出。例如，P1、P3、P4、P5随燃料气氛发生变化，可以认为它们是阳极过程，而其他峰为阴极过程。继续结合不同温度下的DRT图谱，便可得出每个过程的弛豫时间以及阻抗随温度的变化规律。一般而言，气体扩散过程的阻抗不随温度发生明显变化，而固态扩散过程和电荷的界面转移过程属于热激活过程，与温度高度相关，一般遵循阿伦尼乌斯方程。由于电子质量明显低于离子质量，因此电子传输的弛豫时间明显小于离子传输的弛豫时间。

本章习题

11.1 含碳量为 c_0，表面积为 A 的合金钢样件在可控气氛渗碳炉中进行渗碳处理。炉内温度恒定，气氛碳势为 c_p，假设本征扩散系数与表面传递系数为常数，给出合金钢表层含碳量分布的解析解。

11.2 基于题11.1，若本征扩散系数与含碳量的关系近似为 $D^{\mathrm{chem}}=D_0^{\mathrm{chem}}+\alpha(c-c_0)$，其中，$\alpha$ 为大于零的常数。假设表面传递系数为常数。应用仿型积分法给出合金钢表层含碳量分布的解析解。

11.3 同为面心立方晶体结构的金属A和金属B组成扩散耦，在1 200 ℃扩散 10^5 s后的浓度分布如图所示，计算金属B浓度分别为 0.02 mol·cm^{-3}、0.04 mol·cm^{-3}、0.06 mol·cm^{-3}、0.08 mol·cm^{-3} 时的互扩散系数。

11.4 如图所示，厚度为 $d=0.01$ cm的碳素钢板（含碳量 $c_0=0.2$ %）以一定的速度 $V=15$ cm·s^{-1} 通过炉膛长度为 $L=1.5$ m的连续式渗碳炉进行渗碳处理，渗碳温度为 $T=$

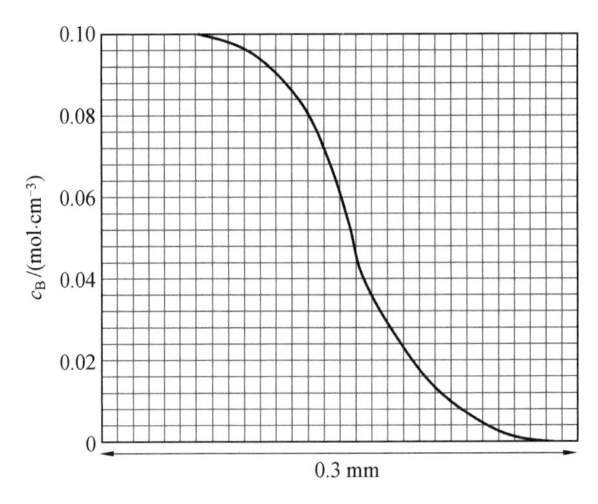

11.3 题图

1 200 ℃，炉内碳势为 $c_p=0.8\%$。计算渗碳后钢板中的平均含碳量。

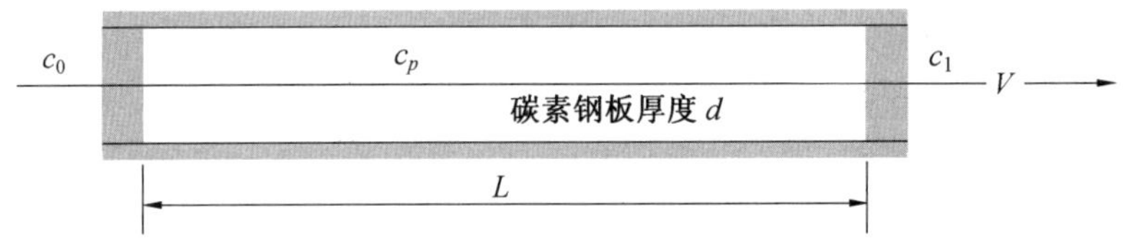

11.4 题图

11.5　某合金元素的初始浓度分布为 $c=c_0+(c_m-c_0)\cos\left(\pi\frac{x}{l}\right)$，若在奥氏体化温度保温，计算该合金元素在保温过程中的浓度场分布。

11.6　一片 5 μm 厚的 Fe－B 合金片(B 含量为 0.2%)置于两片厚度为 10 cm 的纯 Fe 之间，并加热至 1 000 ℃ 使 B 元素向纯 Fe 之中扩散。假设 B 元素完全固溶于 Fe 中，计算距离焊接界面 1 mm 处的纯 Fe 试样中的最高 B 含量，以及该时刻焊接界面处的 B 含量。

11.7　给出式(11.7.15)的推导过程。

11.8　基于题 11.7，若 $\mathrm{Bi}=\beta L/D^{\mathrm{chem}}\approx 1$，给出电极阻抗的表达式。

11.9　某直径为 d 的金属粉体材料置于可控气氛热处理炉中保温，粉体与气氛达到平衡时的含碳量为 c_0。切换气氛，使气氛碳势 c_p 由 c_0 逐渐降低至 c_1，

$$c_p=c_1+(c_0-c_1)\exp\left(-\frac{t}{\tau_g}\right)$$

其中，τ_g 为常数。假设粉体脱碳过程由表面传递控制，且表面传递系数为常数，给出粉体中的含碳量随时间的变化关系。

参 考 文 献

[1] CRANK J. The Mathematics of Diffusion[M]. Oxford:Clarendon Press, 1975.
[2]BALLUFFI R W. Kinetics of Materials[M]. New Jersey:John Wiley & Sons, Inc. , 2005.
[3]INCROPERA F P. Fundamentals of Heat and Mass Transfer[M]. 北京:化学工业出版社,2007.
[4]POIRIER D R, GEIGER G H. Transport Phenomena in Materials Processings[M]. Switzerland:Springer, 2016.
[5]ERIC J. MITTEMEIJER. Fundamentals of Materials Science[M]. Switzerland: Springer, 2021.
[6]WILLIAM M. DEEN. Analysis of Transport Phenomena[M]. New York: Oxford, 1998.
[7]BIRD R B,STEWART W E,LIGHTFOOT E N. Transport Phenomena[M]. New Jersey:John Wiley & Sons, 2001.
[8] 闫牧夫.离子渗氮工艺过程的数学模型与计算机仿真[D]. 哈尔滨:哈尔滨工业大学,1987.
[9] 闫牧夫.气体渗碳和稀土渗碳过程的数学模型及计算机模拟[D]. 哈尔滨:哈尔滨工业大学,1993.
[10] ZHANG Y X, CHEN Y, YAN M F. An open circuit voltage equation enabling separation of cathode and anode polarization resistances of ceria electrolyte based solid oxide fuel cells[J]. Journal of Power Sources, 2017, 357, 173-178.
[11]ZHANG Y X, CHEN Y, YAN M F,et al. Reconstruction of relaxation time distribution from linear electrochemical impedance spectroscopy[J]. Journal of Power Sources, 2015, 283, 464-477.
[12]ZHANG Y, YAN F, HU B,et al. Chemical relaxation in porous ionic-electronic conducting materials represented by the distribution of characteristic times[J]. Journal of Materials Chemistry A, 2020, 8(34), 17442-17448.
[13]ZHANG Y X, YAN F Y, MA J B,et al. In operando monitoring of reaction-diffusion streamlines and uncovering of electrochemo-structural interactions in electrodes[J]. Journal of Materials Chemistry A, 2019, 7 (17), 10256-10263.